アリの社会

小さな虫の大きな知恵

坂本洋典・村上貴弘・東 正剛 編著

東海大学出版部

Societies of Ants : tiny insects, great intelligence
edited by Hironori SAKAMOTO, Takahiro MURAKAMI and Seigo HIGASHI

Tokai University Press, 2015
ISBN978-4-486-01989-3

アリという生きもの

❶ツムギアリ *Oecophylla smaragdina* の巣. 一般にアリの社会は，卵を産む繁殖カーストの巨大な女王アリと，労働カーストのワーカー（働きアリ）からつくられる. 巣内にはうじ虫型の幼虫や，蛹が多数みられる. ❷もっとも原始的な姿のアリと呼ばれるアカツキアリ *Nothomyrmecia macrops* の女王アリ. 腹柄節と呼ばれるこぶ状体節が胸部と腹部の間にあり，腹部を自在に動かせることがすべてのアリの特徴. ❸アリグモのメス. アリに類似した姿をもつ生きものは数多いが，腹柄節の有無で区別できる. ❹バーチェルグンタイアリ *Eciton burchellii* の行列を護衛する兵隊アリ. 役割ごとに働きアリの姿が異なるアリは他にも数多い. ❺女王アリの繭を運ぶトビイロケアリ *Lacius japonicus* の働きアリ. アリによっては，蛹化するときに幼虫はみずからの蛹を包む糸を吐き，繭を作る.　　撮影：❶山崎和久，❷坂本洋典，❸❹❺島田 拓.

アリの世界

❶パナマで観察されたオオズハキリアリ Atta cephalotes の巨大な巣．アリはときに，人間が作る一軒の家の面積よりも大きな巣を作る．左側の赤土一面が，一つのアリの巣である．❷❸❹❺アリの巣の中では，さまざまな社会的な行動がみられる．❷卵を運ぶアシナガキアリ Anoplolepis gracilipes．卵や幼虫の世話は，働きアリの重要な仕事である．❸ムネアカオオアリ Camponotus obscuripes の栄養交換．餌の蜜でお腹が満ちている個体（右）が，空腹の個体（左）にお腹の中の餌を吐き戻して与える．❹蛹の殻を他の働きアリに脱がしてもらうムネアカオオアリ．多くのアリは，自力で蛹から脱皮することができない．❺クサアリの一種（Lasius sp.）のグルーミング．アリはお互いの体を舐めあい，体の匂い（体表炭化水素）のブレンド比をなかまどうしで均一にするとともに，カビの胞子といった有害な付着物を取りのぞく． 撮影：❶坂本洋典．❷❸❹❺島田 拓．

アリの世界の誕生

ハチのなかまであるアリは，羽アリである新生女王アリとオスアリが結婚飛行をおこない，新たなる世界を作りだす．クロオオアリ Camponotus japonicus における新たな世界の創設をみてみよう．
❶結婚飛行当日，巣穴の外へと出てきた新生女王アリとオスアリ．❷巣穴から出た羽アリは，草などにのぼり，少しでも高くから飛び立とうとする．❸交尾後，地上に降り立ち，巣穴を掘ろうとする女王アリ．翅が抜けた痕跡がわかる．❹クロヤマアリ Formica japonica に襲われた女王アリ．結婚飛行後，地上に降り立ったアリは多くの生物に狙われる．❺ 運良くみずからの巣穴を掘ることができ，卵を産んだ女王アリ．新たなアリの世界のはじまりである．　　　撮影：❶❷❸❹❺島田 拓．

この本に登場するおもなアリと，アリと共生する生きものたち

❶ヒアリ *Solenopsis invicta* の働きアリ．毒針を向け，敵と戦おうとしている．❷ダンゴムシを襲うアルゼンチンアリ *Linepithema humile*．圧倒的な数の多さで，自分より大きな生きものも餌にしてしまう．❸ゴマシジミ *Phengaris teleius* の終齢幼虫を巣に運び込もうとするハラクシケアリ *Myrmica ruginodis*．❹アシナガキアリから口移しで餌を貰うシロオビアリヅカコオロギ *Myrmecophilus albicinctus*．❺エゾアカヤマアリ *Formica yessensis* の働きアリと新生女王アリ．❻アリ植物であるオオバギの一種 *Macaranga bancana* がアリの幼虫の餌用に分泌した栄養体を，オオバギの茎の中に住む共生シリアゲアリ *Crematogaster borneensis* が収穫しにきた．❼特殊な繁殖様式をとるウメマツアリ *Vollenhovia emeryi* の女王（中央）と働きアリ．❽クロヨコヅナアリ *Carebara diversa* は，きょくたんに異なったサイズの働きアリをもつ．女王アリ（下）は大型働きアリからグルーミングされつつ，多数の小型働きアリにまとわりつかれている．
撮影：❶❸❹❺❼❽島田 拓，❷砂村栄力，❻小松 貴．

目　次

1. アリに学ぶ……………………………………東　正剛　　1

アリに学ぶ仕事術

2. アリのグローバル戦略
　──その野望と成功 ………………………村上貴弘　26
　　コラム１●外来アリの母国に行って　　佐藤一樹　45

3. アリのメガコロニーが世界を乗っとる…………砂村栄力　49

4. アリカンパニーの成功の秘訣
　──後継者選びから人心掌握術まで ……………菊地友則　72

5. 新規参入者の選択
　──スペシャリストかジェネラリストか ………小松　貴　100
　　コラム２●わずかな匂いの謎を解く微量分析　秋野順治　128

6. 世界を驚かせた巨大シェアハウスプロジェクト…小林　碧　134
　　コラム３●ファインダー越しのアリの世界　　小松　貴　152

アリにみる生きる知恵

7. アリに学ぶ食と住まいの安全
　　——二千万年の知恵 ……………………………… 上田昇平　158

8. アリ社会にみるおれおれ詐欺対策 ……………… 坂本洋典　175
　　コラム4●元始のアリ社会を探しに　　　　　　坂本洋典　199

9. アリ社会の最新男女事情 ……………………… 大河原恭祐　205

10. 遺伝子からみたアリの社会 …………………… 宮崎智史　226
　　コラム5●アリの世界を創る　　　　　　　　　島田　拓　259

　　おわりに ………………………………………………………… 266
　　生物名索引 ……………………………………………………… 268
　　事項索引 ………………………………………………………… 270
　　著者紹介 ………………………………………………………… 272

1 アリに学ぶ

東 正剛

　研究者としての長年の経験から，私には動物学者や学生を「ヒト好き」と「アリ好き」に分類する癖がある．研究材料を選ぶとき，ヒト好きはできるだけ人間に近い動物にこだわり，アリ好きは自分（＝人間）とはまったく違う動物を好む．ヒト好きからみると，昆虫やクモなんて下等動物だし，奇妙なものが多く，研究する意欲がわかない．このタイプの学生にアリを研究させると悲劇が起こる．実験室に運び込まれたアリたちは水も与えられず，数日で全滅．巣をのぞき込んでいた学生も，間もなく登校拒否．最悪の場合，うつ病にもなりかねない．ヒト好きは「人間嫌い」になりやすい．

　他方，アリ好きはけっして人間嫌いではないが，たとえばサルなんて自分とよく似ているし，ネズミだって自分とたいして変わらず，ペットとしては大好きだが，研究するほど不思議な動物とは思えない．しかし，昆虫，クモ，ムカデ，クマムシ，プラナリアなどはまったく違う．想像力豊かなSF作家が描くどんな宇宙生物さえ，彼らの不思議さにはかなわない．宇宙に出かけるまでもない．地球は無数の宇宙生物で満ちあふれているではないか．大勢でさまざまなドラマをみせてくれるアリたちは，その代表格だろう．アリ好きは，薄暗い観察室で数時間アリの巣をのぞき込んだあとでも，まるですばらしい映画でも鑑賞したかのように晴れやかな顔で部屋から出てくる．

　これは，そんなアリ好きたちが著した本である．もちろん，アリ好きにとってアリの基本的な生活史などは常識なので，より奇妙なアリや共生昆虫の生態研究に没頭し，観察日誌をほとんどそのまま文章にしようとする．そうなると頭をかかえ込むのが出版社．執筆内容が読者の興味や知識レベルからどんどんかけ離れてしまうからだ．

　そこで，読者と執筆者の橋渡しとなるような文章を依頼されたのだが，ハタと困ってしまった．執筆者たち以上に長い間アリとつき合ってきた私には，一般読者がアリについてどの程度のことを知っているの

か, どのようなことを知りたがっているのかがわからなくなってしまっているからだ. 期待に応える自信はない. でも, 42年前に大学院で研究を始めたころの初々しい感覚を思い出しながら, 筆を進めてみよう.

アリとキリギリス：単独性とは？

チャールズ R. ダーウィンの自然選択説を現代流に解釈すると「より多くの子孫を残す個体の遺伝形質が後世代に広がり, 進化が進む」と表現できる. たしかに, 私たちの直系祖先 (父母, 祖父母, 曾祖父母など) で子宝に恵まれなかった者は一人もいないし, 私たちはより多くの子孫を残した祖先の遺伝的な影響をより大きく受けているに違いない. この事実から, 少なくとも二つの結論を導き出すことができる. 動物は生きていくためにいろいろな仕事をしなければならないが, なかでも生殖はもっとも重要な仕事だということ, また, より多くの子孫を残すため, 動物は獲物や配偶者の獲得をめぐる競争にさらされており, 各個体は基本的に「利己的」にならざるをえないということである.

この意味で, キリギリスは自然選択にもっとも忠実な動物の一つといえるだろう. 早春に土中の卵から孵化したばかりの初令幼虫は, 自力で地表面に這い上がり, さっそく, 植物の蜜, 花粉, 若葉などを食べながら成長する. 脱皮をくり返してある程度大きくなると, タンパク源である小さな昆虫なども餌メニューにくわえるようになり, 急速に成長する. 肉食性が強くなるにつれて, 他のキリギリスの幼虫さえ食べる共食いも見られるようになる. スズムシやマツムシに比べて飼育が難しいのは, このためだ. やがて, 長い後脚が邪魔して時間のかかる最後の脱皮を終えると, メスでは卵巣, オスでは精巣が発達し, 成虫になる.

いよいよ, 天気のよい夏の昼下がり, オスが二枚の硬い前翅をこすりあわせて「ギー・・チョン・・ギー・・チョン」とメスを呼ぶ恋の季節の始まりだ. オスはたくさんの子どもを残すため, 自分のなわばりにより多くのメスを呼び込もうと, 必死に鳴く. 他のオスが近づこうものなら侵入をけっして許さず, ときには激しい闘いとなる.

メスも良質の餌がたくさん得られるなわばりの持ち主を探すのに余念がない. 彼女らは, できるだけ多くのタンパク質を摂取してたくさんの卵を産みたいし, 条件の良い場所をなわばりにしているオスと交配する

と，競争に強い子どもを産める可能性も高まる．メスは優良なオスをその鳴き声で選別しているらしく，気に入らなければ求愛行動を拒絶し，気に入ると交尾を許す．昆虫のメスは輸卵管に開口する受精嚢という袋をもち，オスたちからもらった精子を溜め込んでおく．栄養を十分に摂ったメスの卵巣ではたくさんの卵が成熟し，やがて刀のような形をした産卵管が土中に差し込まれ，受精卵が産み付けられる．

　繁殖期を終えるころには体のあちらこちらが傷ついており，冬を迎える前にすべての成虫が孵化からわずか半年あまりの命を終える．越冬できるのは土中の受精卵だけだ．多くの卵は2年後の春に孵化し，子どもたちは親たちと同じように独力で生き抜くことになる．このように，キリギリスは一生を単独で生活し，他の個体との競争に耐え抜き，繁殖というもっとも大切な仕事をやり遂げようとするきわめて働きものの昆虫といえる．ほとんどの動物は同様の一生をおくっており，「単独性動物」と呼ばれている．

　これに対して，アリは仲間と群れ，助け合って生きている．助け合いとは，労働の一部を他個体に捧げることであり，利己的ではなく，「利他的」といえるだろう．夏の間，せっせと餌集めに励んでいるアリたちは，餌を巣の仲間にも分け与える．天敵に立ち向かうアリは，自分だけでなく，巣仲間全体を守っている．しかし，よく見ると，すべてのアリが危険な巣外での労働に従事しているわけではない．子育てなどの楽な仕事を担っているものもいるし，仲間から口移しで餌をもらうだけで，働かないものも少なくない．このように，分業を伴う共同生活をおくっている動物は「社会性動物」とよばれ，動物界全体では少数派ながら，節足動物や脊椎動物のいくつかの系統で知られている．

アリの社会とヒトの社会：真社会性とは？

　実際にはアリよりもキリギリスの方が働きものであるにもかかわらず，なぜヒトはアリに共感を覚えるのだろうか．答えはただ一つ，ヒトも社会性動物だからである．各個人は自分が得意とする仕事をもち，分業によって互いに助け合っている．もちろん，ヒトは自分たちの社会こそ地球上で一番すぐれていると自負している．はたしてそうだろうか．

　アリの助け合いや分業は血縁者集団内でしかみられない．この共同社

会をつくっている血縁者の集まりをコロニーといい,通常は一つの巣に同居しているが(単巣性コロニー),往来できる複数の巣に分散していることもある(多巣性コロニー).いずれにしても,異なるコロニー間の血縁関係は薄く,争いがおこりやすい.したがって,ほとんどのアリの社会は小さな集団にすぎない.これに対して,ヒトの社会は赤の他人を含む共同体で,その助け合いや分業は地球全体に広がり,今や約70億人が一つの社会をつくっているとみることもできる.集団の規模では,ヒトの社会が一番であることはまちがいない(ただし,アルゼンチンアリがこれに挑戦しようとしている.「3. アリのメガコロニーが世界を乗っとる」参照).

ヒトの社会と囚人のジレンマ

しかし,他人どうしの利他行動は血縁者どうしの利他行動に比べて打算的にならざるをえない.自分が相手を助けるだけでは損をするだけで,何の利益も得られないからだ.自分の利他行動が報われるためには,いずれ相手も自分を助けてくれる必要がある.つまり,ヒトの社会は互恵的な利他行動によって成り立っているといえる.しかし,このような互恵的な関係のなかでは,助けてもらうだけでお返しをしない「詐欺師」が大きな利益を得るため,利他行動は進化しない.これが,数学の一分野であるゲーム理論の結論だ.この理論は,しばしば,取り調べ官から司法取引をもちかけられた囚人二人の駆け引きを例として紹介されるので,「囚人のジレンマ」と呼ばれているが,互恵的利他行動との関係を理解するには,物々交換を例にするのがよい.

農民と漁民の物々交換を考えてみよう.農民は野菜には困っていないが,タンパク源である魚がない.漁民は魚には困っていないが,ビタミンC源である野菜がない.両者の物々交換では,いずれも自分にとって価値の低い物(C:cost)を失って価値の高い物(B:benefit)を得るので,物々交換をしないときの利益0より大きな利益$B-C$(>0)を得ることができる.両者が得をするのだから,互恵的利他行動の進化にはこれ以上の説明がいらないようにみえる.

しかし,ヒトは相手に何もあげないで,貰ったものを持ち逃げすることもできる.この詐欺行為を考慮して農民(自分)と漁民(相手)の関係を考察してみよう.1)相手が魚をくれた場合:自分も野菜をあげれ

ばB−Cの利益を得られるが，あげなければ一番大きな利益Bを得られるので，あげない方がよい．2) 相手が魚をくれない場合：もし自分が野菜をあげてしまったら−Cの大赤字となるので，あげない方がよい．以上から導かれる合理的な結論は，「相手が魚をくれようが（1の場合），くれまいが（2の場合），自分は相手を裏切って野菜をあげない方がよい」ということになる．当然相手も「魚をあげないで裏切るべし」という結論に達するから，互恵的利他行動は進化しえない！

しかし，このゲームは他人どうしが1回しか出会わないことを前提としており，何回も出会う場合には，「相手の過去の行動」を記憶し，詐欺師の利益を抑えることによって，互恵的利他行動は進化しうるという結論が得られている．ヒトはその抜群の記憶力と判断力を使ってこの高度な互恵的分業社会を築き，維持しているのである．というよりも，互恵的分業社会のなかですぐれた記憶力や判断力が選択され，いわゆる「心」や「知性」が進化したとみるべきだろう．

それでも，人類は詐欺師に悩まされ，裏切りへの不安感や猜疑心を捨てきれず，たとえば核戦争による自滅の危険性さえ抱え込んでいる．ヒトの知性がこの危機的状況を克服できそうな気配はまったくない．

繁殖分業こそ究極の分業

さらに，ヒトの分業は労働分業に限られている．職業は違えども，生物が遺伝子を残していくうえでもっとも重要な仕事である生殖の能力は，いずれの個体も維持している．ところが，アリの社会では，生殖可能な個体はごく一部に限られ，他の個体は子どもを残さず，一生，生殖以外の労働に従事する．生物にとっての聖域ともいえる生殖にまで分業を広げてしまったのである．これを「繁殖分業」という．生物学的にみて，繁殖分業こそ究極の分業であり，繁殖分業を含む社会性を「真社会性」と呼んでいる．真社会性昆虫であるアリ，シロアリ，一部のハチたちのコロニーでは，女王が産卵し，ワーカー（働きアリや働きバチ）が子育て，餌集め，巣造り，巣の防衛などの労働に従事している．女王は繁殖カースト，不妊のワーカーは労働カーストと呼ばれている．

子どもを残さないワーカーの存在はダーウィンをおおいに悩ませた．彼の進化論にしたがえば，子孫を残さない個体の性質は後世代に伝わらないので，不妊カーストは進化しえないはずだからである．「子どもを

残さない個体の性質は，どのように遺伝し，進化するのか？」という「ダーウィンのパラドックス」が自然選択説の前に立ちはだかった．

アリとシロアリ：ダーウィンのパラドックスを解く

　英語では，アリを ant，シロアリを termite と呼ぶ．しかし，日本では「シロアリ」に「アリ」とつくために，シロアリはアリの一種だと信じている人が多い．おそらく，日本人のほとんどがそう思っているといっても過言ではないだろう．しかし，アリとシロアリはまったく異なる昆虫だ．昆虫は約4億8,000万年前に現れ，約3億5,000万年前に不完全変態昆虫から完全変態昆虫が分かれた．バッタ，ゴキブリ，カマキリ，ナナフシなどの不完全変態昆虫では，卵から孵化した初令幼虫がすでに成虫に近い形をしており，活発に動きまわる．これに対して，チョウ，カブトムシ，ハチ，ハエなどの完全変態昆虫では，幼虫がウジ虫型で，移動力に乏しく，蛹になり，劇的な変態を遂げてようやく活発に動ける成虫になる．アリはハチ目で完全変態，シロアリはゴキブリに近く，不完全変態．両系統は約3億5,000万年前には分かれていたことになる．脊椎動物でいえば，ちょうど両生類から有羊膜類（爬虫類，鳥類，哺乳類）が分かれたころに当たるので，アリとシロアリの違いはヒトとカエルほどの違いにも匹敵する．

　アリとシロアリはいずれもすべての種が真社会性で，各コロニーは多くのワーカーを擁し，高度な分業体制を示すが，生態はかなり異なる．まず食性がまったく違う．アリは基本的に肉食だが，シロアリは植物食で，腸内にはセルロースを分解する微生物が共生している．ヒトにとって，アリは害虫を退治してくれる益虫だが，シロアリは家を食い荒らす害虫にほかならない．アリは地球上のあらゆる陸地環境に生息しているが，シロアリの分布は熱帯，亜熱帯，暖温帯に限られ，たとえば北海道の草地や森にはいない．寒冷地では共生微生物叢を維持するのが困難なためと考えられている．

アリの生活史と4分の3仮説

　一般に，アリのコロニーは女王アリによって創設される．蛹から出てきたばかりの新女王アリとオスには翅があり，交尾のための「結婚飛

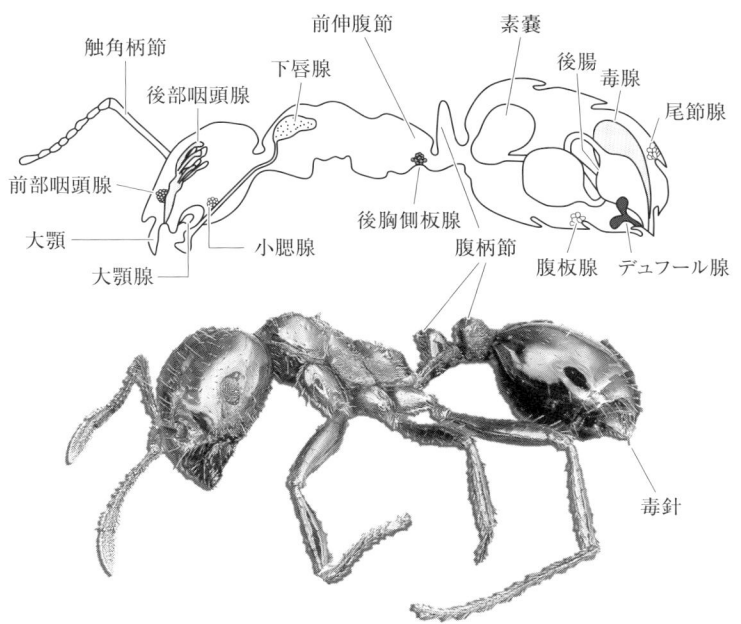

図 1-1　アリの形態と外分泌腺（北條・尾崎，2011 の図にいくつかの部位名を追加して改変）
下のアリは毒針と二つの腹柄節をもつ．

行」に飛び立つ．この時，受精嚢に精子を溜めた女王アリはみずから翅を落とし（脱翅），土中，石の下，木の洞などに単純な巣をつくる．そこで受精卵を産み，孵化した幼虫を独力で育てる．多くの種の女王アリは巣内に留まり，胃の一部である素嚢（図 1-1）に溜めておいた流動食や，不要になった飛翔筋や脂肪体を分解して得られる栄養を，口移しで幼虫に与える．しかし，女王が巣外で獲物を捕らえながら幼虫を育てる種も珍しくはない．

女王アリは，得られる栄養が限られるなかで十分なワーカー数を確保しようとするので，初期コロニーのワーカーはかなり小さくなってしまう．これらのワーカーが餌集めや幼虫の世話を始めると，女王は産卵に専念し，コロニーも急速に成長する．

コロニーが成熟すると，女王アリは受精卵とともに未受精卵も産むようになる．卵巣で成熟した卵が輸卵管を通って受精嚢の入口を通過するとき，その括約筋をゆるめれば受精卵（二倍体 2n），閉めたままにしておけば未受精卵（単数体 n）が生まれる．驚くべきことに，受精卵から

アリに学ぶ　　7

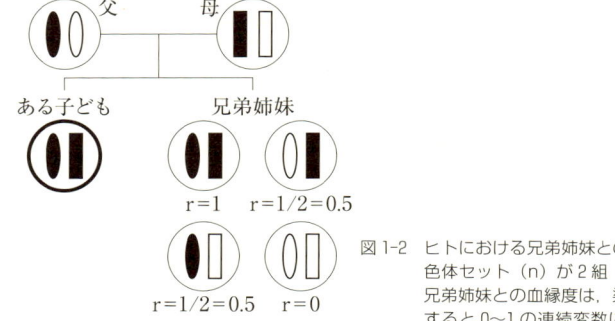

図1-2 ヒトにおける兄弟姉妹との血縁度．円のなかは染色体セット（n）が2組（2n）あることを示す．兄弟姉妹との血縁度は，染色体の組み換えを考慮すると0～1の連続変数になるが，平均血縁度は変わらず0.5．

はメスが，未受精卵からはオスが発生するので，女王アリはメスとオスを産み分けることができる．これを単数倍数性による性決定といい，ハチ目に共通している．メスは有翅の新生女王か無翅のワーカーになるが，どちらになるかは，卵の大きさや幼虫期の栄養状態によって決まる．

生殖虫であるオスアリと新女王アリは結婚飛行に飛び立つ．高い木や建物のうえで群飛し，ふつうは近親交配を避けるように，他のコロニーから飛んできた異性と交尾する．唯一の仕事ともいえる結婚飛行を終えたオスは間もなく死んでしまうが，その精子は女王アリの受精囊のなかで生き続けることになる．女王アリは地上に降りて脱翅し，独力で自分のコロニーを創設する．通常，創設女王の死亡とともにコロニーも崩壊・消滅する．

アリのワーカーはメスであり，基本的には卵巣をもち，未受精卵（オス）を産むことはできるはずだ．実際，女王アリが死んだコロニーでワーカーによる産卵がみられることもある．しかし，多くの種でワーカーの卵巣は委縮しており，完全に退化している種も珍しくない．

不妊カーストの性質はどのように遺伝し，進化するのだろうか．このダーウィンのパラドックスに理論的解答を与えたのが，ウィリアム D. ハミルトンである．彼は，単数倍数性と個体間血縁度に着目した．血縁度とは，「同祖遺伝子を共有する確率」と定義されているが，「自分がもつ全ゲノムのうち，相手も直近の共通祖先から受け継いでいる共有ゲノムの割合」に等しい．図1-2を見てほしい．両親が同じヒトの兄弟姉妹では，父母からまったく違うゲノムをもらっている場合（血縁度0）か

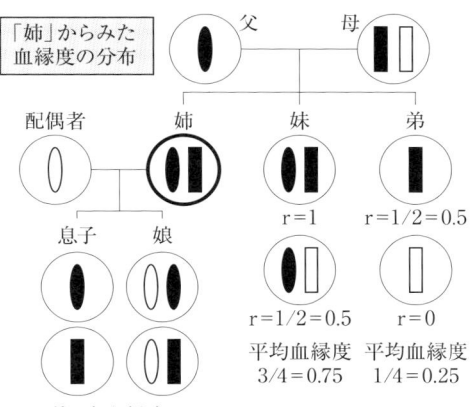

図 1-3 単数倍数性における血縁度.中央のメス(太い○)に注目し,妹や弟(右)と娘や息子(下)との血縁度を示してある.染色体の組み換えを考慮すると,妹との血縁度は 0.5〜1,弟との血縁度は 0〜0.5 という連続変数になるが,平均血縁度はそれぞれ 0.75 と 0.25 である.

らまったく同じゲノムをもらっている場合(血縁度 1)まであり,平均血縁度は 0.5 である.また,父や母からみると,子どもたちには自分のゲノムの半分しか受けつがれないので,親子の血縁度は必ず 0.5 になる.

単数倍数性ではどうだろうか.図 1-3 を見てほしい.未受精卵から発生するオスは 1 組の染色体セット(n)しかもたないので,このオスと交尾したメスが産む娘は,どの個体も父親からのゲノムを共有する.つまり,姉妹どうしは,自分のゲノムの少なくとも半分を相手も必ずもっており,血縁度は最低でも 2 分の 1(=0.5)になる.姉妹は母親(2n)からのゲノムも共有する可能性があり,これを加えると,姉妹の平均血縁度は 4 分の 3(=0.75)となり,母子の血縁度 0.5 を上回る.つまり,アリやハチのメスからみると,自分の子どもよりも,父母を同じくする妹の方が自分によく似ていることになる.目の前に自分が産んだ受精卵と母親が産んだ受精卵がある場合,後者を育てる方が自分の遺伝子をより多く残せるのである.子どもを産まないワーカーの性質も後世代に遺伝し,進化しうるではないか! しかも,親子の血縁度 0.5 を上回る血縁度は姉妹の間でしか期待できないので,アリのワーカーがメスだけである理由も説明できる.

しかし，この4分の3仮説にはシロアリが立ちはだかる．シロアリの性はヒトとおなじようにXY染色体によって決まるので，オスもメスも二倍体の両性倍数性である．つまり，オスとメスの遺伝子がほぼ均等に子どもに受け継がれていく「遺伝的対称性」を示す．当然，姉妹の平均血縁度も，親子の血縁度と同じ0.5にしかならない（図1-2）．

シロアリの生活史とハミルトン則

シロアリのコロニーも，アリと同じように，結婚飛行を終えて脱翅した生殖虫によって創設される．初期コロニーは食糧ともなる朽木のなかに創られることが多い．また，オスシロアリは長生きで，女王シロアリに付き添い，王としてコロニー創設に参加する．女王シロアリの受精嚢は小さく，しばしば王に精子を供給してもらう．不完全変態なので，受精卵から孵化した初令幼虫は自力で朽木を食べ，さっそくワーカーとして働きはじめる．生殖虫だけでなくワーカーも両性からなり，オス・メスの個体数はほぼ等しい．メスのワーカーしかいないアリのコロニーと異なり，シロアリのコロニーにはオス・メスのワーカーがいるという事実は，遺伝的対称性で説明できる．いずれの性も受精卵から発生するので，メスとオスの役割に違いが生じにくいのである．

ワーカーは脱皮をくり返しながら成長し，やがて巨大な大顎をもった防衛専門のソルジャー（兵隊シロアリ）や生殖能力をもつ補充生殖虫も発生する（図1-4）．成熟コロニーからは，毎年，オス・メスの有翅虫が飛び立ち，通常他のコロニーから飛んできた異性とペアーをつくり，新しいコロニーを創設する．

オス・メスの補充生殖虫はコロニー内で近親交配をくり返すので，王や女王が死んでもコロニーは長期間存続できる．また，閉鎖集団内で近親交配が続くと，単なる偶然の力（遺伝的浮動）によって遺伝的多様性が急速に低下する．対立遺伝子の絶滅はあっても供給がないからである．遺伝的多様性が低下すると，ほとんどすべての個体が同じ対立遺伝子をもつ確率が高まり，集団内の平均血縁度は上昇する．

しかし，最近，メスの補充生殖虫は受精卵から発生するのではなく，女王の単為生殖によって生じる2n卵から発生することが，ヤマトシロアリ *Reticulitermes speratus* で明らかになった（Matsuura et al., 2009；松浦, 2011）．単為生殖にはいくつかの型があるが，このシロアリの単

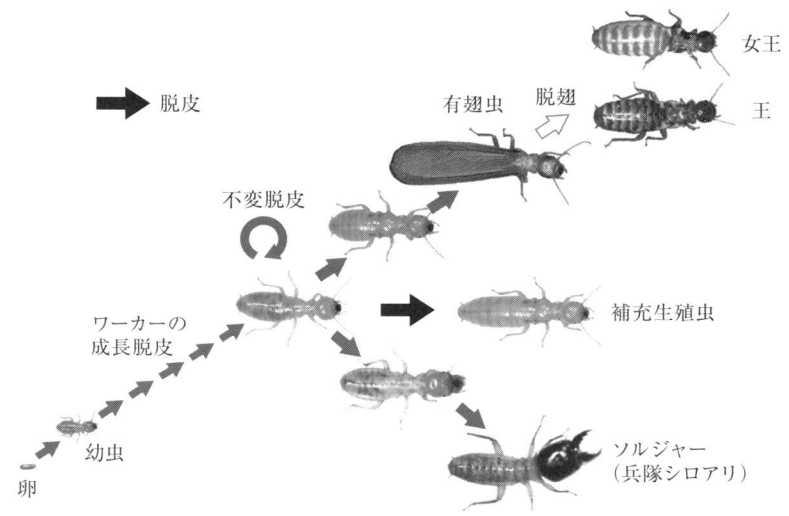

図1-4 オオシロアリ Hodotermopsis sjostedti のカースト分化経路（Hattori et al., 2013 の図に補充生殖虫を追加して改変）．

為生殖は創設女王と遺伝的に同じメスを生みだす型であることもわかった．メスの補充生殖虫は創設女王のクローンということになる．王の寿命はひじょうに長く，創設女王の死亡後も補充生殖虫に精子を供給し続ける．さまざまな種で研究が進めば，ヤマトシロアリの繁殖法こそ一般的である可能性もある．いずれにしても，シロアリのコロニーも創設生殖虫の子孫だけからなる血縁者集団であることにはまちがいない．

　単数倍数性の動物にしか当てはまらない4分の3仮説を批判されたハミルトンは，より一般的な理論を得るために考察をすすめ，利他行動進化のための規則，$B \cdot r > C$ にたどり着いた．ハミルトン則と呼ばれるこの不等式を満たす利他行動は進化しうるというわけだ．ここで，C は利他行動をする援助者の負担（cost），B は利他行動をされる被援助者が受ける恩恵（benefit），r は援助者からみた被援助者との血縁度（relatedness）である（図1-5）．つまり，利他行動が進化しやすい条件は，1）血縁度が大きい場合，2）利他行動の効率がよく，少ない（援助者の）コストで大きな（被援助者の）利益が得られる場合ということになる．アリと同じように，シロアリも条件1）を満たしている．

　C が最大となり，まったく自分の子どもを残さなくても，B や r が十

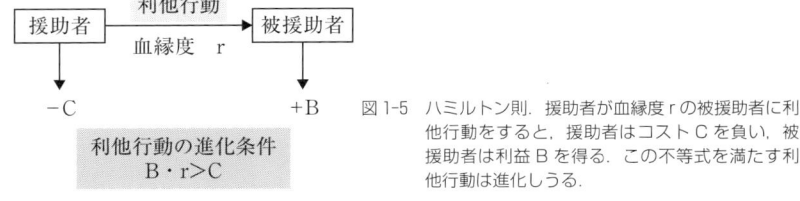

図1-5 ハミルトン則．援助者が血縁度rの被援助者に利他行動をすると，援助者はコストCを負い，被援助者は利益Bを得る．この不等式を満たす利他行動は進化しうる．

分に大きく，一度に多数の血縁者を助けることができれば，援助者は自分の遺伝子と同じコピーを後世代にたくさん残すことができる．このように，直系の子孫以外の血縁者（兄弟姉妹，いとこ，はとこなど）を助けることによって後世代に自分の遺伝子を残そうとする選択を血縁選択という．ハミルトン則の登場により，不妊カーストの進化や真社会性の維持を，血縁選択で説明できるようになった．

ワーカーは女王アリの奴隷ではない！

　ヒトの互恵的利他行動に比べると，アリの利他行動は打算的ではなく，より純粋である．しかし，ハミルトン則は血縁者集団内にも個体間の「対立」が存在しうることを予想させ，さまざまな仮説が提唱されてきた．そのほとんどは検証不能だが，検証可能な対立もある．

　姉からみた妹との平均血縁度が0.75であることはすでに述べたが，実は，弟との平均血縁度は0.25にすぎない（図1-3）．弟は未受精卵から発生するので，姉がもつ染色体セットの半分（父由来）をもたないし，母由来の染色体セットも同じとはかぎらないからである．姉からみた妹と弟との血縁度が違うという事実は，コロニー内のさまざまな対立を予想させるのだが，成熟コロニーで生産される有翅虫の性比をめぐる女王アリとワーカーの対立もその一つである．女王アリからみると自分の卵から発生する息子や娘との血縁度はいずれも0.5なので（図1-3の「姉」からみた子どもたちとの血縁度に等しい），最適性比は0.5対0.5で1対1，ワーカーからみると血縁度の低い弟はあまり育てたくないので，最適な雌雄比は0.75対0.25で，3対1ということになる．

　では，アリの性比は，女王アリとワーカーのいずれがコントロールしているのだろうか．調査の結果，たくさんのコロニーからなる個体群全体ではメスが多く，3対1に近いというデータも得られている．アリの

コロニーは女王アリに支配されているというイメージが強いが，少なくとも成熟コロニーでは多勢に無勢，ワーカーの影響力がまさるようだ．ワーカーは不妊の労働カーストではあっても，女王アリの奴隷ではない！

アリとハチ：翅は便利で邪魔なもの

ハチ目は膜翅目とも呼ばれる．記載されている約13万種のなかにはカマバチ，アリガタバチ，コツチバチ，アリバチなどのようにメス（稀にオスも）が翅を失った無翅バチもわずかながらいるものの，基本的には前翅・後翅2枚ずつ，計4枚の膜状翅をもっている．胸部と腹部の間のくびれが不明瞭な広腰亜目（植物食のハバチやキバチなど）と，くびれが明瞭な細腰亜目に分けられる．正確にいうと，細腰亜目では，他の昆虫ならば腹部の最初の体節が胸部と融合して前伸腹節となり，この節と第二腹節の間がくびれている．これにより，食道が圧迫され，固形物を飲み込みにくいという食性上の制約も負うことになったが，腹部を動かして産卵管をあやつるという高度な産卵技術を身につけた．

アリがハチ目であることは，前伸腹節があり（図1-1），女王とオスが4枚の膜状翅をもつことから明らかである．結婚飛行がほとんど唯一の仕事であるオスの形態は，ハチのオスとよく似ている（図1-6d）．また，半分以上の種で，女王とワーカーが腹端に毒針もしくはその痕跡をもつ（図1-1下）．中南米のサシハリアリ属 *Paraponera* やオーストラリアのキバハリアリ属 *Myrmecia* は，スズメバチにまさるとも劣らないほど危険な毒針をもつ．沖縄のトゲオオハリアリ *Diacamma* sp. に刺されると，アシナガバチ並みに痛い（図1-6）．ただし，ハチ類の毒針が対天敵用であるのに対して，アリの毒針は獲物の捕獲にも頻繁に使われる（図1-6a）．

かつて，アリはコツチバチのような単独性無翅バチから進化したという説もあった．しかし，アリの女王は決して翅を失っていないこと，アリ科はすべての種が真社会性であること，無翅バチには真社会性がみられないことから，アリは真社会性のハチから進化したと考えられる．

真社会性のハチたち

ハチ目約13万種の大半は細腰亜目の寄生蜂である．寄生蜂のメスは

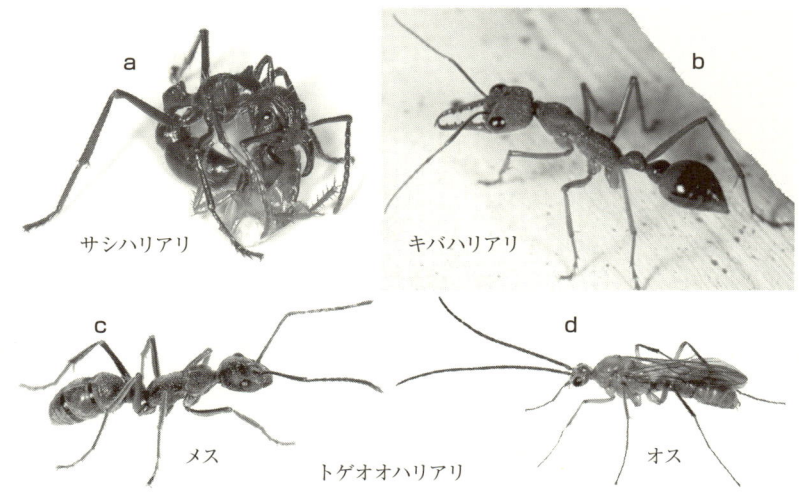

図1-6 鋭い毒針をもつアリたち．(a) 獲物を毒針で刺そうとしているサシハリアリ，(b) 大顎が特徴的なキバハリアリ，(c) 沖縄産トゲオオハリアリのメス，(d) 同オス（毒針をもたない）．（撮影：宮田弘樹・島田 拓）．

腰のくびれを利用して産卵管をあやつり，宿主となる節足動物の体内（体内寄生）や体表（体外寄生）にピンポイントで卵を産みつける．孵化した幼虫は宿主を食べながら成長し，羽化・交尾後，メスは宿主をみつけて産卵する．このように，寄生蜂のほとんどは単独性だが，体内寄生性で多胚発生をするトビコバチ科で真社会性の種がみつかった（Cruz, 1981）．昆虫の受精卵では，まず核だけが分裂して多核細胞となり，やがてそれぞれの核が細胞膜に包まれる．多胚発生とは，これらの細胞がばらばらになって多胚化し，同時に多数の個体が発生することをいう．こうして，互いの血縁度が1のクローン集団ができる．ハミルトン則より，$r=1$の集団では利他行動が進化しやすいと予想されるが，実際，トビコバチの数種でコロニー防衛を専門とする不妊カースト（ソルジャー）がみつかったのである．多胚発生をする寄生蜂は四つの科で知られており，これからも真社会性の寄生蜂がみつかる可能性がある．

しかし，少なくともこれまでに知られている真社会性種のほとんどは，体外寄生性の寄生蜂から進化した有剣類である．有剣類のメスでは，産卵管が鋭い毒針と化し，卵はその付け根の開口部から産み落とされる．ほとんどの種は単独性だが，花粉食のミツバチ科と肉食のスズメ

バチ科で真社会性の種が多く知られている．同じ「ハチ」でも，前者はbee（ハナバチ），後者はwasp（カリバチ）と呼ばれ，区別される．

　札幌近郊に生息するシオカワコハナバチ *Lasioglossum baleicum* は，環境条件の違いによって単独性と真社会性を使い分ける．前年生まれのメスは，越冬が終わると土中に単独で巣を創設し，7月中旬までに最初の子どもグループ（第一ブルード）を育てあげる．日当たりが悪く地温の低い環境にある巣の新生メスは，土中に留まって越冬し，翌春採餌活動を始め，独自に巣を創設する（単独性）．日当たりがよく幼虫の成長が速い環境では，第一ブルードの新生メスが巣外に出て花粉や蜜の採集を始め，ワーカーとして妹や弟である二番目の子どもグループ（第二ブルード）の世話をする（真社会性）．こうして育てられた第二ブルードの新生メスは越冬し，翌春の創設メスになる．ワーカーの多くは母親とともに死亡するが，越冬に成功し，翌春の創設メスになるワーカーもいる．第一ブルードのメスのなかには，羽化後すぐに母巣を離れ，7月中旬から単独で巣を創設するものもいるが，稀である．（Hirata and Higashi, 2008；平田，2013）．

　真社会性ハナバチの代表格はミツバチだろう．たとえばセイヨウミツバチ *Apis mellifera* は，体長約20 mmの女王バチが1〜5年，通常2〜3年生きる多年生で，早春から秋にかけて産卵し，夏の最盛期にはワーカー数が4万以上に達する．冬には，夏に溜めておいた蜜をエネルギー源として飛翔筋で発熱し，巣内温度を一定に保ちながら集団で越冬する．体長13 mm前後のワーカーは形の同じ単型で，夏で約1ヶ月，越冬中は約4ヶ月生存する．活動期に羽化したワーカーは，日齢とともに，巣の手入れと育児→巣造り→花蜜や花粉の受け取りと保存→巣外での餌集めというように，内勤から外勤へと仕事を変えていく．日齢にもとづく分業は真社会性ハチ類に共通しており，齢差分業と呼ばれている．ただし，あまり働かないワーカーも少なくない．坂上昭一の朝日賞（1992年）受賞講演「ハタラキバチは働かない」は好評を博した．

　同じ受精卵から発生する女王バチとワーカーの分化は，幼虫期の食性による．いずれの若齢幼虫も最初は育児担当ワーカーからロイヤルゼリー（RJ）をもらって育つ．たまたま王台と呼ばれる特別な育児房で育つ幼虫は羽化するまでRJを与えられて女王バチになり，その他の育児房内の幼虫は孵化後4日目ごろから花粉を与えられてワーカーになる．

RJは，ワーカーの頭部にある下咽頭腺から分泌されるタンパク質と，大顎腺から分泌される脂肪酸が混ざった栄養ドリンクで，とくにロイヤラクチンというタンパク質が女王分化を左右すると考えられている．女王バチは，羽化後もRJを摂食し続け，最盛期には1日に約2,000個もの卵を産む．

巣は数枚の鉛直巣盤からなり，ワーカーの腹部にある蠟腺から分泌される蜜蠟で造られる．各巣盤は，育児房や餌貯蔵庫になる六角柱セルが敷き詰められたハニカム（honeycomb）構造になっている．この構造は強度にすぐれ，限られた量の材料で最大数のセルをつくることができる．

特筆すべきは，巣盤上でワーカーがみせる情報伝達の方法である．餌集めから戻ったワーカーは巣盤上に陣取り，腹部を激しく振りながら一定方向に歩き始める．ある程度進むと右（または左）にUターンして元の位置に戻り，再び尻振りダンスをしたあと，今度は左（または右）にUターンして元の位置に戻る．その軌跡から「8の字ダンス」と呼ばれているが，カール・フォン・フリッシュは，ワーカーがこのダンスをくり返しながら餌源の位置を巣仲間に伝えていることを明らかにした．ダンサーは，反重力方向（鉛直巣盤の真上）を太陽の方向に見立て，ダンスの方向との角度によって餌場の方角を知らせ，尻振りが速ければ遠くにあり，遅ければ近くにあることを伝えているという．また，フリッシュは，8の字ではなく円を描くダンス（円舞）も観察し，この二つのダンスは餌の違いを反映していると考えた．しかし，その後の研究で，円舞は餌場がかなり近いときに起こること，距離だけでなく方角の情報も表現されていることが判明し，今では，円舞も8の字ダンスの変形にすぎないと考えられるようになった（佐々木，2011）．

オスバチ（drone）が羽化すると，彼らの群飛がみられるようになり，王台で羽化した新生女王バチも加わって結婚飛行となる．オスバチは交尾後死亡するが，10個体前後のオスバチから精子をもらった新生女王は母巣に戻る．新女王バチが決まるころ，旧女王バチは一部のワーカーとともに巣を離れ，新しい営巣地へ引っ越す．これを分蜂と呼ぶ．このように，ミツバチの女王バチはいつもワーカーに守られ，単独でコロニーを創設することはない．

対照的に，真社会性カリバチの代表格であるスズメバチのほとんどは単年生で，女王バチの寿命は約1年にすぎない．最大種オオスズメバチ

Vespa mandarinia の体長は，女王バチで約 50 mm，ワーカーでも 30〜40 mm に達する．ワーカーの大きさは幼虫期の栄養状態により多少ばらつくものの，形は単型である．このカリバチの社会で注目すべきは，幼虫が労働分業に参加していることだろう．終令幼虫は大きな唾液腺をもち，成熟コロニーの女王バチやワーカーはこの唾液腺の分泌物をおもな餌としている．これには 15% 程度の糖分，1.5% 程度のタンパク質が含まれ，栄養価が高い．細腰亜目の宿命として，成虫は昆虫の外骨格などの固形物を飲み込むことがむずかしい．しかし，幼虫にはくびれがない．さまざまな節足動物を獲物とするスズメバチは，丈夫な口器で堅い外骨格も咀嚼できる終令幼虫を「コロニーの消化器」として利用するようになったのである．

　秋に羽化した新女王バチは終令幼虫から大量の栄養物を摂取し，結婚飛行を済ませると，単独で朽木などに潜り込み，越冬する．翌春，営巣に適した閉鎖空間を見つけると，枯れ木などを噛み砕き，唾液のタンパク質で固めたパルプを材料に，数個の六角柱型育児房からなる小さな巣をつくる．ミツバチとは独立に，ここでもハニカム構造が用いられている．産卵後，幼虫が孵化すると，女王バチは昆虫やクモを狩り，独力で最初のワーカーを育てあげる．これらのワーカーが巣造り，育児，採餌などの労働を担当するようになると，女王は終令幼虫の分泌物を摂食しながら産卵に専念し，コロニーは急速に成長する．9〜10 月までには，数段の水平巣盤がつくられ，パルプ外被で覆われる．このころには，新生女王やオスになる多数の大型幼虫を抱え，ワーカーはひじょうに攻撃的になっている．餌不足を補うため，危険を冒して他のスズメバチやミツバチのコロニーを襲うことすらある．新女王バチとオスが羽化し，結婚飛行に飛び立つと，コロニーは急速に衰退し，創設女王バチと全ワーカーが死亡，交尾を終えた新女王バチだけが越冬する．

翅の喪失がアリにもたらした二つの贈り物

　真社会性ハチ類の女王やワーカーは翅を一生もち続ける．いうまでもなく，飛翔による移動・分散は，天敵からの逃避，配偶者や餌の探索，近親交配の回避，新しい生息地の開拓など，さまざまな利益をもたらす．アリの女王も結婚飛行までは翅を保持しており，同様の利益を享受しているに違いない．しかし，交尾後にはみずから脱翅し，ワーカーは翅を

完全に失った．真社会性のハチにとっては自殺行為にも近い道をアリの祖先が選んだ理由はよくわからないが，いったん地上生活に適応すると，翅の喪失は思いもよらない二つの大きな贈り物をもたらしてくれた．

　第一の贈り物として，アリは長寿を手に入れた．ヒトにはヒトの寿命，イヌにはイヌの寿命，ネズミにはネズミの寿命があるように，動物の寿命が遺伝的にプログラム化されていることは明らかだが，有翅昆虫では，翅の損傷が寿命の大きな制限要因になっていることも事実である．最後の脱皮を終えた成虫は，脚，触角，翅などの付属肢を損傷すると再生不可能であり，とくに薄い翅は，羽化後，日に日に傷ついていく．ハチ目の膜状翅はとくに破れやすく，老齢なハチの翅はボロボロになっていることが多い．土中で営巣するコハナバチでは，翅の損傷が寿命の第一制限要因ではないかと思えるほどだ．さらに，飛翔には多大なエネルギーを要することも，有翅昆虫の生理寿命を制限しているだろう．

　実際，翅を失ったアリは長生きだ．飼育されたアリの女王が25年生きたという記録があるし，野外でも10年前後生きるアリの女王は少なくないと考えられている．ワーカーは女王アリよりかなり短命だが，それでも数ヶ月から2年程度は生きる．セミに代表されるように，昆虫では卵期や幼虫期が長く，成虫期は短いのが一般的だが，真社会性有剣類では逆転しており，アリの成虫はとくに長生きである．

　長寿は死亡率の低下を意味し，コロニーの速い成長を可能にする．土中では巣をかぎりなく拡げることもできるので，多くのアリはミツバチやスズメバチよりもはるかに大きなコロニーをつくるようになった．コロニーの大きさは，アリの行動にも影響をおよぼす．まず，同じ種でも，初期コロニーのワーカーはひじょうに臆病で，敵に出会うとさっさと逃げる．しかし，コロニーが大きくなるにつれて攻撃性を増し，成熟コロニーのワーカーは積極的に敵に立ち向かう．異なる種でも，小さなコロニーをつくる種ほど臆病だ．たとえば，オーストラリアのエントツハリアリ *Pachycondyla sublaevis* は体長約15 mmの堂々たる大型アリで，立派な毒針までもつのだが，近くに小枝が落ちただけで動かなくなってしまう．巣を掘ってみたところ，わずか10個体前後からなる小さなコロニーしかつくらないことがわかった．ワーカーが擬死（死んだふり）をするアリのコロニーも小さい．小さなコロニーのワーカーは労働力としての価値が高く，やすやすと命を落とすわけにはいかないのだろ

う．自然界は「弱肉強食の世界」といわれるが，実際には，無用な争いを避ける臆病者の方が生き残りやすい．逆に言えば，大きなコロニーをつくる種ほど各ワーカーの命の価値が低く，無鉄砲になるということだ．数十万から数百万個体の巨大なコロニーをつくるツムギアリ属 *Oecophylla*，サスライアリ属 *Dorylus*，グンタイアリ属 *Eciton*，ハキリアリ属 *Atta* などには手を出さない方がよい．

　第二の贈り物として，アリは多様な形態を獲得した．アシナガバチの女王バチとワーカーを見分けるには，卵巣の発達具合や行動の違いを調べなければならないし，スズメバチ，マルハナバチ，ミツバチでも女王バチとワーカーは大きさが違うだけで，形はそっくりだ．ワーカーの間でも多少のサイズ差はあっても，形の違いは見られない．これに対して，アリでは，コロニーを創設する前には翅をもっている女王アリと翅を完全に失ったワーカーの形態はかなり違う．女王アリは大きく，飛翔に必要な複眼，飛翔筋を収めていた胸部，発達した卵巣を収めている腹部はとくに大きい．また，多くの種で，ワーカーに多型がみられる．

　たとえば，南米産ハキリアリの女王は体長約 20 mm，一見するとまるでコガネムシのように丸々と太っている．ワーカーは細く，体長 3〜16 mm と変異に富んでおり，大型になるほど頭が大きく，ハート型になる．このアリは木や草の葉を刈って巣内に運び込み（図 1-7a），これに菌（キノコ）を植え付けて育て（図 1-7b），幼虫や女王のタンパク源にしている．形態の違いにもとづく形態差分業が明瞭で，中〜大型ワーカーはおもに巣外で活動し，大顎で葉を刈り取り，巣に運び込む．ハート型の頭部には，大顎を動かすための筋肉が収められている．小型ワーカーはおもに巣内で活動し，細かな作業に適した小さな大顎を使って，キノコの栽培や幼虫の世話をしている．巣に運ばれる葉の上に乗り，寄生バエを追い払っている小型ワーカーも見かける（図 1-7c）．

　なぜ，アリのワーカーはこれほどまでに多型になれたのだろうか．飛翔に伴う制約からの解放が原因だろうと私は考えている．昆虫にかぎらず，トリでも飛行機でも，空を飛ぶものには飛行力学上の制約がつきまとう．たとえば，頭が大きいハキリアリのワーカーに翅があったとしても，彼女は飛び立てないだろう．たとえ飛び立てても，すぐに頭から落ちてくるのは必至だ．ミツバチやスズメバチのワーカーにはこの制約が強く作用し，多型が抑制されているのに対して，飛翔を放棄したアリの

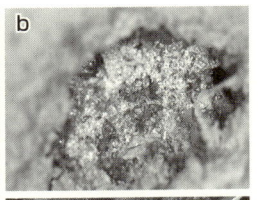

図1-7 ハキリアリ（*Atta* sp.）．a）葉を巣に運ぶ大型ワーカー．b）菌園でキノコの世話をする小型ワーカーたち．c）．葉の上で寄生バエを追い払う小型ワーカー（矢印）．

ワーカーは自然選択の要請に応じて形態を変えることができるようになったに違いない．系統はまったく異なるが，同じように飛翔を放棄したシロアリのワーカーで多型がみられることも，この説を支持している．

1970年代初めまで，ハチの分業は齢差分業，アリの分業は形態差分業と信じられていた（Wilson, 1971）．1973年，おりしもノーベル生理学・医学賞を受賞したフリッシュの仕事に感化された私は，寿命の短いミツバチで齢差分業があるのならば，寿命の長いアリでも当然ありうると考えた．実際，エゾアカヤマアリ *Formica yessensis* では形態差分業とともに齢差分業も確認できた．まだ修士一年目だった私の処女論文は，海外にはほとんど配布されていない北海道大学理学部英文紀要に掲載された．にもかかわらず，ハーバード大学のエドワードO. ウィルソン教授の目にとまり，彼の論文や著書のなかで紹介された．これを契機にアリの分業に関する研究が進み，1980年代半ばまでに10種以上のアリで齢差分業が確認された．マイナーな大学紀要に載ったあの未熟な論文は今ではまったく顧みられないが，コロンブスの卵にはなった．

地上適応が繁栄の始まり

　長寿と多型という恩恵を与えてくれるのであれば，真社会性のハチが翅を落として地上生活に適応する「ハチのアリ化」は何度も起こってよさそうなものだ．ワーカーが翅を失うと花粉や花蜜の採集がむずかしくなるハナバチのアリ化は考えにくいが，地上の獲物を捕食するカリバチ

のアリ化は複数回起こっていてもおかしくない．しかし，ハチ目の進化史のなかでアリ化は1回しか起こっておらず，現存する約1万種のアリは，真社会性カリバチに由来する単系統群と考えられている．そもそも真社会性の進化が稀であり，さらに地上生活に適応しようというハチが現れる可能性は低いだろう．また，地上にはクモ，ムカデ，カエル，トカゲなどの天敵が多く，翅のない昆虫はすぐに捕食されてしまうこと，何よりも土中ではカビが繁殖しやすく，幼虫を育てるのに適していないこともハチのアリ化を困難にしたと考えられている．

　実際，アリには地上適応と考えられる形態的特徴がいくつかみられる（図1-1）．女王アリやワーカーの大顎は，穴掘りに便利な三角形のシャベル状になっている．腹部と胸部の間に腹柄節とよばれるこぶ状体節が1個（つまり，くびれ二つ）または2個（くびれ三つ，図1-1下）ある．これにより，アリは腹端を上方や前方に自由に動かし，毒針や蟻酸を使って天敵や大型の獲物を効果的に攻撃できるようになった．巣の引っ越しでは，腹部を胸部の下や上に折りたたんだ女王アリや若齢ワーカーを，外勤ワーカーが素早く運べるようになった．また，触角の付け根にある第一節が長くなり（触角柄節），視覚よりも嗅覚に頼らざるをえない土中や地表での餌探索や情報交換を容易にした．実際，アリは「歩く化学工場」とも呼ばれ，10種類以上の外分泌腺が知られ，100種類以上のフェロモン物質が同定されている（北條・尾崎，2011）．たとえば，大顎腺からはアルコールやテルペノイドなどの警報フェロモン，毒腺からはインドールやアナバシンなどの動員フェロモン，デュフール腺からはエステルや炭化水素などの警報フェロモン，ファラナールなどの動員フェロモンを分泌している．胸部後端にある一対の後胸側板腺からは，カビの繁殖を抑制する化学物質が分泌されている．この分泌腺が土中営巣用に進化したことは，ツムギアリ属 *Oecophylla* など一部の樹上営巣性アリ類においては退化していることからも逆説的に支持される．労働分業には参加せず，結婚飛行が唯一の仕事といえるオスアリではこれらの形質がみられないことも，アリに特徴的にみられる形態が地上適応であることを支持している．

　いったん地上適応に成功すると，長寿と多型が労働分業の幅を拡げ，高度な分業社会の進化を促した．このようにアリが繁栄するにつれ，巣の内外で寄生・共生する微小動物も増えていった．カリバチに由来する

アリはすぐれたハンターであり，攻撃性も高い．したがって，小動物には近づきがたいだろうが，もしアリと仲良くなれたらこれほど頼もしい保護者もいない．また，アリの巣のなかにはたくさんの幼虫がいるので，アリに警戒されなくなれば，おいしい餌にたっぷりとありつける．完全変態昆虫であるアリの幼虫はほとんど動けず，捕食は容易だろう．

　すぐれたハンターで，しかも巣に巣材や餌を運びこむアリは植物にとっても利用価値が高い．陸上植物にとって最大の敵は，光合成の盛んな若葉を食べつくすバッタ，ガ（蛾），ハバチなどの幼虫であり，アリに巣や餌（蜜や脂肪）を提供すれば，これらの天敵を捕食してくれるだろう．あるいは，多少の樹液を提供してアブラムシをひきつけておけば，アリがやってきて食葉害虫を追い払ってくれるかもしれない．さらに，種子の表面にゼリー状の餌を塗っておけば巣に運んでくれるし，あわよくば種子本体を栄養塩類に富むゴミ集積場に捨ててくれるかもしれない．みずからは動けない植物は，花粉散布でハチを，種子散布でアリをうまく利用している．

　繁栄とともに，アリの社会も多様化し，女王が多数のオスと交尾する多回交尾，多数の女王を抱える多女王性コロニー，複数のコロニーが融合して巨大化したと考えられる融合コロニーもけっして珍しい現象ではないことが明らかになってきた．この本は，それらの奇妙なアリや共生動物の行動や生態を描写している．さあ，準備はできた．不思議なアリとその共生動物の世界をのぞいてみよう．

引用文献

Cruz, Y. P. (1981) A sterile defender morph in a polyembryonic hymenopterous parasite. *Nature* 294：446-447.

Hattori A, Sugime Y, Sasa C, Miyakawa H, Ishikawa Y, Miyazaki S, Okada Y, Cornette R, Lavine L. C, Emlen D. J, Koshikawa S, and Miura T. (2013) Soldier morphogenesis in the damp-wood termite is regulated by the insulin signaling pathway. *Journal of Experimental Zoology Series B* 320：295-306.

平田真規 (2013) 真社会性と単独性を簡単に切り替えるハチ，シオカワコハナバチ．パワー・エコロジー（佐藤宏明・村上貴弘　共編）海游舎，東京，pp. 240-261.

Hirata, M and Higashi, S. (2008) Degree-day accumulation controlling allopatric and sympatric variations in the sociality of sweat bees, *Lasioglossum* (*Evylaeus*) *baleicum* (Hymenoptera :Halictidae). *Behavioral Ecology and Sociobiology* 62：239-247.

北條　賢・尾崎まみこ (2011) アリと化学生態学．社会性昆虫の進化生物学（東　正剛・辻　和希

共編)海游舎，東京，pp. 103-140.
松浦健二(2011)シロアリの社会進化と性．*社会性昆虫の進化生物学*(東　正剛・辻　和希　共編)海游舎，東京，pp. 241-290.
Matsuura, K., Vargo, E. L., Kawatsu, K., Labadie, P. E., Nakano, H., Yashiro T. and Tsuji, K. 2009 Queen succession through asexual reproduction in termites. *Science* 323：1687.
佐々木正巳・中村　純(2011)ミツバチの社会性とその基盤となる機構．*社会性昆虫の進化生物学*(東　正剛・辻　和希　共編)海游舎，東京，pp. 141-198.
Wilson, E. O. (1971) *The Insect Societies*. Harvard University Press. 562 pp.

アリに学ぶ仕事術

アリの社会は、女王アリを社長とする会社をイメージさせる。会社への忠誠心あついアリたちの力で、いくつもの野心的な会社が世界へと躍進している。地球上のあらゆる場所に会社を広げようとする彼女たちのタフな仕事っぷりは、私たちも大いに学ぶべきだろう。会社を成功させる秘伝や、新規参入するための戦略も惜しみなく紹介する。一方、そうした権謀術数うずまく競争社会から一歩引くことで自分たちの居場所を作りあげ、高く評価を勝ち得たアリたちもいる。そんなアリたちの多様な仕事スタイルをみてみよう。

2 アリのグローバル戦略
―その野望と成功

村上貴弘

　アルゼンチンのブエノスアイレスの港から出港した貨物船の積み荷に，赤黒く艶やかな小さな生きものの一群が潜んでいたことに気がついた人間は，そのとき誰もいなかった．数ヶ月の後，彼女らはアラバマ州（アメリカ合衆国）のモービル港という，それまで生活していたラプラタ川上流域の亜熱帯林とはまったく異なる場所にたどり着くことになる．「悪夢」の時代が幕を開けようとしていた．

ヒアリという生きもの

　ヒアリは漢字にすると「火蟻」で，これは刺されると火がついたように痛いことから名づけられた．英名は「fire ant」という．このアリはフタフシアリ亜科のトフシアリ属（*Solenopsis*）のアリだ．学名は *Solenopsis invicta*．*Solenopsis* はギリシア語で「管のような」，*invicta* はラテン語で「征服されざる者」という意味である．体色は赤褐色で艶やか，動きは速く攻撃性が高い．形態はやや細長く，これが「管のような」という属名の由来となっている．しかし，それ以外では長い棘をもつとか大あごが鎌状に発達しているというようなめだつ形態的特徴はなく，いたってふつうのアリである．働きアリの体長は 2.0～6.0 mm までとさまざまなサイズのものが存在しており，南米のアルゼンチンとブラジル国境付近の亜熱帯域が原産である．

　原産地ではとくにめだつアリではない．これは林縁や川べりの赤土が露出した場所くらいしか巣を作ることができないからだ．しかし，1900年代に南米から北米への木材輸出などの貿易が盛んになると，1930年代にアラバマ州モービル港から北米大陸に侵入した．これを皮切りにアメリカ南部（フロリダ州～カリフォルニア州），カリブ海諸国，オース

トラリア，ニュージーランド，中国上海，台湾へと環太平洋地域は軒並みヒアリの侵入を受けている．

侵入地では原産地とうって変わってひじょうに大きなインパクトを与えている．たとえば，アメリカではヒアリに刺されたことによる毒の作用や強いアレルギー反応（アナフィラキシーショック）で年間約100人が死亡し，5,000〜6,000億円もの経済・農業被害がでている．人々は自宅の庭にヒアリが巣を作ると自費で害虫駆除会社に依頼して駆除しなくてはならない．このため南部の町には害虫駆除会社が数多く存在し，ビジネスとして成立している．

ヒアリの害は人間社会に影響を与えるだけではない．ヒアリはその高い攻撃性と幅広い食性（昆虫，小型哺乳類，鳥や爬虫類，果物，花の蜜，芽などありとあらゆるものを食料とする）で，在来の無脊椎動物相や小型の脊椎動物相を破壊し，植物の受粉を妨げ，生態系のバランスを崩してしまった．また，駆除するために使用されていたDDTなどの強力な殺虫，殺蟻剤は他の昆虫やそれを餌にする哺乳類や鳥類に蓄積され，繁殖力の低下や奇形などを生みだす原因となった．

このあたりの記述に関しては環境科学や生態学のバイブルにもなっているレイチェル・カーソン著『沈黙の春』（新潮文庫）に詳しい．あまり知られていないことだが，この本にはヒアリに関する記述がかなりある．

たとえば，「Fire antは合衆国南部の農業に深刻な脅威を与える，作物を傷め，地表に巣をつくる鳥の雛を襲うから自然をも破壊する．人間でも刺されれば，害になる――こんな言葉をならべたてて，議会の承認を得たのだ．だが，みんな嘘だということがあとでわかった．（186頁）」

「アラバマ州の専門家によれば，"植物に及ぼす害は概して稀である"という．また，アラバマ総合技術研究所の昆虫学者であり，アメリカ昆虫学会の1961年度会長E.S.アラント博士は言う．"自分のところでは，過去五年間，植物がfire antの害を受けたという報告は一度もない……家畜の被害もべつに見うけられない"．（187頁）」

「このアリがアラバマ州にすみついてから40年にもなり，またそこにいちばん密集しているのに，アラバマ州立保健所の言うところでは，"fire antに刺されて命を亡くした記録はアラバマ州では一度もない"．（188頁）」

このように徹底的にアメリカ農務省が当時発表していたヒアリの被害

を否定し，ヒアリ駆除対策の生態系への悪影響と費用対効果の低さを強い調子で非難している．

この本が出版されたのが1962年．以来，DDTやBHCなどの強力で安価な農薬は使用が全面的に禁止された．

パキスタンではDDTの普及によりマラリアの発症者数が1960年代の年間数十人まで減らすことに成功したが，DDTの使用禁止後は代替の安価な農薬が見つからず，現在数百万人に増加させてしまっている．また，DDTの使用禁止は，北米大陸の外来害虫甲虫であるマメコガネを駆除できず他の大陸に伝播，供給する源としてしまい，そしてヒアリを地球規模の大害虫にしてしまった．

現在，アメリカ農務省を中心に環境に優しい高価な農薬や天敵を使ったヒアリの防除を一貫して辛抱強くおこなっている．しかし，2009年にフロリダのアメリカ農務省の研究所を訪れた際にヒアリ研究者のポーター博士らとの話から，アメリカは徐々にヒアリの基礎研究に対する予算を縮小していることがわかった．アメリカの高度な科学技術と年間数億円単位の研究費を費やしたにもかかわらず，ヒアリの全面駆除という目的を約80年かかっても達成できなかった．

幸いなことに，日本にはまだこの凶暴なアリは定着していない．

ヒアリを見分ける

ヒアリが「悪夢（nightmare）」といわれているのは，ただその凶暴性からだけではない．

じつはこのアリは分類がひじょうに難しい種なのだ．ツィンケル（Tschinkel, 2006）によると原産地でのヒアリ，およびその近縁種の区別はほぼ不可能で，まさに「悪夢」と表現されている．

その大きな理由は，これといった特徴がなくて区別がしづらいということ，すでに多くの研究者が「種」，「亜種」，「変種」として命名しており，相互に標本を照合されていないため，どの学名がどの種をさすのかを判別するのが困難となっていることに起因している（『ヒアリの生物学』東 正剛他編著，海游舎）．

しかし，水際でヒアリの侵入を食い止めるには検疫所の検疫官でもすぐにわかるような分類上の鍵となる特徴を広く知らしめる必要がある．

図2-1 a) ヒアリの側面写真. b) トフシアリ. c) オオズアリ
(撮影:島田 拓).

　そこでまず，ヒアリは胸部の体色が赤褐色，腹部が暗色で艶がある（図2-1a）．実体顕微鏡を使って，触角の節を数えてみると，その数は10節である．また，触角第3節は細長く，長さが幅の1.5倍以上となっている．これがヒアリと他の類似したアリとを見分けるもっとも重要なポイントとなる．

　しかし，実体顕微鏡がない場合やあったとしても触角の節数という比較的細かい部分ではなかなかすぐには区別できない．その他では日本の在来のアリと侵入してきたヒアリとを区別するための鑑別点としては動きであろう．外来侵入性のアリ類全体に共通していえることは，巣を攪乱されたときの動きがひじょうに素早い．

　日本に生息するヒアリに似た種との違いを理解することも重要となる．ヒアリと同属のトフシアリ *Solenopsis japonica*（図2-1b）がいるが，形態は類似しているが体サイズが著しく小さいため，混同することはあまりない．大きさや色合いからオオズアリ *Pheidole noda*（図2-1c）と混同する場合が考えられるが，これらは体の大きさと兵隊アリの有無で識別できる．

毒の恐怖

ヒアリの恐ろしさはまずその毒にある．ヒアリ毒はソレノプシンと呼ばれ，アルカロイド系の毒だ．

アルカロイドとは，ニコチン，カフェイン，コカインなどのように植物毒の主成分としてしられる塩基性有機化合物の総称である．通常アルカロイド系の毒をもつ動物は，餌として食べた微生物などがもっていたアルカロイドを体内に蓄積し，今度は自らが捕食者に対する毒として利用しているものがほとんどである．

たとえば，フグやアカハライモリがもっている毒のテトロドトキシンはビブリオ菌などが生産する．また，ヤドクガエルのもつバトラコトキシンはカエルが餌とする小型昆虫が生合成することがしられている (Dumbacher et al., 2004).

ジョウカイ亜科の甲虫は，このバトラコトキシンを体内で生合成している（ただし，ヤドクガエルには効かないようだが）．このように動物の中では昆虫類でアルカロイドを生合成するものがいる．

ヒアリも 2-メチル-6-アルキルピペリディンというアルカロイドを生合成する．同じようにアルカロイドを毒として利用しているアリはヒアリのいるトフシアリ属とヒメアリ属だけで，アルカロイドを防御だけではなく，攻撃にも利用するよう進化した唯一の動物である．フグやヤドクガエルと異なり，体内でアルカロイドを生合成できるということは世界中どこに移動したとしても，その毒を攻撃あるいは防除に使用できるというメリットがある．

攻撃に毒を積極的に使用するスズメバチやミツバチ，サシハリアリなどのハリアリの毒はポリペプチドとホスホリパーゼなどのタンパク酵素などがおもな成分で，基本的にはタンパク質由来である．一方，ソレノプシンはタンパク質がわずか 0.1％程度しか含まれておらず，アルカロイド成分が約 95％を占めている．

これまで実際に私が刺された経験からいうと，ミツバチ，スズメバチ，ハリアリの方が断然痛い．これらに刺されると「ずんっ」という嫌な衝撃が脊椎のあたりまで瞬時にはしるが，ヒアリの場合は刺された際の痛みはそれほどでもなく，単純に針にさされたような痛みがある程度である．問題は，その毒の作用にある．ソレノプシンの直接的な作用と

しては，膜表面タンパクであるエネルギー合成酵素を働かなくし，神経間のアセチルコリン伝達を仲介する一酸化窒素合成酵素の作用を妨げることで，強い毒作用（呼吸困難や意識障害など）を発揮する．

　また，微量ながら含まれているタンパク質が原因で引き起こされるアレルギー反応も看過できない．通常，ヒアリに刺されると痛みとともに患部が赤く腫れあがり，やがて膿疱（膿みの塊）が現れる．この膿疱はヒアリに刺された際に特徴的なものだ．人によっては，アレルギー反応が激しくでて，全身のかゆみ，発疹，もっとも重篤な場合にはアナフィラキシーショック（胸の痛み，息が荒くなる，吐き気，血圧低下，発汗，けいれん，意識の混濁，チアノーゼなど）を起こし，放置しておくと死にいたることすらある．

　ヒアリのいる場所で作業をする場合には，必ずプラスチック製の手袋を着用し，ベビーパウダーを靴やズボンにふりかけておくとヒアリが這い上がってきにくくなる．ヒアリに刺されてしまった場合，漂白剤を同量の水で薄めて患部を洗浄し，かゆみを抑える抗ヒスタミン剤や細菌感染を抑える抗生剤を患部に塗っておく．軽いアレルギー反応が見られた場合，抗アレルギー剤である塩酸ジフェンヒドラミン錠剤（ベナドリル）を飲ませる程度でよいが，アナフィラキシーショックの症状を示すときは，すぐにアドレナリンなど免疫系の過剰反応を抑えるステロイド薬を注射し，酸素を吸引させ，内科的処置を行う必要がある．

毒の多様化

　ヒアリのもつ毒は侵入地で多様化している．

　これまでの研究から，在来のヒアリ類に比べて，北米大陸に生息するヒアリの毒性がより多様で，より強くなっていることが明らかになっている．ソレノプシンのアルカロイド成分は，アルキル基の炭素数が11個（C_{11}），13個（C_{13}），15個（C_{15}）という三つのタイプ，アルキル基にそれぞれ飽和アルキルと不飽和アルキル，そして，それぞれにシス型とトランス型が存在しているため，細かく分けると12種類となる．ブランドら（Brand et al., 1972）は，ホクベイヒアリ *S. xyloni*，アカカミアリ *S. geminata*，クロヒアリ *S. richteri*，*S. invicta* のヒアリ類4種のソレノプシンの組成を比較した．その結果，侵入地の *S. invicta* がも

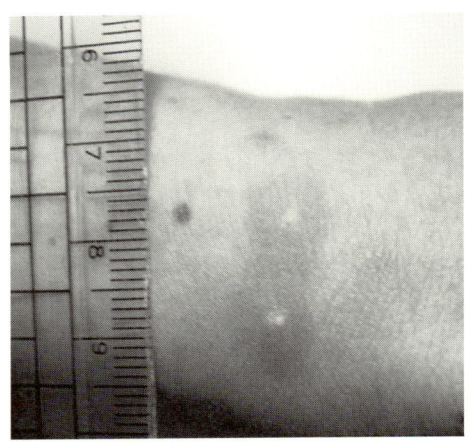

図2-2 台湾でヒアリに刺された痕．この後，アナフィラキシーショック（震え，めまい，動悸）の症状がでた．

っとも多様なソレノプシン組成をもち，かつ毒性の強いトランス型を多く含んでいた．在来のヒアリ類が単純で毒性の弱いソレノプシンで，外来のヒアリは多様で毒性の強いソレノプシンをもっていたのだ．

バン・ダ・ミーアらは1985年にミシシッピ州のスタークビル近郊のクロヒアリ侵入地で採集した個体が，ヒアリとの交雑個体であり，もっているソレノプシン組成がクロヒアリとヒアリの両方のタイプを有していたこと（つまりより多様なソレノプシン組成をもっていること）を発見した（Vander Meer et al., 1985）．

これまで私は，アメリカ（テキサス，フロリダ），台湾，アルゼンチンでかなりのヒアリに刺されてきた（図2-2）が，台湾のヒアリに刺されたときがもっとも毒作用が強くでて，めまい，吐き気，震え，など軽いアレルギー症状がでた．それ以前も，それ以降も数十回刺されたが，ここまで激しい反応はでたことがない．なぜか？　それは台湾の侵入個体が侵入地で近縁種などと交雑することで急速な正の選択が働き，ソレノプシン組成をさらに複雑で多機能なものに進化させたのではないかと私は睨んでいる．

ヒアリの侵入

ヒアリの脅威はこれだけではない．繁殖能力が高く，急速にコロニー

が巨大化することも問題だ.

　アリは高度な社会性をもち，女王アリ，オスアリ，働きアリ，兵隊アリなど，細分化された階級（カースト）ごとにそれぞれ異なる労働や役割が振り分けられている．コロニー全体で統率のとれた分業システムは，アリという生きものが集団全体で一つの生命体のようである.

　一般にアリの社会では，一つの巣に女王アリは一個体しかいない．このような社会構造を単女王性と呼んでいる．単女王性の女王アリは，生まれたときに翅があり，一生に一度だけ結婚飛行をおこない，オスと交尾をする．女王アリは交尾の際に受け取った精子を卵巣のつけ根にある受精嚢にためる．蓄えられた精子は女王のお腹の中で休眠状態のまま維持され，必要に応じて未受精卵に吹きかけられ受精する．受精した卵はメスアリ（女王アリもしくは働きアリ），未受精の卵はオスアリになる．

　女王アリは，結婚飛行後，単独で巣を作り，最初の働きアリを育てる．育った働きアリは餌を集め，巣のメンテナンスをおこない，女王アリの産んだ卵，幼虫，蛹の世話をする．

　女王アリの寿命は種により異なるが長いもので20年（ハキリアリなど），多くのアリでは5年前後である．働きアリの寿命はそれよりはるかに短い．ハキリアリやグンタイアリなど大きなコロニーを作る種では，働きアリの寿命は約3ヶ月．小さいコロニーを作る種では1年から3年程度である．このような単女王性コロニーでは女王アリの死がすなわちコロニーもしくは巣の消滅を意味している（図2-3a）．

　しかし，寒冷地などの厳しい環境では，女王アリ単独で巣を作るリスクが大きい場合がある．ヒアリの女王アリは，営巣し成熟コロニーに達するまでの間に，鳥，トンボ，クモなどに捕食され，風に流され海，河，湖に落ち，または同じアリ類に殺されてしまい，無事に生き残る確率は0.007%と見積もられている（Tschinkel, 2006）．

　厳しい環境の中で生き残るために，複数の女王アリが共同で産卵をおこなうことがある．このような社会構造を多女王性とよんでいる．多女王性の女王アリは，性フェロモンでオスを誘引し，巣の近くで交尾をおこなうことが多い．その後，元いた巣に戻り，自分の姉妹である働きアリを引きつれて，分巣する（図2-3b）．このような繁殖方法は交尾の成功率を上げ，巣作りの際の死亡率を下げ，たとえ女王アリが死亡したとしてもスペアの個体がいるのでコロニーが消滅しない，というメリット

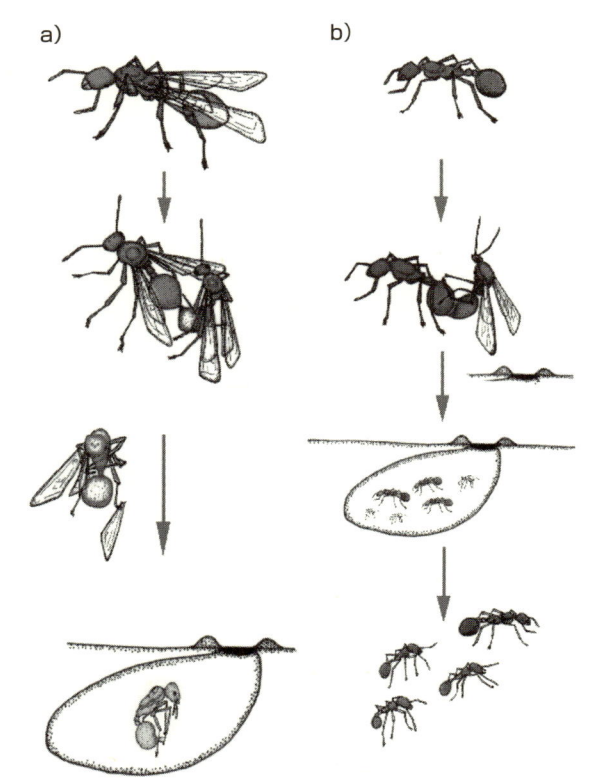

図 2-3 一般的なアリの繁殖タイプは（a）のように，有翅女王が交尾後に単独で営巣し，最初のワーカーを生み出すものだ．一方，多女王性コロニーなどでは交尾後に元いた巣に戻り，ワーカーを引き連れて安全確実に分巣して繁殖するタイプも存在する（b）．外来侵入アリ種は（b）の繁殖タイプをもつものがほとんどである．

がある．また，巣を作るのに適した場所が限られている環境では，その場を効率よく独占できる．

　寒冷地である北海道では多女王性のアリが多く見られる．エゾアカヤマアリは，北海道札幌市近郊の石狩海岸に約 45,000 の分巣した巣と約 108 万個体の女王アリ，そして 3 億 600 万個体の働きアリからなるスーパーコロニーを形成することでしられている（Higashi and Yamauchi, 1979；「3. アリのメガコロニーが世界を乗っとる」参照）．自然環境で一つの血縁者集団としてはアリのみならず生物界全体でも世界最大規模である（Hölldobler and Wilson, 1990）．また，南米由来の侵略的外来ア

リであるアルゼンチンアリは，侵入地のヨーロッパで，ポルトガルからイタリアにまたがる 6,000 km の海岸線に一つの融合コロニーを作っている（Giraud et al., 2002）．

このように多くの女王アリがコロニーの中に存在し繁殖をおこなうことで，迅速に生息域を拡大することができるのだ．

ヒアリもまた，侵入地の北米大陸では多女王化しているが，原産地のアルゼンチン北部やブラジル南部のラプラタ川上流のパラナ川流域では，単女王性の方が優勢である．これは通常，単女王性のコロニーは多女王性のものに比べて敵対性が強く，単女王性コロニーが多女王性コロニーの増加を抑制することが多いためであり，多女王性コロニーが無制限に分巣して生息域を拡大することは稀だ．

しかし，侵入地域の北米大陸では複数回多女王性のコロニーが侵入しており，多くが多女王性コロニーである．また，このタイプは血縁識別能力が低く，隣どうし血縁があまりなくても融合し，巨大化する．アメリカなどの侵入地ではヒアリの融合コロニーが確認されており，なかには 20,000 個体以上の女王のいるコロニーも見つかっている（Glancey et al., 1975）．

また，テキサス州のブラッケンリッジ演習林では 1983 年に二つのヒアリコロニーが侵入したのを確認後，わずか 3 年でその二つのコロニーが融合したのち，スーパーコロニー化し，1989 年の調査では演習林全域を占拠してしまった．ここから類推すると年間約 15〜35 m のスピードで巣が拡大していったことになる（Vargo and Porter, 1989, Porter and Savignano, 1990）．

ヒアリの女王アリは結婚飛行のとき，オスと交尾すると翅を落としたのち，営巣を開始する．成熟したコロニーでは女王アリは 1 時間に平均 80 個卵を産み，3〜5 年で次の世代の女王アリとオスアリを生産する成熟コロニーとなる．一つの成熟コロニーは平均で 20 万個体の働きアリをもつ．ヒアリの女王アリの寿命は 5〜8 年．その間，オスアリから受け取った約 700 万個の精子をほぼ使い切って死亡する．生みだされた個体は 200〜300 万個体であることから，一つの未受精卵を受精させるのに使われる精子は 3 個前後となる．ヒトが卵子を受精させるのに少なくとも 1 億個の精子を使うのに比べて，ひじょうに効率よく精子を使っていることになる．

このような社会構造と効率の良い繁殖戦略をもつヒアリは侵入地で急速に分布域を拡大し，人間社会や地域環境に大きなインパクトを与えるようになった．

環境に与える影響

　このように遺伝的な多様性を手に入れて侵入地の環境に適応したヒアリは生態系や人間社会に大きなインパクトを与えている．外来生物の例にもれずヒアリも人間が切り開いた攪乱地に好んで巣をつくるため，近隣の人家に侵入し食料を食い荒らしたり，刺傷による被害をもたらす．また，ヒアリは電気にひきつけられる傾向があり，電気製品の故障や電気ショートによる火事，送電設備の故障による停電を引き起こす．さらに，ヒアリが繁殖している地域は不動産の価値が下がり，観光施設や公園などでは観光客の減少や管理責任や治療費をめぐる訴訟トラブルが発生する．このように刺傷による直接的な被害だけではなく，間接的にも人間の日常生活に大きな影響を与える．

　ヒアリは侵入地の生態系にも大きな影響を及ぼす．フロリダ州やジョージア州ではツバメなどの鳥類の数が減少しているが，この原因の一つがヒアリによるヒナの捕食にある．また，シカなどの哺乳類の子どもも，出産直後でまだ動けない，粘液におおわれた状態のときに襲われ死亡するケースも報告されている．植物に対しては，種子の胚珠をかじり取ったり，根や地下茎にそって巣を拡大し，植物を枯死させるなどの攪乱により植生が貧弱になる負の影響を与える．また，昆虫やクモ類なども捕食したり，競合による資源の奪いあいから，これらの生物の種数の減少を引き起こす要因となっている．

　農業・畜産業への影響も深刻だ．ヒアリに刺され家畜が死亡するケースや刺されたストレスにより搾乳量や肉質の低下，ヒアリが巣を作ることで牧草地の牧草が減少し，餌不足が発生している．それらの被害額は年間60億から250億円にのぼる．

　農作物被害ではトウモロコシ，小麦などの種子の胚珠をかじり発芽不全にする，柑橘系の果樹の根元をかじり枯死させる，実に穴をあけて商品価値を下げる，などの被害をもたらす．また，農業害虫であるアブラムシやカイガラムシがだす甘露を得るために保護することからそれらを

駆除するために，ヒアリを駆除する必要がある．

　しかし，環境に対してマイナスの影響を与えるだけではない．ヒアリの巨大な巣は土壌の攪拌に役立ち，農作物の成長を助ける一面をもつ．また，農業害虫であるハナゾウムシを捕食することで農業被害を低減させていることも報告されている．

　いずれにしても，侵入地での環境に与える影響は大きい．一度崩れた生態系のバランスを元どおりにするコストや手間，人的被害や農業・畜産業への被害の大きさを考えると，ヒアリを侵入させることはなんとしても阻止する必要がある．

ヒアリを操る遺伝子

　ヒアリの社会構造を決定するものの一つに GP-9 遺伝子という遺伝子がしられている．

　侵入地ではこの遺伝子が多様化しており，GP-9「B」型と「b」型の2種類が存在し，BB型が単女王性コロニーで見られ，Bb型が多女王性コロニーで見られる．「b」型はコロニーの中に複数の女王アリが存在することを可能にするからくりとなっているようで，原産地である南米大陸ではBB型が優占し，侵入地の北米大陸ではBb型の比率が大きくなっている．

　この遺伝子と似たものには，カイコでは性フェロモンをコードしており，何らかの情報伝達物質を作り出していると考えられる．たとえば，BB型の女王アリをこすりつけた多女王性コロニーの働きアリは，たとえ同じ巣の仲間であってもBb型働きアリから攻撃を受け，40％は殺されてしまう．しかし，Bb型の女王アリをこすりつけた個体は，たとえ別コロニー由来でもBb型働きアリから受け入れられる．つまり血縁の近さではなく，この遺伝子が生み出す情報伝達物質のタイプによって受け入れるべき仲間か，排除すべき存在かが決まってしまうのだ．

　この血縁選択説をほごにしてしまうような行動をつかさどる遺伝子は，ハミルトンが1964年に提唱した「緑のあごひげ」遺伝子ではないかと言われている．この「緑のあごひげ」遺伝子とは利他行動の進化を説明する仮説的な遺伝子であり，緑色をしたあごひげのように誰が見てもめだつような特徴をもっていると，そのめだった形質をもったものど

うしは協調して利他的に行動できるかもしれない，という仮説である．この仮説が成り立つ場合，この遺伝子（群）は次世代により多く遺伝子コピーを残すことができ，かつ利他行動が進化する．

侵入地のヒアリで見つかった GP-9 の「b」型遺伝子こそまさに血縁関係を介さないで利他行動が進化する「緑のあごひげ」遺伝子そのものなのかもしれない．ヒアリの特殊な社会進化が，侵入地での急速な生息域の拡大やスーパーコロニーの形成による侵入の成功に関連している可能性もあるだろう．

ヒアリというアリは存在しない？

生きものを研究していくためには，まずその生きものに正確な名前をつけなくてはいけない．ヒアリもその例外ではない．しかし，ヒアリの分類や命名には前述したように大きな問題がある．

まず，1920年代後半にアメリカ南部で定着が確認された．1930年に W. M. ホイーラーの教え子のクレイトンが外来ヒアリの分類に挑み，その当時モービル港に侵入したヒアリに *S. saevissima richteri* と名づけた．この外来アリの被害はそこから徐々に拡大していった．そして，いつのまにか侵入してきた黒いヒアリの中に赤いヒアリが混ざっていることが判明した．

たちの悪いことに，赤いヒアリがもたらす被害は黒いヒアリよりも深刻で致命的であった．

そのようななか1949年に当時大学院生であったエドワード O. ウィルソンがアラバマ州保全局に雇われて外来ヒアリの研究に従事し，1952年に原産地の *S. saevissima* には体色や体サイズにさまざまな多型が存在するグループであると判断して，アメリカに侵入してきた黒と赤のヒアリはどちらも *S. saevissima* であると結論づけた．

しかし，この外来ヒアリが本当に多型を示すグループの1タイプなのか，それとも新たな種を形成するのではないか，という議論はずっと存在してきた．

1972年 W. F. ビューレンはアメリカ合衆国に侵入してきたヒアリを2種であると断定した．黒い外来ヒアリを *S. richteri*（クロヒアリ），赤い外来ヒアリを新種の *S. invicta*（ヒアリ）とした．

つまり，今から40年ほど前にようやく「*S. invicta*」という種名が，この外来侵入アリ種に授けられたのだ．その後の詳細な追加研究も合わせると，これら2種は交雑が可能ではあるが，毒や体表炭化水素の組成，分子系統関係などで明確な違いがあることや南米では交雑が見られないことから，現在でもごく近縁な種ではあるが別種であるという見方で定着している．

しかし，ヒアリの系統分類はその後さらに混沌とした状況になっている．

これまで形態による分類が不確かな生物群はDNAの特定領域の塩基配列を使った分子系統関係を見ることで解決することが多かった．

たとえば，菌食アリと共生する菌類はあまりに強くアリに依存したため分類の鍵となるキノコの笠（子実体）を作らなくなってしまい，分類が不可能だといわれていた．しかし，この菌類の核ゲノムの28SリボソームDNAの塩基配列を解読したところ，みごとにカラカサタケ，キツネノカラカサに近いなかまであるということを解き明かした（Mueller et al., 1998）．

ところが，この最終兵器ともいうべき分子系統樹をヒアリで作ってみたところ，混乱を助長するような結果になってしまった．図2-4は，シューメーカーらが2006年にさまざまな地域のヒアリ，および近縁種のミトコンドリアDNAのCOI領域の塩基配列を用いて作成した分子系統樹だが，ヒアリは①*S. macdonaghi*，②*S. quinquecuspis*，③*S. richiteri*と交雑による入れ子状の系統関係（異なる複数の種群の中に*S. invicta*と類似した塩基配列が存在すること）が明確に示されている（Shoemaker et al., 2006）．

この分子系統樹を見ていると，はたして*S. invicta*という種は存在するのだろうかという疑問さえ生じてくる．

実際，私がアルゼンチンで採集したヒアリは体色が黒，赤，黄色で，体サイズもオオズアリ*Pheidole noda*の小型働きアリ（約2.5mm）くらいのものが多くを占めるコロニーからクロヤマアリ*Formica japonica*くらい（約5mm）あるものだけで構成されているコロニーまで変異に富んでいた．正直なところ，これらが単一の種であるとはとうてい思えない．この問題を解く鍵となるのは「交雑」にあるものと睨んでいる．さらに，外来侵入アリ種の高い適応力にも関連するのではないかとも考えられる．

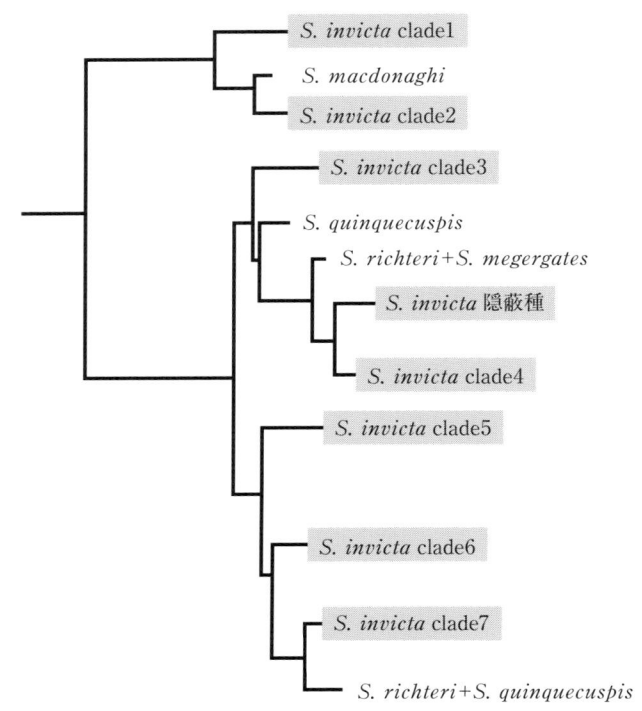

図 2-4 mt DNA の塩基配列を用いた分子系統樹(シューメーカーら,2006 を改変).

交雑がもたらすもの

では,生物が近縁種間で交雑するとどのようなことが生じるのだろうか?

ヒトの例で説明しよう.現生人類であるホモ・サピエンスは約 17 万年前にアフリカ大陸で誕生し,6〜7 万年前にアフリカを出て世界各地に拡大していった.その当時ユーラシア大陸にはネアンデルタール人やデニソワ人が存在しており,中東付近でこれらの種は出会い,交雑していたことが最新のゲノム解析から明らかになっている.

この交雑がホモ・サピエンスに何をもたらしたのだろうか? たとえば,それは多様な免疫システムをもたらした.私たちの免疫細胞には

HLAクラスIという抗原を記憶し，攻撃の指令を出す認識部位が存在するが，交雑によって，その中にデニソワ人のもつ *HLA-B73* というナチュラルキラー細胞の受容体に対するリガンド（結合物質）を作り出す遺伝子が挿入された（Abi-Rached et al., 2011）．また，ネアンデルタール人との交雑により挿入もしくは欠落した遺伝子には言語や社会関係の構築に関連した遺伝子が多く含まれていた（Green et al., 2010）．このように近縁種間で交雑をおこなうことによって，遺伝的な多様性が増して，生体機能や環境への適応能力が向上すると考えられる．

では，ヒアリが近縁種間で交雑することで何が起こったのだろうか？そこで遺伝的な多様性の獲得に絞って解説する．染色体の構造変化やいくつかのマーカー遺伝子を蛍光標識して位置を特定したところ，フロリダと台湾で大きな変化が観察された（村上ら，投稿中）．このことは遺伝的な多様性が遺伝子だけではなく，その入れものである染色体にもみられることを示す．ヒアリが侵入地で高い遺伝的多様性を獲得することで厳しい環境にさらされても生き残ることができたのだろう．

アリの世界には「真社会性」といって人間とは比較にならないほど厳密で複雑な社会性が進化している．真社会性の進化を支えているのは集団内での高い血縁度であるとされている．アリでは単数倍数性（未受精卵がオスに，受精卵がメスになる．このためオスの遺伝子は100％精子に伝えられ受精卵の遺伝的類似度があがる）の性決定機構が，シロアリやハダカデバネズミでは近親交配が，アブラムシではクローン繁殖が，集団内に共通する遺伝情報量を増大させ不妊であっても，次世代に伝わる自分自身の遺伝子量を十分に確保してくれる．このように真社会性生物の初期進化段階では集団内の血縁度は1に近づくと考えられている．

しかし，侵入地のヒアリはコロニー内の血縁度が低い．もともといた個体群のアルゼンチンではコロニー内血縁度は0.46～0.6と比較的高いのに対して，侵入個体群では0～0.2とほぼ0に近い値となっている（Helanterä et al., 2009）．侵入地のヒアリの血縁度がほぼ0という事実は，真社会性生物の進化の道筋を考えると矛盾になる．なぜ侵入地のヒアリは，血縁度がほとんど0になってしまっても高度な社会性が維持されているのだろうか？

ヒアリが北米大陸に侵入した際，たどり着いたコロニーの数はわずか数コロニーだったと推定されている．したがって，一時的にきょくたん

に遺伝的多様性の低い状態となってしまい，その個体群の血縁を識別する能力がきょくたんに低下して，働きアリは非血縁者の侵入を防ぎきれなくなった．したがって，侵入地のヒアリコロニーにはさまざまな遺伝的背景をもった個体を受け入れ，ときには近縁他種ですら排除されなかったと考えられる．そのようにして，遺伝的な多様性が高くなったのだろう．

このような遺伝的な多様性の高さは環境への適応能力だけではなく，病原体や寄生虫への抵抗力，免疫能力の向上，そして毒の多様性などの生体機能の多様性をもたらすと考えられる．

ヒアリ防除作戦

もっとも効果的な防除はヒアリを入れないことである．

ヒアリは人間の活動とともに生息域を拡大し，侵入地でさらにさまざまな機能を強化して，厄介な存在へと変化し続けている．Ascunce et al.（2011）がミトコンドリアDNAとマイクロサテライト解析から明らかにしたところによると，全世界に広がったヒアリの起源はアルゼンチンのラプラタ川上流域であることがほぼ確実になった．そこから，二度アメリカに侵入したのち，国内で移動し，分散を繰り返し，オーストラリア，ニュージーランド，中国，台湾へとさらに広がっていった．つまり，原産地からの侵入はわずか2回しかなかったのに，侵入地からの再侵入は頻繁に起こっているのだ．このような現象を「Bridgehead（橋頭堡）効果」といい，ナミテントウやウリハムシなどの外来生物でも確認されている．ヒアリの日本への侵入は時間の問題だといわれている．

2004年に施行された外来生物法で特定外来生物となった代表的なものは，オオクチバス（ブラックバス），セイヨウオオマルハナバチ，アライグマ，ヌートリア，カミツキガメ，セアカゴケグモなどがある．これらの外来生物と比較するとヒアリの攻撃性や毒性は高い．セアカゴケグモも毒性が確認されているが，最近50年で死亡例は1件も報告されていない．ヒアリの侵入は生態系の攪乱だけではなく，人命に関わる点で他の外来生物とは異なる

台湾では，防除のためにヒアリ探査犬が導入されるなど，ユニークな

取り組みもある．もっとも重要なことは基礎的な研究が必要であ
まだまだ不十分である．

　私たちはヒアリに対して，十分な警戒をしていく必要がある．い
その前に想像してほしい．赤く艶やかなアリたちが今も密やかに，
湿った貨物室で，きたるべきときをまっていることを．

引用文献

Abi-Rached, L., M. J. Jobin, S. Kulkarni, A. McWhinnie and K. Dalva (2011) The shaping o
　　modern human immune systems by multiregional admixture with archaic humans.
　　Science 334：89-94.
Ascunce, M. S., Yang, J. Oakey, L. Calcaterra, W-J. Wu, C-J. Shih, J. Goudet, K. G. Ross and D.
　　Shoemaker (2011) Global invasion history of the fire ant *Solenopsis invicta*. *Science*
　　331：1066-1068.
Brand, J. M., M. S. Blum, H. M. Fales and J. G. MacConnel (1972) Fire ant venoms：comparative
　　analyses of alkaloidal components. *Toxicon* 10：259-271.
Dumbacher, J., A. Wako, S. R. Derrickson, A. Samuelson, T. F. Spande and J. W. Daly (2004)
　　Melyrid beetles (Choresine)：a putative source for the batrachotoxin alkaloids found
　　in poison-dart frogs and toxic passerine birds. *PNAS* 101：15857-15860.
Giraud, T., J. S. Pedersen and L. Keller (2002) Evolution of supercolonies：the Argentine ants
　　of southern Europe. *PNAS* 99：6075-6079.
Green, G. E., J. Krause, A. W. Briggs, T. Maricic, U. Stenzel, M. Kircher, N. Patterson, H. Li, W.
　　Zhai, M. H. Fritz, N. F. Hansen, E. Y. Durand, A-S. Malaspinas, J. D. Jensen, T.
　　Marques-Bonet, C. Alkan, K. Prüfer, M. Meyer, H. A. Burbano, J. M. Good, R. Schultz, A.
　　Aximu-Petri, A. Butthof, B. Höber, B. Höffner, M. Siegemund, A. Weihmann, C.
　　Nusbaum, E. S. Lander, C. Russ, N. Novod, J. Affourtit, M. Egholm, C. Verna, P. Rudan,
　　D. Brajkovic, Z. Kucan, I. Gusic, V. B. Doronichev, L. V. Golovanova, C. Lalueza-Fox, M.
　　de la Rasilla, J. Fortea, A. Rosas, R. W. Schmitz, P. L. F. Johnson, E. E. Eichler, D.Falush,
　　E. Birney, J. C. Mullikin, M. Slatkin, R. Nielsen, J. Kelso, M. Lachmann, D. Reich and S.
　　Pääbo (2010) A draft sequence of the Neandertal genome. *Science* 328：710-722.
Glancey, BM, C. E. Stringer, C. H. Craig and P. M. Biship (1975) An extraordinary case of
　　polygyny in the red imported fire ant. *Annals of the Entomological Society of America*
　　68：922.
Helanterä, H., J. E. Strassmann, J. Carrillo and D. C. Queller (2009) Unicolonial ants：where do
　　they come from, what are they and where are they going? *Trends in Ecology and
　　Evolution* 24：341-349.
東　正剛・緒方一夫・S. D. Porter (2008)『ヒアリの生物学』．海游舎．286 pp.
Higashi, S. and K. Yamauchi (1979) Influence of a supercolonial ant *Formica* (*Formica*)
　　yessensis Forel on the distribution of other ants in Ishikari Coast. *Japanese Journal of
　　Ecology* 29：257-264.
Höllbober, B. and E. O. Wilson (1990) *The Ants*. Belknap Press of Harvard University Press,
　　Cambridge, Massachusetts, 732pp.
Murakami, T., C. Paris, C. Sasa, H. Sakamoto, S. Higashi and K. Sato (2013) Why can the fire ant
　　adapt to various environments? -Effects of hybridization in invasive fire ant

e (submitted).
r and T. R. Schultz (1998) The evolution of agriculture in ants. 2038.
vignano (1990) Invasion of polygyne fire ants decimates native ants hropod community. *Ecology* 71：2095-2106.
(1964)『沈黙の春』. 新潮社. 342 pp.
. E. Ahrens and K. G. Ross (2006) Molecular phylogeny of fire ants of the saevissima species-group based on mtDNA sequences. *Molecular tics and Evolution* 38：200-215.
(2006) The fire ants. Belknap Press of Harvard University Press, Cambridge, husetts. 752 pp.
r, R. K., C. S. Lofgren and F. M. Alvarez (1985) Biochemical evidence for ridization in fire ants. *Florida Entomologist* 68：501-506.
L. and S. D. Porter (1989) Colony reproduction by budding in the polygyne form of olenopsis invicta (Hymenoptera：Formicidae). *Annals of the Entomological Society of America* 82：307-313.

●コラム 1●

外来アリの母国に行って

佐藤一樹

　私は現在高校生に生物を教えているのですが，そこで最初の授業で必ず聞くことがあります．「アリって日本に何種類いると思う？」．
　生徒たちは大きいの，小さいの，黒いやつ，ちょっと赤いやつ……だいたい5種類くらいかな，と答えます．答えを言うと生徒はそんな訳ないといった発言やなかにはゾッとした顔をしたりします．アリ自体は身近な生きものなのになかなか違いを見分けることは難しいのでしょう．さらにとどめをさすがごとく，「世界にはこんなアリがいるんだ」と言って，アルゼンチンで採取したサシハリアリの標本を見せると，思い思いの言葉（おもにキモい）が出て，教室がドッと沸きかえります．現在日本には約280種，世界にはなんと1万種以上ものアリが生息しているとされています．
　生徒には偉そうに言っている私ですが，村上貴弘先生に出会うまではアリじたいにそこまで興味がなく（と言ったら怒られるでしょうが），この生徒たちと似たような回答をしていたに違いありません．まだまだ勉強中の身ではありますが，アリの世界を感じた出来事を書かせていただきます．
　アルゼンチンでの出来事は数年経った今でも鮮明に覚えています．縁あって大学院で指導を仰いでいた村上先生と坂本洋典博士といっしょに研究する機会があり調査に同行させていただきました．このときは外来アリとして問題となっているアルゼンチンアリ *Linepithema. humile*（「3. アリのメガコロニーが世界を乗っとる」参照）とヒアリ *Solenopsis. invicta*（「2. アリのグローバル戦略」参照）の研究が目的でした．それまでの私は日本のアリは正直それぞれの特徴が薄く見分けがつき難いと感じていました（フィールドで見るアリはなかなか区別がつき難いのです）．私は大学院時代，おもにアルゼンチンアリの研究をおこなっていました．山口県岩国周辺で行った調査で初めて，アルゼンチンアリを見たとき日本の在来アリとの違いに衝撃を受けていました．なにせその地域がアルゼンチンアリ一色に染まっているのです（図1）．また，

図1 岩国の民家でたたみの上に行列をつくるアルゼンチンアリ.

生きたヒアリを見るのも初めて．そんなアリたちの原産地とのことですごく楽しみに調査に向かいました．

　アルゼンチンに到着してすぐにお世話をしてくれた教授のご好意でブエノスアイレス市内の散策に向かいました．ここである感激がありました．トガリハキリアリの仲間 *Acromyrmex* たちの花の行進．なんてすばらしい．そして目を移すとアルゼンチンアリの仲間が……ヒアリが……見たことのないアリたちが……こんなに身近に生息しているのか！！都市部なのになんてたくさんの種類のアリたちがいるのだろう．しかも，それぞれに個性的な特徴が見える（トガリハキリアリの背のトゲかっこいい！！）．驚くことに農業害虫とされるトガリハキリアリも，外来アリとして恐れられている2種も街中に溶け込んでいるのです．トガリハキリアリなんて民家の前でせっせと葉を運んでいるくらいです（図2）．さて，ここで不思議に思うことがありました．お目当ての *L. humile* はほとんど見つけることができなかったことです．見つけられても一面それだけっていうわけでもなく，すごく小ぢんまりと生活している感じなのです．ブエノスアイレスではアルゼンチンアリの近縁種も数種類生息しているらしく，都市部はとくに同属の別種 *L. micans*（この種は *L. humile* と体色が若干違うのです）という種と棲み分けているという感じでした．あれ？　岩国にあんなにたくさんいたのに……なぜ *L. humile* だけが世界的な外来種になり得たのだろうか不思議でしかた

図2 ブエノスアイレスのトガリハキリアリ.

ありませんでした.

　ブエノスアイレスでの1週間の調査が終わり,瀑布で有名なイグアスへと北上しました.この旅一番の衝撃はここでの6日間でした.現地に到着したバス乗り場でまたトガリハキリアリが出迎えてくれました.イグアスではおもに国立公園の周辺や農道のような荒れた道を中心にフィールドワークをおこないましたが,ここで数々の衝撃を受けます.アリが多様すぎる.その一つであったサシハリアリ(後に生徒に見せる標本となったもの)はとにかく大きく,視界に入ってきて,アリを二度見したのは初めてでした.そしてあのけたたましい軋む警告音.アリって音を出すの! この他に文章力がなく表現しにくいのですが,それぞれが日本では見たことのないような姿形,本当に異形なのです.ハキリアリはもちろん何種類も生息し,タートルアントやオオズアリの仲間,アギトアリの仲間,植物に棲むアリ,目の無いアリ,先生の指を切るほどのヤマアリ,はしゃぐ坂本博士などなど……すごすぎる.生物を見てあれだけ感動で鳥肌がたったことはいまだにありません.

　さて,ここでの調査では *S. invicta* が想像以上に見つかりませんでした.逆に見つけられたのは *invicta* ではない *Solenopsis* のなかまでした(図3).おかげでとんでもない距離を歩いてしまい帰れなくなりそうになったのはご愛嬌.さらにアルゼンチンアリはほとんど見つけることができませんでした.ある文献では *S. invicta* や *L. humile* は原産地では個体群密度が侵入地よりも小さいと記されていましたが身をもって体感

外来アリの母国に行って　　47

図3 イグアスで見たヒアリ属のアリとその巣.

しました．これはそれぞれの同属や他種の多様性がこの2種のアリを優先種とはせず，侵略的外来アリと呼ばれるアリがなぜ他国で強いかわからないくらい霞んで見えるほどでした．そしてそれだけアルゼンチンのアリは多様性に富んでいることの証明だったのではないかと感じています．しかし，アリ以外に驚いたのは，わざとヒアリの毒を，体をはって体験していた村上先生と寝る前に生きたサシハリアリを撫でていた坂本博士でしたが……

この旅で気づかされたことは山ほどあり，アリたちに囲まれた2週間で私の価値観は大きく変わりました．身近だけどまだまだわかってないことだらけの遠い生物．アリの多様性や奥深さの一端に触れることができた幸せを感じました．

3 アリのメガコロニーが世界を乗っとる

砂村栄力

巨大コロニーに迫る

　アリの特徴の一つに，巣の中で，同じコロニーの仲間と共同生活をしていることをご存じだろうか？　コロニーには，産卵に専念する女王と，産卵はせず餌集めや巣のメンテナンス，女王や幼虫の世話をする働きアリなどがいる．ひとくちにコロニーといっても，その規模は種類によってさまざまで，ここでは，世界で1万種以上いるアリ類のなかでもっとも大きなコロニーをつくるアリを紹介する．その名はアルゼンチンアリ *Linepithema humile*（図3-1）．南米原産で，貿易によって世界各地に分布を広げた侵略的外来種だ．日本でもじわじわと勢力を拡大しており，テレビや新聞でもよく取り上げられている．被害状況は取りざたされるものの，その生態については一般に知られていない．なんとアルゼンチンアリは，ヨーロッパやアメリカ，日本と大陸を超えた個体どうしが一つのコロニーに属しているのだ．人間社会のグローバル化に伴い，アリの社会もグローバル化している!?　冗談ではなく，アリの巨大なコロニーが世界を乗っ取ろうとしている．アルゼンチンアリの巨大コロニーは私たちに畏怖を感じさせるとともに，学術的にも熱いトピックの一つになっている．このコロニーの成り立ちや，維持のしくみをのぞいてみようではないか．

アリのコロニー

　まずはアリのコロニーの構造と，コロニーを構成するメンバーの識別方法について紹介しよう．コロニーとは，互いに協力的にふるまう個体の集まりのことをいう．ふつう，コロニーは女王アリとその娘である働きアリのような血縁関係にある個体どうしで成り立っている（Hölldobler and Wilson, 1990）．たとえば，市街地でよくみられるクロオオアリ

図 3-1 アルゼンチンアリ *Linepithema humile*. a) 働きアリ. b) 女王アリ. c) オスアリ. d) たくさんの幼虫とそれらを世話する働きアリ.

Camponotus japonicus は，成熟したコロニーでは地中 1.5 m ほどの巣に1匹の女王と 1,000〜2,000 匹の働きアリが暮らしている．また，ハリアリ亜科 *Ponerinae* の仲間はコロニーが小さく，働きアリは多くても数十匹ほどの種が多い．彼女たちは地中や倒木の中でひっそり暮らしている．このように，一つのコロニーに女王アリが1匹いるというのが一般的なイメージだと思うが（単女王性），一つのコロニーに複数の女王アリがいる種も少なくない（多女王性）．また，一つのコロニーは一つの巣に棲んでいる場合が多いが（単巣性），複数の巣に分散して棲み，巣間を個体が行き来している場合もある（多巣性）．多巣性の種では，一つのコロニーが膨れ上がり，離れた巣間で直接協力し合うのが困難な状況にまで広範囲を占める場合もある．このようなコロニーをとくに

「スーパーコロニー」という．スーパーコロニーをつくるアリの代表例としては，エゾアカヤマアリ *Formica yessensis*（「6. 世界を驚かせた巨大シェアハウスプロジェクト」参照）やアルゼンチンアリをあげることができる．

仲間の識別

　アリがコロニーを作り協力しあうのは，自分たちの子孫を効率よく残すためにほかならない．もし，よそのコロニーの個体を巣に招き入れてしまったら，餌を奪われてしまうかもしれない．もし，よそのコロニーの仕事を手伝ってしまったら，それはタダ働きしたことになり，自分のコロニーがないがしろになってしまう．このような事態をさけるため，アリは，自分が属するコロニーの仲間と，よそのコロニーの個体をきちんと識別することができる．アリはコロニーの仲間とは仲良くふるまうが，よそのコロニーに対してはたとえ同じ種類であったとしても敵対的にふるまう．たとえば，自分たちの巣の近くによそのコロニーの個体がやってくると，攻撃して追い払おうとする．闘いになると，仲間の応援を呼ぶこともある．反対に，自分たちのテリトリーから離れたところで，よそのコロニーの個体にでくわしてしまったら，分が悪いとみて，あわてて逃げようとするだろう．餌やテリトリーをめぐって二つのコロニーが争うこともしばしばある（図 3-2）．

図 3-2　日本在来のアシナガアリ *Aphaenogaster famelica* どうしの喧嘩のようす．左の個体が右の個体の首にかみつき，頭部を切断しようとしている．

何で識別しているのか

　アリは，匂いによって仲間とよそ者を識別している．何の匂いかというと，体表面をおおうワックスに含まれる，炭化水素という化学物質である（Martin and Drijfhout, 2009）．炭化水素とは，炭素原子（C）と水素原子（H）で構成される化合物のことで，骨格となる炭素原子の数やつながり方によってさまざまな種類がある（図3-3）．アリの体表炭化水素は，数種類から数十種類の炭化水素のブレンドになっている．そして，炭化水素の種類やそのブレンド比，いわゆる体表炭化水素プロフィールは，アリの種間やコロニーによって異なる．一般的には，アリの種類が違うと炭化水素の種類が大きく異なり，一方，同じ種類のアリでは

例1）　13-MeC33

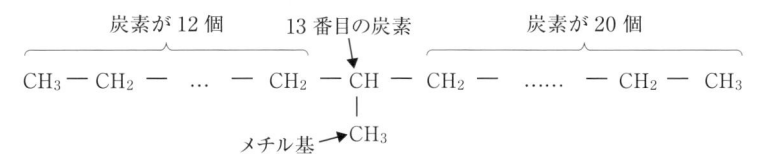

　　　　　　炭素が12個　　　13番目の炭素　　　　炭素が20個

$CH_3 - CH_2 - ... - CH_2 - CH - CH_2 - ...... - CH_2 - CH_3$

　　　　　　　　　　メチル基→CH_3

例2）　5, 15-diMeC33

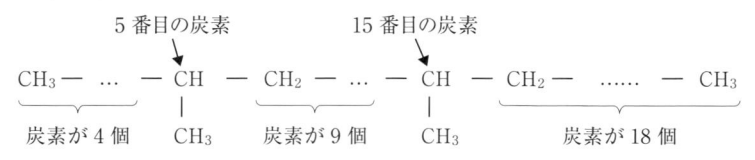

　　　　　　5番目の炭素　　　　　　　15番目の炭素

$CH_3 - ... - CH - CH_2 - ... - CH - CH_2 - ...... - CH_3$
　　　　　　　　　　　|　　　　　　　　　　　　|
　　炭素が4個　　　CH_3　　炭素が9個　　CH_3　　　炭素が18個

例3）　5, 13, 17-triMeC33

　　　　　　5番目の炭素　　13番目の炭素　　17番目の炭素

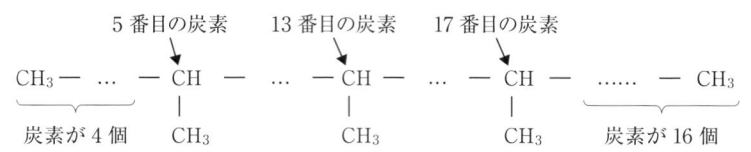

$CH_3 - ... - CH - ... - CH - ... - CH - ...... - CH_3$
　　　　　　　　　　|　　　　　　|　　　　　　|
　　炭素が4個　　CH_3　　　CH_3　　　CH_3　　炭素が16個

図3-3　炭化水素の構造．炭化水素は，炭素原子（C）と水素原子（H）でできている．ベースとなる炭素骨格（たとえば炭素が20個つながったものをC20と表す）と，側鎖（たとえば炭素が1個のものをメチル基といい，Meと表す）で構成される．例1）13-MeC33．33個の炭素がつながって炭素骨格を成し，13番目の炭素にメチル基がつく．例2）5, 15-diMeC33．33個の炭素がつながって炭素骨格を成し，5番目と15番目の炭素に計2個（di）のメチル基がつく．例3）5, 13, 17-triMeC33．33個の炭素がつながって炭素骨格を成し，5番目と13番目，17番目の炭素に計3個（tri）のメチル基がつく．

炭化水素の種類はほとんど同じだが，コロニーが違うとブレンド比が異なることが多い．アリは，こうした体表炭化水素プロフィールの違いを認識して，コロニーの仲間とよそ者を識別できるのである．

コロニー間での体表炭化水素プロフィールの違いは，遺伝子の違いによって生じることが考えられる．アリがどの種類の炭化水素をどれだけの量合成できるかは遺伝子によって制御されており，家系の異なるコロニー間では当然炭化水素の合成に関わる遺伝子にも違いがある．そのため，一つひとつのコロニーがそれぞれオリジナルの炭化水素プロフィールをもつというわけだ．

アルゼンチンアリ

アルゼンチンアリは，小型のアリである．体長は働きアリで 2.5〜3.0 mm，女王アリで 4.5〜5.0 mm，オスアリで 2.5〜3.5 mm ほど（寺山，2014：図 3-1）．体は茶色で，触角や脚が長くスレンダーな体型をしている．その名のとおり，本来はアルゼンチンを含む南米のパラナ川流域に生息していた種だが，貨物などについて北米，オーストラリア，ヨーロッパ，アフリカ，日本など世界各地に広まった．原産地と同様に温暖で水源に近い環境を好み，海や川に面した市街地に生息することが多い（図 3-4）．巣のつくりは簡単で，土中の浅いところ，石の下，コンクリートの割れ目などを利用する．雑食性で，何でも食べる．多数

図 3-4　アルゼンチンアリの生息地の一例．瀬戸内海に面した広島県広島市の市街地．

の個体が行列をなして行動することが多い．春から秋に活発に動きまわるが，温暖な場所で進化した種なので越冬習性がなく，冬でも一定の温度があれば巣の外に出て活動する．新女王アリとオスアリは初夏に出現する．巣の中で交尾後，新女王アリはすぐに卵を産みはじめ，秋に働きアリの個体数がピークに達する．オスアリはほどなくして死亡するが，彼らの精子は女王アリの腹部にある受精嚢の中で生き続け，卵の受精に利用される．したがって，生物学的にはオスアリと女王アリの寿命は同じとみることもできる．

コロニーのつくり

アルゼンチンアリは，多女王性で多巣性の種である．新しい巣を作るときには，元の巣の近くに適当な場所を見つけて，そこへ一部の女王アリと働きアリが引っ越し，分巣する．元の巣と新しい巣は，アリが行列をつくって行き来し，同じコロニーの一部として機能する．分巣を何十回と繰り返していくと，コロニーの規模は大きくなり，やがてたくさんの巣でできたスーパーコロニーとなる．

原産地の南米では，家系の異なるスーパーコロニーが多数存在し，互いに競合関係にある（Pedersen et al., 2006）．たとえば，東 正剛先生，坂本洋典博士らとアルゼンチンのサン・アントニオ・デ・アレコという町で 2010 年に調査した結果，道路沿い 100 m おきに 5 地点で採集したアルゼンチンアリは互いに敵対的で，すべて異なるスーパーコロニーの

図 3-5　調査地のアルゼンチン共和国サン・アントニオ・デ・アレコ．採集地となったのは川の流れる田舎町だった．

個体だった(砂村,2011;図3-5).

侵入地のスーパーコロニーは,原産地よりも規模が大きくなる.まず,侵入したコロニーは敵対するライバルがいないので,分巣してどんどんテリトリーを拡げることができる.また,スーパーコロニーの一部が貨物とともに別の場所へ運ばれて新しいコロニーをつくっても,元のスーパーコロニーと仲良しのままで,けっして敵対的にならない.このように,侵入地においては一つのスーパーコロニーが飛び地的にも分布を拡げていくのだ.

三つの災い

外来種であるアルゼンチンアリは,大きくわけて三つの災いをもたらす(Holway et al., 2002;図3-6).一つめの災いは,生態系の撹乱である.このアリは,侵入先の在来アリ類をほとんど駆逐してしまう.餌を独占したり,在来アリの巣を襲ったりするためだ.在来アリがいなくなると,それらのアリと関係していた他の生物にも影響が及ぶ.二つめの災いは,農業環境におけるアブラムシ類の大繁殖である.アリはアブラムシと共生関係を結んでおり,アブラムシから甘い汁をもらうかわりに,アブラムシを天敵のテントウムシなどから守っているのだ.アブラムシは植物病原ウイルスを媒介する,排せつ物を栄養源にして植物病原菌が増殖するなど,作物にとって病気の原因となる.三つめの災いは,生活環境への侵入である.家に入って食べ物にたかる,庭仕事中の人にかみつく,といった具合だ.一つめの災い以外は他のアリと変わらな

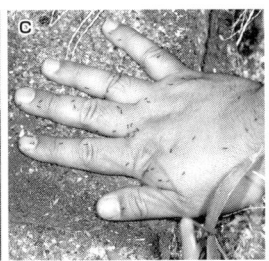

図3-6 アルゼンチンアリがもたらす災いの例.(a)日本在来のトビイロシワアリ *Tetramorium tsushimae*(中央)を集団で襲うようす.(b)アルゼンチンアリがアブラムシを増殖させたことにより枯れてしまったミカンの葉.(c)巣のそばに手をおくと大量の働きアリが攻撃してくる.

い，と思うかもしれないが，それは違う．アルゼンチンアリは繁殖力がひじょうに高いために，被害の程度や被害にあう頻度が他のアリとは比べものにならないのだ．

高い繁殖力の源

じつは，アルゼンチンアリが高い繁殖力をもつ一因は，スーパーコロニーを作ることにある．多くのアリはスーパーコロニーをつくらず，コロニーの規模が小さいので，近所の同種コロニーで小競り合いをしている．しかし，コロニーの大きなアルゼンチンアリではそのような小競り合いにかかるコストが少なく，その分繁殖に投資できるのだ．この効果は，スーパーコロニーが少ない侵入地ではとくに高まる．

日本への侵入

日本では1993年に，広島県廿日市市でアルゼンチンアリが最初に確認されている（杉山，2000）．当初は広島県や山口県を中心に分布を拡大していたが，やがて離れた地域へ侵入がはじまり，現在では神奈川や東京を含め1都11府県に分布している（寺山，2014）．侵入地のほとんどが市街地で，それぞれの場所で数百mから数kmにわたって生息している．被害としてもっともめだつのは，家屋への侵入だろう．在来アリ類への影響も顕著だ．侵入地ではクロヤマアリ*Formica japonica*やトビイロシワアリ*Tetramorium tsushimae*といった在来アリが一掃され，ほとんどアルゼンチンアリだけになってしまう（岸本・寺山，2014）．農業地帯への本格的な侵入はまだないので，アブラムシの大発生は今のところ問題視されていない．しかし，家庭菜園ではアリ自身による害がめだっており，イチジク果実の内部への侵入や，根菜類をかじって形をいびつにする，といった例がある．

生態系への影響が大きいことから，アルゼンチンアリは環境省によって特定外来生物に指定されており，地方の自治体と一体となっての駆除事業なども進められている．しかし，完全駆除は難しく，効果は一時的なものに終わってしまうことがほとんどである．

日本のスーパーコロニー

それでは、スーパーコロニーが具体的にどのようなものかを説明してみよう。まず、研究者がスーパーコロニーを区別するためには、敵対性試験をおこなう。つまり、別々の巣から採集した働きアリを同じ容器（シャーレなど、何でもよい）に入れ、喧嘩するかどうかを調べる（図3-7）。二つの巣が異なるスーパーコロニーのものならば通常喧嘩が起こるかそわそわ避けあうが、同じものならば喧嘩は起こらず、落ち着いたようすで行動する。

これまでの敵対性試験から、日本国内で五つのスーパーコロニーが見つかっている（Sunamura et al., 2009a; Inoue et al., 2013）。それぞれジャパニーズ・メイン、神戸 A、神戸 B、神戸 C、東京、と呼んでおり、表4-1のように分布している。ジャパニーズ・メインは国内のいくつか

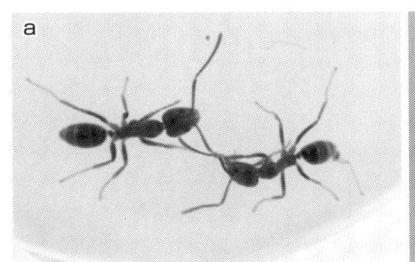

図3-7 アルゼンチンアリの敵対性試験のようす。異なるスーパーコロニーの働きアリを出会わせると、かみついて触角をひっぱる（a）、絡み合って闘争する（b）、といった反応がみられる。

表3-1 日本の5つのスーパーコロニーの分布

スーパーコロニー	分布
ジャパニーズ・メイン	山口県（宇部市、柳井市、岩国市）、広島県（大竹市、廿日市市、広島市）、兵庫県神戸市（摩耶埠頭）、大阪府大阪市、愛知県田原市、神奈川県横浜市、東京都大田区
神戸 A	兵庫県神戸市（ポートアイランド）、徳島県徳島市、静岡県清水市
神戸 B	兵庫県神戸市（ポートアイランド）、徳島県徳島市、京都府京都市、岐阜県各務原市
神戸 C	兵庫県神戸市（摩耶埠頭）
東京	東京都大田区

※神戸 A-C、東京の名前は、それぞれが神戸、東京で最初に発見されたことにちなんでいる。複数のスーパーコロニーが分布する地域には下線をつけた。

の生息地に飛び地状に分散しているにもかかわらず，一つのスーパーコロニーとみなされている．その他のスーパーコロニーの分布域は限られている．また，神戸や徳島，東京では複数のスーパーコロニーがみられる．たとえば，東京都大田区ではジャパニーズ・メインと"東京"の二つのスーパーコロニーがみつかっている．

　喧嘩の激しさは，スーパーコロニーの組み合わせによって多少差がある．たとえば，ジャパニーズ・メインと神戸Bは喧嘩の度合いが低く，2匹の働きアリが出会っても，喧嘩がおこらないこともある．体表の匂いがどれほど違うのかも関係するだろうし，各スーパーコロニーの気性も関係しているかもしれない．

体表炭化水素プロフィールから見ると

　ジャパニーズ・メイン，神戸A〜Cの四つのスーパーコロニーについては，体表にどんな炭化水素がどんな比率で存在するか，すなわち体表炭化水素プロフィールがわかっている（Sunamura et al., 2009a; 2011）．これは，ガスクロマトグラフ質量分析計（GC-MS：コラム②わずかな匂いの謎を解く微量分析参照）（図3-8）を使えば調べることができる．スーパーコロニーのうち"東京"については，実験がおこなわれた当時まだみつかっていなかったため，データが得られていないが，実験の結果，四つのスーパーコロニーから合計54種類の炭化水素が検出された．

図3-8　ガスクロマトグラフ質量分析計（GC-MS）．

炭素骨格の長さは14〜37で，スーパーコロニー間ではおもに33〜37の長い炭化水素の組成に差がみられた（図3-9）．ジャパニーズ・メインは⑤番，⑫番，⑰番の炭化水素がとくに多い．神戸Aはとりたてて多い炭化水素はないが，しいていえば⑨番や⑮番がやや多く，ジャパニーズ・メインとは明らかに異なるプロフィールをしている．神戸Bは⑰番が少ないという特徴をもつが，全体的にジャパニーズ・メインに似ており，とくに⑤番，⑫番が多いという点で共通している．しかし，⑫番はジャパニーズ・メインで15％ほどだが，神戸Bでは10％以下である．最後に，神戸Cは，他のスーパーコロニーがもたない④番と⑪番をもつ点で特異である．

ジャパニーズ・メインと神戸Bの敵対性が低いのは，体表炭化水素プロフィールが似ていることと関係していると考えられる．二つのスーパーコロニーの働きアリが出会っても，互いの匂いが似ているため，一

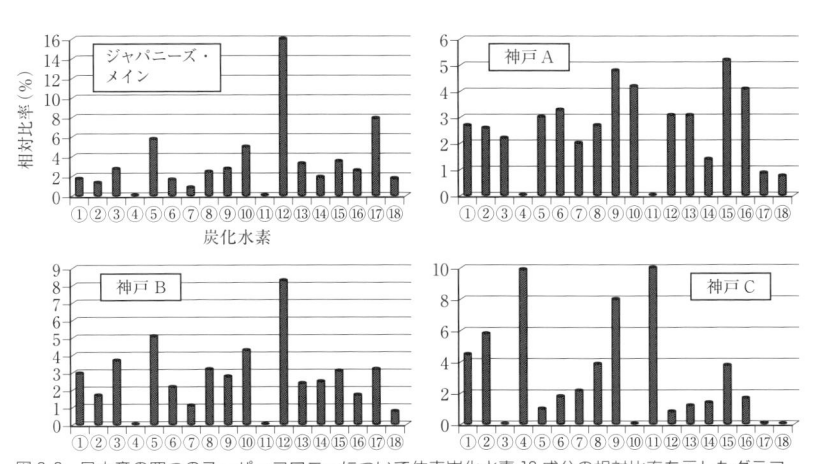

図3-9 日本産の四つのスーパーコロニーについて体表炭化水素18成分の相対比率を示したグラフ．①〜⑱の各成分の構造を以下に示す．表記は図3-3と同様．① 13-/15-/17-MeC33（13-MeC33, 15-MeC33, 17-MeC33のどれか一つ，または複数が混合したもの，という意味．以下同様）．② 11,17-/11,19-/13,17-/13,19-/15,17-/15,19-/17,19-diMeC33，③ 5,15-/5,17-diMeC33，④ 9,13,15-/9,13,17-/11,13,15-/11,13,17-triMeC33，⑤ 5,13,17-/5,13,19-/5,15,17-/5,15,19-triMeC33，⑥ 3,13,15-/3,13,17-/3,13,19-/3,15,17-/3,15,19-triMeC33，⑦ 7,11,15-/7,11,17-/7,13,15-/7,13,17-triMeC33，⑧ 13-/15-/17-MeC35，⑨ 11,17-/11,19-/13,17-/13,19-/15,17-/15,19-/17,19-diMeC35，⑩ 5,15-/5,17-diMeC35，⑪ 9,13,15-/9,13,17-/11,13,15-/11,13,17-triMeC35，⑫ 5,13,17-/5,13,19-/5,15,17-/5,15,19-triMeC35，⑬ 3,13,15-/3,13,17-/3,13,19-/3,15,17-/3,15,19-triMeC35，⑭ 13-/15-/17-/19-MeC37，⑮ 11,17-/11,19-/13,17-/13,19-/15,17-/15,19-/17,19-diMeC37，⑯ 5,15-/5,17-diMeC37，⑰ 5,13,17-/5,13,19-/5,15,17-/5,15,19-triMeC37，⑱ 3,13,15-/3,13,17-/3,13,19-/3,15,17-/3,15,19-triMeC37．

触即発の喧嘩にはなりにくいのだろう.

遺伝子からみた違い

　日本のアルゼンチンアリの遺伝子については，平田らの研究をはじめ，いくつかの報告がある（Hirata et al., 2007; Sunamura et al., 2009a）. いずれの研究からもスーパーコロニー間の遺伝的な差が明らかになったが，とくに井上らはミトコンドリアDNAを用いてわかりやすいデータを得ている（Inoue et al., 2013）. ミトコンドリアはあらゆる生物のエネルギー生産や呼吸代謝を担う細胞内小器官で，核とは別に独自のDNAをもっている. 細胞内に核は1個しかないが，ミトコンドリアはたくさんあるため，DNA抽出が比較的容易である. しかも，ミトコンドリアDNAは核DNAに比べて塩基置換の起こる速度が速く，比較的短い時間で変異が蓄積する. また，ミトコンドリアは，母親のものだけが子孫に伝わる（母性遺伝する）. これらの性質は，1種類の生物の家系を追っていくのに適している. 日本の五つのスーパーコロニーについて，ミトコンドリアDNAのうち2,000塩基あまりの配列を調べたところ，同じスーパーコロニーならばどの生息地，どの巣でも同じ配列をしており，スーパーコロニーが違うと配列に違いがみられた.

　一方，平田らと砂村らはマイクロサテライトを調べた（Hirata et al., 2007; Sunamura et al., 2009a）. マイクロサテライトとは，ゲノム中に広く散在する短い繰り返し塩基配列（CACACAなど）のことである. 繰り返し配列は，DNAが複製されるときに複製のズレが起きやすいため，繰り返しの回数が異なる多型（CACAとCACACACAなど）が生じやすい. 多型に富むマイクロサテライトは，DNA鑑定や集団遺伝学の遺伝マーカーとして利用される. 平田らはジャパニーズ・メインと神戸Aの二つ，砂村らはそれらに神戸BとCを加えた四つのスーパーコロニーからアルゼンチンアリを採集し，もっているマイクロサテライト多型を巣間で比較した. 実験の結果，「一部の例外」をのぞいて，同じスーパーコロニーに属していれば，どの生息地，どの巣でも，もっているマイクロサテライト多型のパターン（たとえば，巣の個体のうちCACAをもつ個体が10%，CACACAをもつ個体が30%，CACACACAをもつ個体が60%，といった比率）が似ていた. 一方，スーパーコ

ロニーが違うと，もっている多型のパターンに違いがみられた．四つのスーパーコロニーの中では，ジャパニーズ・メインと神戸Bは多型パターンが比較的近かった．「一部の例外」とは，ジャパニーズ・メインの生息地のうち，山口県柳井市と，兵庫県神戸港の巣である．柳井のコロニーは，ジャパニーズ・メインの他の生息地の巣にはまったくない多型をもっていた．また，神戸港の巣は，他の生息地の巣ともっている多型自体は共通だったが，若干パターンに違いがあった．

　スーパーコロニー間で遺伝的な違いがあることは，それぞれが別の家系であることを意味している．また，ジャパニーズ・メインと神戸Bが遺伝的に近いことは，敵対性の弱さ，体表炭化水素プロフィールの類似性と関係しているのだろう．この二つのスーパーコロニーは家系的にわりと近いものであるため，体表炭化水素プロフィールも比較的似たようなものになる．そのために喧嘩が起こりにくいのである．人間にたとえれば，「なんだか見覚えがあるような……」という感じの，疎遠な親戚くらいの関係だろうか．

　遺伝解析の結果から，アルゼンチンアリの侵入経路についてもいろいろなことがわかった．異なるスーパーコロニー，すなわち異なる家系のアルゼンチンアリは，別々に日本に侵入してきたと考えられる．このアリは小さな船荷などに紛れて侵入するので，異なる家系の個体が同時に運搬されるとは考えにくいからだ．なので，日本には少なくとも5回，アルゼンチンアリが侵入したことになる．国際貿易港である神戸港はとくに侵入を受けやすいようだ．少なくとも神戸A，B，Cの三つのスーパーコロニーはここで最初に見つかっているので，海運によって海外から神戸港に運ばれてきたものと考えられる（図3-10）．神戸市内では，ジャパニーズ・メインも加わって四つのスーパーコロニーがあたかも原産地かのごとく軍拡抗争を繰り広げている．

　ジャパニーズ・メイン，神戸A，神戸Bの三つは，国内の複数の場所に点在している．これは，それぞれが最初に海外から侵入した場所から，国内各地に二次的にもち運ばれて拡がっていったことを示唆している．しかし，元々同じ家系のアルゼンチンアリが何回か海外からもち込まれ，日本各地に定着した可能性も考えられる．ジャパニーズ・メインの柳井や神戸の個体はこれに該当するかもしれない．

図 3-10　神戸港への四つのスーパーコロニーの侵入．神戸 A と神戸 B がポートアイランドに，さらに神戸 C とジャパニーズ・メインが摩耶埠頭に侵入した．国際貿易の拠点である神戸港は，侵入の圧力が高い．（絵：増田あきこ）．

世界を席巻するメガコロニー

　ここまでの話で，スーパーコロニーが中国地方から関東地方まで数百 km にわたる巨大なものだということがおわかりいただけただろうか？じつは，日本は小さな国で，侵入してあまり年数がたっていないので，スーパーコロニーの規模は海外に比べればかわいいものである．侵入後，百年以上の歴史があるヨーロッパや北米のスーパーコロニーは，こんなものではない．ヨーロッパの地中海沿岸には，スペイン北部からイタリアまで，6,000 km にわたってヨーロピアン・メインとよばれる長大なスーパーコロニーが分布する（Giraud et al., 2002；図 3-11）．このスーパーコロニーは，ジャパニーズ・メインと同様，飛び地的に分布しているが，長い年月をかけて人為移動を繰り返しているので，より密な分布となっている．北米のカリフォルニア沿岸では，カリフォルニアン・ラージというスーパーコロニーが 900 km 以上にわたり分布している（Tsutsui et al., 2000）．オーストラリアやニュージーランドでも同様

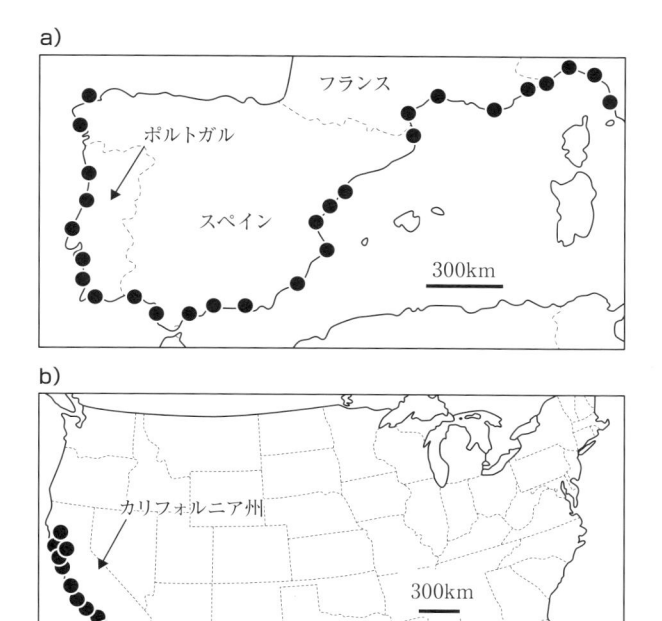

図3-11 ヨーロッパ（a）およびカリフォルニア（b）における巨大スーパーコロニーの分布．黒丸で示した生息地のアルゼンチンアリは，それぞれヨーロピアン・メインとカリフォルニアン・ラージに属する．

に巨大スーパーコロニーが分布している．また，ヨーロッパや北米では，巨大スーパーコロニーの分布範囲付近で，別の比較的小規模なスーパーコロニーが見つかる地域もある．

このように，世界各地でアルゼンチンアリの巨大スーパーコロニーが報告されているものの，それらの関係を調べようとする研究者はひじょうに少なかった．日本のスーパーコロニーの例で示したように，アルゼンチンアリが国内で飛び地状に分布拡大しても，スーパーコロニーのアイデンティティーは同じままである．だとすれば，国や大陸を超えて分布拡大した場合でも，元の場所に残ったアルゼンチンアリと，行き先で増えた子孫たちで，スーパーコロニーのアイデンティティーが変わらない可能性が考えられる．私は日本のアルゼンチンアリの体表炭化水素プロフィールを調べたとき，この可能性に気がついた．ジャパニーズ・メインの体表炭化水素プロフィールが，先行研究で発表されていたヨーロ

ピアン・メイン，カリフォルニアン・ラージとほとんど同じに見えたのだ（Liang et al., 2001; de Biseau et al., 2004）．途方もない話ではあるが，世界各地の巨大スーパーコロニーは，じつは一つのスーパーコロニーなのではないか？

そこで，海外の研究者の協力を得て，ヨーロピアン・メインとカリフォルニアン・ラージの生体を日本に輸入し，日本の各スーパーコロニーと対戦させる形式で敵対性試験をおこなった．二つのスーパーコロニーから働きアリを1匹ずつ取り出していっしょのシャーレに入れ，出会ったときの行動を10分間観察した．行動は，敵対性の強さに応じて0〜4点のスコアをつけた．0点は無視する，1点は触角でたたいて相手をよく確認する，2点は逃避する，3点は攻撃する（威嚇する，かみつく，化学物質を腹部末端から放出する），4点はしつように攻撃をつづける，

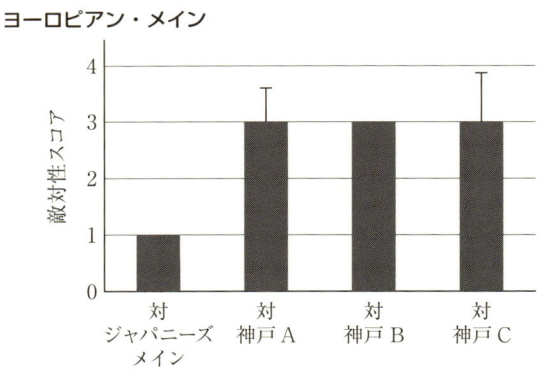

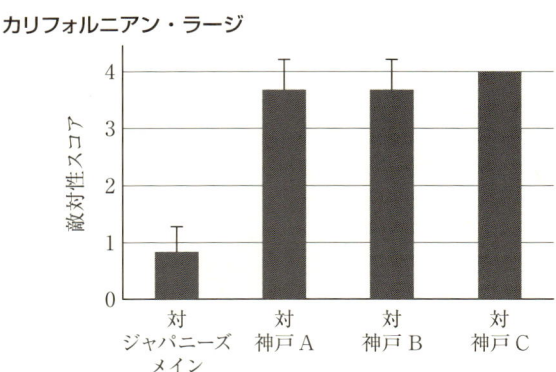

図 3-12 ヨーロピアン・メインおよびカリフォルニアン・ラージを，日本の四つのスーパーコロニーと対戦させたときの敵対性スコア．

といった行動だ．複数のアリを使って繰り返し実験をおこなったが，結果，ヨーロピアン・メインとカリフォルニアン・ラージは，ジャパニーズ・メインと喧嘩せず，スコアは0点か1点しか付かなかった（図3-12）．この行動パターンは，同じスーパーコロニーに属する個体間で見られるものと同様であった．一方，ヨーロピアン・メインとカリフォルニアン・ラージは神戸の小スーパーコロニーとは喧嘩し，スコア2～4点の行動が頻繁に見られた．これらの結果から，ヨーロピアン・メイン，カリフォルニアン・ラージ，ジャパニーズ・メインは大陸をまたいで拡がる超巨大スーパーコロニーであることがわかった．この研究成果を論文として発表した（Sunamura et al., 2009b）．するとBBCニュース他の国際的メディアで「Ant mega-colony takes over world（アリのメガコロニーが世界を乗っ取る）」などと報道され，世界各国で話題になった（Walker, 2009）．

　遺伝的にみても，ミトコンドリアDNAやマイクロサテライトを調べたところ，ヨーロピアン・メイン，カリフォルニアン・ラージ，ジャパニーズ・メイン，さらにオーストラリアやニュージーランドの巨大スーパーコロニーは同じ家系に属することがわかっている（Vogel et al., 2010; van Wilgenburg et al., 2010; Inoue et al., 2013）．じつは，世界で最初にアルゼンチンアリが侵入したのは大西洋に浮かぶマデイラ島という場所で（1850年頃），マデイラ島からヨーロッパに飛び火したアルゼンチンアリ（1890年頃）の子孫が現在のヨーロピアン・メインにあたるといわれている（Wetterer and Wetterer, 2006）．かつてマデイラ島は，ポルトガルが南米の植民地から物資を輸送する際の重要な中継点になっていた．南米からマデイラ島，ポルトガル，ヨーロッパ各地へと，アルゼンチンアリがもち運ばれていったわけである．そして，さらには北米や日本，オセアニアへも拡がって，メガコロニーが形成された（図3-13）．スーパーコロニーといえば，北海道の石狩海岸で10 km以上にわたる45,000巣から成るエゾアカヤマアリのスーパーコロニーが世界最大規模であったが（東・山内，1979），アルゼンチンアリは人間活動を利用して恐ろしい規模のメガコロニーをつくってしまったのだ．

　ジャパニーズ・メインは，メガコロニーの分布するいくつかの地域から日本に侵入が起こってできた可能性が高い．山口県柳井市，兵庫県神戸港のアルゼンチンアリはジャパニーズ・メインに属するものの，同ス

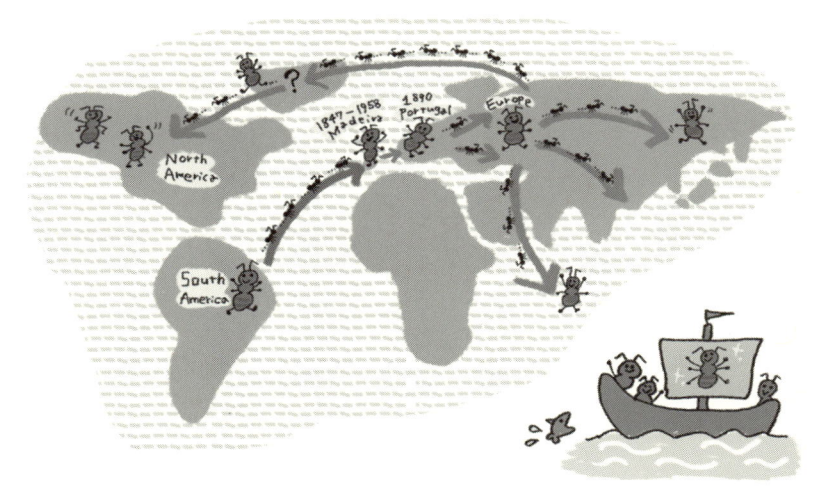

図3-13 メガコロニーの大航海．南米→マデイラ島→ポルトガル→ヨーロッパ各地→北米・オセアニア・日本などへと拡散していった．（絵：増田あきこ）．

ーパーコロニーの他の生息地の巣とマイクロサテライトの多型パターンに違いがあるとすでに述べた．マイクロサテライトは変異が生じやすく，同じメガコロニーに属していても，長い年月隔離されているうちに特有の多型が生じたり，多型パターンが変化したりする可能性が十分考えられる．柳井，神戸のアルゼンチンアリは，ジャパニーズ・メインの他の生息地のものとは侵入源が違うと思われる．

スーパーコロニーの存続は

　マデイラ島から世界各地へと拡がったアルゼンチンアリの末裔が，150年以上の刻を経てなお，分散したお互いを同じスーパーコロニーの仲間として認識できるというのは，じつに驚異的なことである．ではスーパーコロニーは，どのようにして維持されてきたのだろうか？　この問いは，じつはスーパーコロニーのアイデンティティーを決める体表炭化水素プロイールがどのようにして維持されてきたのか，という問いに言い換えることもできる．

　そもそも，一般的なアリとアルゼンチンアリとでは，繁殖方法に違いがあり，体表炭化水素の子孫への受け継がれ方に違いがある．一般的な

アリでは，一年のうち種によって決まった特定の時期に，結婚飛行というイベントがある（Hölldobler and Wilson, 1990）．これは，同じ地域に棲むたくさんのコロニーから翅のある新女王アリとオスアリがいっせいに飛び立ち，他のコロニーの個体と交尾をするというものである．交尾をすませた新女王は出身コロニーから離れた場所に降りたち，新しいコロニーを創設する．新コロニーと，元のコロニーとは離れているため交流しようがないし，新コロニーの働きアリは二つのコロニーの遺伝子の掛け合わせで生まれたものなので，体表炭化水素プロフィールも元のコロニーとは異なる．そのため，コロニーの体表炭化水素プロフィールは，女王アリが天寿をまっとうするなどしてコロニーが崩壊するとともに滅びてしまう．

　一方，アルゼンチンアリは新女王アリが結婚飛行をおこなわない（森・砂村，2014）．新女王アリは，自分が羽化した巣内で交尾を済ませてしまう．交尾相手はほとんど同じスーパーコロニーのオスに限られるようである（Jaquiéry et al., 2005；Thomas et al., 2006；Pedersen et al., 2006）．スーパーコロニー内で交配がおこなわれると，体表炭化水素に関係する遺伝子は突然変異が生じないかぎりは同じものが受け継がれていくので，新女王アリが生む働きアリの体表炭化水素プロフィールは，古い女王アリが生む働きアリのものと同じである．また，アルゼンチンアリは分巣によってスーパーコロニーを持続・拡張させていく．そのため，スーパーコロニーの巣すべてが天災などで消滅しないかぎりは，何世代経ってもそのスーパーコロニー個有の体表炭化水素プロフィールが存続しつづける．

　ここで，一つ疑問が生じる．もし，違うスーパーコロニーの新女王アリとオスアリが交配をしたらどうなるだろうか？　おそらく，体表炭化水素に関係する遺伝子が掛け合わさり，新女王アリが生む働きアリは，両親のスーパーコロニーとは違う体表炭化水素プロフィールをもっているだろう．そうなると，きょくたんな場合には，元のスーパーコロニーとは決別して新しいスーパーコロニーができるかもしれない．このような事態がふつうは起こらないということは，それを阻止しようとするシステムをアルゼンチンアリがもっているということだろう．

　アルゼンチンアリは，新女王アリこそ結婚飛行をおこなわないが，オスアリ（図3-1）は翅で飛ぶことができ，羽化した巣の中で交尾相手が

図 3-14　行動実験中，よそのスーパーコロニーの働きアリに攻撃されるオスアリ．腹部をかまれている．周囲に落ちているのは，かみちぎられた翅．

見つからない場合には他の巣まで飛んでいって交尾することができる（Passera and Keller, 1994）．そのため，オスアリの移動によって，二つのスーパーコロニー間で交配が生じる可能性がある．ただしオスアリが交尾相手を求めてよそのスーパーコロニーの巣に侵入しようとしたとき，そこにいる働きアリに拒絶されるのではないだろうか．

　そこで，オスアリを別のスーパーコロニーの働きアリのいるシャーレに入れ，働きアリに見つかった場合にどのような反応が見られるか，行動実験をおこなった．すると，オスアリはみごとに働きアリから攻撃を受けた（図 3-14）．これは，敵対性試験において異なるスーパーコロニーの働きアリどうしが出会ったときの攻撃行動とまったく同じだった．オスアリは働きアリのような強力なアゴがないので，防戦一方である．腹を切断され死亡する個体もいた．一方で，オスアリを同じスーパーコロニーの別の巣の働きアリがいるシャーレに入れた場合は，働きアリから攻撃を受けることはなかった．化学分析をした結果，オスアリと働きアリはひじょうによく似た体表炭化水素プロフィールをしていることがわかり，働きアリはそれを基によそのスーパーコロニーのオスアリを判別・攻撃しているのだと考えられた（Sunamura et al., 2011）．野外では，オスアリがよそのスーパーコロニーの巣に入った場合，働きアリから相当の攻撃を受け，新女王アリのところまでたどりつけない，たどりついても交尾を邪魔される，といった事態に陥るだろう．この攻撃システムによって，スーパーコロニー間の交配が起こりにくくなっていると

考えられた.つまり,「働きアリがオスアリを選択しているということだ(東 正剛)」.一般的なアリは結婚飛行をおこなうので,オスアリが交尾のためによそのコロニーの働きアリに出会う必要がない.しかし,アルゼンチンアリのような種では,働きアリが自分たちの巣の新女王アリの交尾相手を選ぶチャンスがあるというわけだ.

アルゼンチンアリの未来図

じつは,スーパーコロニーは社会システムとして適応的ではないといわれている(Helanterä et al., 2009).それは,最初は1匹の女王アリから始まったとしても,世代を重ねていくにしたがって血縁関係がうすれていき,最終的にメンバーどうしの血縁関係がほとんどなくなってしまうからである.そうなると,自分と血縁関係にあるメンバーだけを判別してひいきする者の方が,赤の他人を手助けする者よりも適応的となり,スーパーコロニーの協力体制は崩壊するはずである,というふうに研究者の間では言われている.原産地の多数のスーパーコロニーは,元はといえば進化の過程で生じた最初のスーパーコロニーがいくつにも分かれてできたものであろう.メガコロニーも,長い進化的時間をかけて多数のスーパーコロニーに分裂していくのかもしれない.そして,進化の理論に精通する研究者たちが言うように,最後にはスーパーコロニーシステムそのものが滅んでしまうのかもしれない.ただ,私にはそのような光景や,それにいたる筋道がなかなか想像できない.たとえば,メガコロニーの内部で突然変異が生じて新しい体表炭化水素プロフィールをもつ巣が誕生したとしたら,周囲のメガコロニーから一斉攻撃を受けてたちまち消滅させられてしまうのではないだろうか.こうすれば,自己免疫システムのようなかたちでスーパーコロニーの統制を保つことができる.また,スーパーコロニーは外部のオスアリを拒絶する.これはスーパーコロニーの仲間どうしの血縁度を低下させないための工夫だとは考えられないだろうか? アルゼンチンアリのスーパーコロニーシステムは,安定的な終着点を模索しながら進化をしている途中なのかもしれない.メガコロニーが地球全体を支配するのが先か,崩壊するのが先か.はたまた人間がアルゼンチンアリを倒す方法を見出すのが先か.アルゼンチンアリの行く末に対する興味は尽きない.

引用文献

de Biseau, J.C., L. Passera, D. Daloze and S. Aron (2004) Ovarian activity correlates with extreme changes in cuticular hydrocarbon profile in the highly polygynous ant, *Linepithema humile*. *Journal of Insect Physiology* 50：585-593.

Giraud T., J. S. Pedersen and L. Keller (2002) Evolution of supercolonies: the Argentine ants of southern Europe. *Proceedings of the National Academy of Sciences of the United States of America* 99：6075-6079.

Helanterä, H., J. E. Strassmann, J. Carrillo and D. C. Queller (2009) Unicolonial ants: where do they come from, what are they and where are they going? *Trends in Ecology and Evolution* 24：341-349.

東 正剛・山内克典 (1979) エゾアカヤマアリのスーパーコロニーが他のアリの分布に及ぼす影響：石狩海岸での研究から. *日本生態学会誌* 29：257-264.

Hirata, M., O. Hasegawa, T. Toita and S. Higashi (2008) Genetic relationships among populations of the Argentine ant *Linepithema humile* introduced into Japan. *Ecological Research* 23：883-888.

Hölldobler, B. and E. O. Wilson (1990) *The Ants*. The Belknap Press of Harvard University Press, Cambridge Mass, 746pp.

Holway, D. A., L. Lach, A. V. Suarez, N. D. Tsutsui and T. J. Case (2002) The causes and consequences of ant invasions. *Annual Review of Ecology and Systematics* 33：181-233.

Inoue, M. N., E. Sunamura, E. L. Suhr, F. Ito, S. Tatsuki and K. Goka (2013) Recent range expansion of the Argentine ant in Japan. *Diversity and Distributions* 19：29-37.

Jaquiéry, J., V. Vogel and L. Keller (2005) Multilevel genetic analyses of two supercolonies of the Argentine ant, *Linepithema humile*. *Molecular Ecology* 14：589-598.

岸本年郎, 寺山 守 (2014) アルゼンチンアリによる影響・被害. *アルゼンチンアリ－史上最強の侵略的外来生物*, 東京大学出版会, 東京, pp. 197-228.

Liang, D., G. J. Blomquis and J. Silverman (2001) Hydrocarbon-released nestmate aggression in the Argentine ant, *Linepithema humile*, following encounters with insect prey. *Comparative Biochemistry and Physiology Part* B 129：871-882.

Martin, S. and F. Drijfhout (2009) A review of ant cuticular hydrocarbons. *Journal of Chemical Ecology* 35：1151-1161.

森 英章・砂村栄力 (2014) 特異な生態. *アルゼンチンアリ－史上最強の侵略的外来生物*, 東京大学出版会, 東京, pp. 41-67.

Passera, L. and L. Keller (1994) Mate availability and male dispersal in the Argentine ant *Linepithema humile* (Mayr) (= *Iridomyrmex humilis*). *Animal Behaviour* 48：361-369.

Pedersen, J. S., M. J. B. Krieger, V. Vogel, T. Giraud and L. Keller (2006) Native supercolonies of unrelated individuals in the invasive Argentine ant. *Evolution* 60：782-791.

杉山隆史 (2000) アルゼンチンアリの日本への侵入. *日本応用動物昆虫学会誌* 44：127-129.

Sunamura, E., S. Hatsumi, S. Karino, K. Nishisue, M. Terayama, O. Kitade and S. Tatsuki (2009) Four mutually incompatible Argentine ant supercolonies in Japan: inferring invasion history of introduced Argentine ants from their social structure. *Biological Invasions* 11：2329-2339.

Sunamura, E., X. Espadaler, H. Sakamoto, S. Suzuki, M. Terayama and S. Tatsuki (2009) Intercontinental union of Argentine ants: behavioral relationships among introduced populations in Europe, North America, and Asia. *Insectes Sociaux* 56：143-147.

砂村栄力 (2011) 博士論文：侵略的外来種アルゼンチンアリの社会構造解析および合成道しるべフェロモンを利用した防除に関する研究.

Sunamura, E., S. Hoshizaki, H. Sakamoto, T. Fujii, K. Nishisue, S. Suzuki, M. Terayama, Y.

Ishikawa and S. Tatsuki (2011) Workers select mates for queens: a possible mechanism of gene flow restriction between supercolonies of the invasive Argentine ant. *Naturwissenschaften* 98：361-368.
寺山 守(2014)分類と分布．アルゼンチンアリ－史上最強の侵略的外来生物．東京大学出版会，東京，pp. 23-40.
Thomas, M. L., C. M. Payne-Makrisâ, A. V. Suarez, N. D. Tsutsui and D. A. Holway (2006) When supercolonies collide: territorial aggression in an invasive and unicolonial social insect. *Molecular Ecology* 15：4303-4315.
Tsutsui, N. D., A. V. Suarez, D. A. Holway and T. J. Case (2000) Reduced genetic variation and the success of an invasive species. *Proceedings of the National Academy of Sciences of the United States of America* 97：5948-5953.
van Wilgenburg, E., C. W. Torres and N. D. Tsutsui (2010) The global expansion of a single ant supercolony. *Evolutionary Applications* 3：136-143.
Vogel, V., J. S. Pedersen, T. Giraud, M. J. B. Krieger and L. Keller (2010) The worldwide expansion of the Argentine ant. *Diversity and Distributions* 16：170-186.
Walker, M (2009) Ant mega-colony takes over world. In BBC EARTH NEWS. Available from: http://news.bbc.co.uk/earth/hi/earth_news/newsid_8127000/8127519.stm
Wetterer, J. K. and A. L. Wetterer (2006) A disjunct Argentine ant metacolony in Macaronesia and southwestern Europe. *Biological Invasions* 8：1123-1129.

4 アリカンパニーの成功の秘訣
――後継者選びから人心掌握術まで

菊地友則

アリ学の趨勢

　社会生物学の二大巨頭，エドワード O. ウィルソンとバート ヘルドブラーがアリ学のバイブルとも呼ばれる『The Ants』を上梓して 20 年以上が経つ．いまだ多数の論文に引用され，内容の充実さは色あせないもののいささか古い記述が多くなってきたと思うのが正直なところである．日本でも，私が大学院時代に通読した日本版バイブル『社会性昆虫の進化生態学』（松本忠夫・東 正剛共編：海游舎）が 1993 年に出版されている．こちらの方は，進化発生生物学（Evo-Devo）や自己組織化などの新たな研究テーマを組み込んだ姉妹版（『社会性昆虫の進化生物学』：東 正剛・辻 和希共編：海游舎）が 2011 年に満を持して刊行された．私がアリの研究を始めた際にひじょうに参考になったのが，前著の中の「アリの生活史戦略と社会進化（東 正剛）」であった．アリの生態に関して知識のなかった私が一人で研究を継続できたのは，ここからアリの生活史の概要を得られたことが大きい．

　生態学において対象生物の生活史を熟知することは，研究を遂行するうえでの必要条件である．星の数ほどアリの研究はあるが，じつは完全な生活史または生命表がわかっている種は驚くほど少ない．多くのアリが地中や木材の中に巣を作るためコロニーや個体の履歴が追えないのが一要因であるが，単独性動物とは異なり社会の中に血縁選択を基盤とする性比や繁殖をめぐる争いなどの興味深いテーマが多数存在しており，そちらに研究者の目がいっているのがもっとも大きな要因であろう．それに対して，生活史戦略といったコロニーレベルの研究（単独性生物での個体に相当）は下火になる一方だが，その知見の重要性は今も昔も変わっていない．なぜなら，多くの論文では血縁度を説明要因にコロニーメンバー間の相互作用が解析され，当てはまりの悪い場合にコロニーレベルの要因（コロニーの生存率や生産性や種間・種内競争など）をもち

出すというのが常だからである．しかし，この際に用いられるアリの生活史の情報はあまり更新されておらず，それゆえアリの生活史への誤った固定観念も見うけられる．

この章では，さまざまなアリの生活史に関する話題を中心に，新しく見えてきたアリの生活史の意外な一面について紹介する．

アリ社会の夜明け─分散から営巣まで

コロニー創設

物事にはすべて始まりがある．南米のハキリアリ（*Atta*）でみられるような働きアリの数が数百万にも達する巨大なアリの社会も，実際にはほんの小さな社会から始まり成長したものである．新しい社会の始まりは，女王アリによる巣の創設が引き金となる．このとき，「どこ」に「どのよう」にして新しい社会を構築するかが問題となる．これは営巣場所の選択，営巣方法がその後のコロニーの生存率に大きく関係してくるため重要となるからだ．

営巣場所は元の巣からの分散距離（長距離または短距離），営巣方法は女王アリ単独の独立営巣または，ワーカーを引き連れて営巣する従属営巣（以降，分巣と呼ぶ）の二つにそれぞれ分類される（Heinze and Tsuji, 1995）．実際には，分散距離と営巣方法の組み合わせ（営巣戦略）が存在し，1）長距離＋独立営巣，2）短距離＋従属営巣（分巣）のパターンを示すことが多い（図4-1）．営巣戦略にはそれぞれ利点が存在し，1）長距離＋独立営巣は，母巣との資源競争の回避，新しい生息場所の開拓，2）短距離＋従属営巣では，初期コロニーの生存率の上昇，コロニー成長スピードの増加などが挙げられている（Hamilton and May, 1977；Rosengren et al., 1993；Tsuji and Tsuji, 1996）．

営巣時期はアリの生活史の中でもっとも女王アリの死亡率が高く，この時期のさまざまな選択圧（営巣場所不足や捕食圧など）が営巣戦略やその後の社会構造を方向づけると考えられてきた（Herbers, 1993）．ところが，捕食者の存在は野外で確認されているものの（Nichols and Sites, 1991），実際に営巣場所探索期の女王死亡率を推定した野外データはほとんどない（Cole, 2009）．同様に営巣初期（女王アリが新しく営巣後，最初のワーカーが生産されるまで）のコロニー生存率に関しても

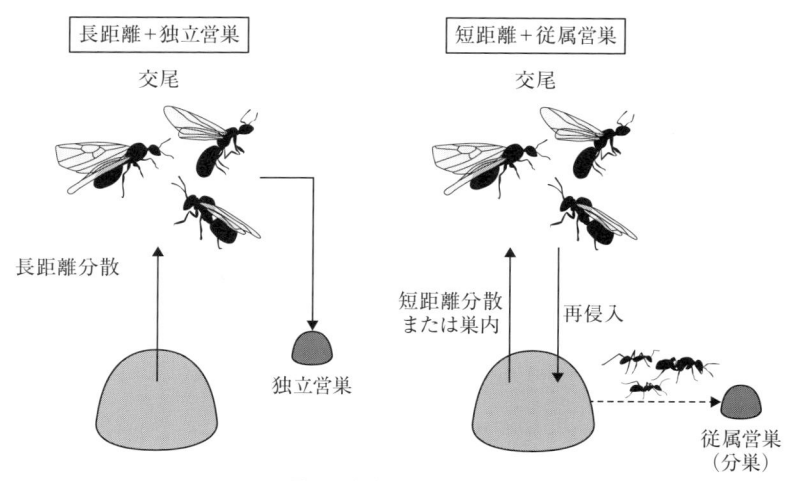

図4-1 新女王の営巣戦略.

定量的データは少ない．こういった基礎データの欠如は，アリの生態に起因している．森林内では，交尾後に営巣場所を探して地上を徘徊している女王アリを追跡するのは難しく，朽ち木やリター下などに営巣するアリは，コロニー確認のために一度朽木を壊したりリターをめくると，環境の変化によりたいてい引っ越ししてしまう．そのため，同一コロニーや個体の履歴を追うことができず，結果野外での生存率を定量化するのがひじょうに困難となる．一部の追跡調査が可能な種では，初期コロニーの生存率が推定されており，シュウカクアリの一種 *Pogonomyrmex americanous* では，営巣後のコロニー生存率（2ヶ月後）が7％と推定されている（Wiernasz and Cole, 2003）．これはあくまでも *P. americanous* のケースであり，独立営巣女王の生存率を評価するには当然このようなデータを複数種で積み重ねる必要がある．

もう一方の分巣に関する生存率データはさらに少なく，どのようなメカニズムで分巣が起きるのかもわかっていない．分巣をおこなうカドフシアリ *Myrmecina nipponica* の研究では，分巣時には平均で3匹のワーカーが付随し，このワーカーには女王アリの姉妹が含まれていることが遺伝データから示されている（Murakami et al., 1999）．ではなぜ，一部の姉妹だけが母親の元を離れ新しい巣の創設に協力するのか，いまだ謎のままである．いずれにせよ，地道に女王アリやコロニーの生存率や死亡要因を特定することが，女王アリの繁殖戦略の進化を正しく考えるう

えでの第一歩といえるだろう．

初期ワーカーの生産方法

　同種あるいは他種ワーカーや捕食者からの攻撃を回避し，営巣に成功した女王アリはこれで一安心とはならない．せっかく作った社会を崩壊させないためには，労働者であるワーカーの存在が必要となる．アリの社会には同種個体の中に形態や行動の異なる複数のカースト（階級）が存在し，異なる役割を担っている（上田ら，2013）．カーストは大きく繁殖カーストと非繁殖カーストに分けられ，前者は女王アリやオスアリ，後者にはワーカーが含まれる．カーストの違いは繁殖能力に顕著に表れており，女王アリは多数の卵巣小管を保持し，産卵能力が高いが，ワーカーは一般に卵巣小管数が少なく，受精嚢も退化しているため，メス（ワーカーや女王アリ）を生産することができない．アリの中にはさらに細かい階級が存在する場合もあり，頭部が大型の兵隊アリや，女王アリとワーカーの中間的な形態のインターカースト，翅の退化した無翅型女王など多岐にわたる．これら複数のカーストを組み合わせによって，さまざまな環境に適した社会を作り出している．

　コロニー営巣初期において重要になるのが，労働を担うワーカーカーストの存在であり，その際ワーカーを生産するための資源をいかにして確保するかが女王アリにとって次の大きな問題となってくる．ワーカーが付随する分巣の場合には，女王アリは初期ワーカー生産用の資源をみずから確保する必要はない．引き連れてきたワーカーが早速採餌に出かけ，子どもの発育に必要な餌を集めてきてくれる．

　問題は，女王アリが単独で営巣した場合である．身よりのない女王アリはみずからこの状況を打開しなければならない．そのために女王アリは，1）前もって資源を準備し営巣場所へ移動するか，2）移動した後女王アリみずからが資源を集める，どちらかの方法を採用している．前者を蟄居型（claustral founding），後者を非蟄居型（semi-claustral founding）と呼ぶ（Brown and Bonhoeffer, 2003）．蟄居型では，女王アリがみずからの体内に飛翔筋や脂肪といったかたちで資源を貯蔵しておき，営巣後それを分解して初期ワーカーの生産に利用する．この場合，女王アリは危険な採餌に出かける必要がない一方，利用資源量は固定されているため必然的に生産できる初期ワーカー数が制限されてしまう

(Johnson, 2002；2006).

　自発的な採餌に依存する非蟄居型では，当然，獲得資源量は変動する．頻繁に採餌に出かけ多くの資源を獲得できれば多数のワーカーが生産できるが，同時に採餌中に捕食者に襲われるリスクも高まる．蟄居型は，採餌時の死亡率の高さが引き金になり非蟄居型から進化し，高等な分類群では非蟄居型は稀と考えられてきた．しかし近年，非蟄居型を採用する種がフタフシアリ亜科やヤマアリ亜科で新たに発見され（Brown and Bonhoeffer, 2003），*Pogonomyrmex* では非蟄居型が蟄居型から二次的に進化したことが示されている（Johnson, 2002）．これは，蟄居型と非蟄居型の適応度が環境に依存して逆転することを示唆している．そもそも蟄居型の進化要因と考えられてきた女王アリの高い採餌リスクは，採餌ワーカーの死亡率から間接的に推測されているにすぎず（Hölldobler and Wilson, 1990），野外での死亡率が女王アリとワーカー間で異なる可能性は否定できない．また，投資コストも問題であり，非蟄居型が成熟するまでに必要なエネルギー量は蟄居型女王の約7割程度と推定されており，非蟄居型の方が少ないエネルギーで女王アリを生産できる（Brown and Bonhoeffer, 2003）．このように，必ずしも蟄居型が非蟄居型に比べて有利になるとはかぎらない．

放浪女王の発見！

　いずれの営巣戦略を採用するにせよ，死亡リスクを最小限にするために，女王アリは野外での活動を控え，できるだけ早く営巣すると，アリ学者は考えていた．ところが，この予測とはまったく逆に，野外を長期間徘徊する女王アリがシワクシケアリ *Myrmica kotokui* で見つかっている（図4-2）．シワクシケアリは冷温帯地域の森林に優占する種で，一次林ではコロニーあたり繁殖女王が1匹の単女王性，二次林では繁殖女王が複数共存している多女王性の社会構造を示す（Mizutani, 1981；Kikuchi et al., 1999；Kikuchi, 2002）．当初，単女王性個体群の女王アリは結婚飛行をおこない単独営巣（稀に複数の女王アリが集まって営巣する多雌創設もみられるが）すると考えられてきた．しかし，その後の北海道の一次林での野外調査から，営巣せずに放浪している女王アリが約5ヶ月間にわたり継続して存在することが明らかになった．（以降，野外で徘徊している女王を放浪女王と呼ぶ）（菊地ら，未発表；表4-1）．放

図4-2 オシダ Dryopteris crassirhizoma 上のシワクシケアリ Myrmica kotokui の女王アリ.

表4-1 単女王性,多女王性個体群における放浪女王の出現パターン

	単女王性個体群	多女王性個体群
2003年		
5月	0	0
6月	14	0
7月	12	0
8月	15	0
9月	10	0
10月	0	0
2004		
5月	17	0
8月	31	0
合計	99	0

浪個体(またはサテライト個体)は,魚類,鳥類,哺乳類などなわばり(テリトリー)をつくる脊椎動物で数多く報告されており,競争関係で劣位な個体が一時的に営巣や繁殖をあきらめて採用した代替的繁殖戦略と見なされている(Shouster and Wade, 2003).放浪戦略は,たんに繁殖を一時的に放棄するだけでなく,優位なオスの配偶個体と隠れて交尾するなどの寄生的な側面ももつ.放浪が代替的戦略となりうるのは,個体の寿命が長ければ,現在の繁殖をあきらめても将来の繁殖がある程度期待されるためである.一方,ほとんどの種が単年性の無脊椎動物は,一回の繁殖放棄はすぐさま適応度の著しい低下を引き起こしてしまう.

そのため，放浪戦略はこれまで無脊椎動物では報告されていなかった．

ところが無脊椎動物の中でもアリやシロアリといった社会性昆虫は，女王（または王）の寿命が短いものでも数年，長いもので20年以上と推定されている種が存在するなど，例外的に多年生の生活史をもつ（Keller, 1998）．理論的には脊椎動物同様，繁殖を延期する代替的繁殖戦略が進化しても不思議ではない．

同種異巣ワーカーからは攻撃されない？

シワクシケアリの単女王性個体群で放浪女王が観察される期間は，5月中旬から10月上旬と長く，野外でのワーカーの活動期間とほぼ一致している．一方，海岸林の多女王性個体群ではこれまで発見されていない．放浪女王は，おもにオシダやふきの葉の上で発見されるが，女王アリとワーカーのサイズ差がそれほど大きくないため，個体のカーストを判別することは容易ではない．しかし，目がなれると歩きながらでも判別できるようになり，1時間ほどのライントランセクト調査（任意の長さの直線実験区を設定し，直線上を移動しながら調査をおこなう方法）で約10匹，多いときで20匹程度見つけることができる．

まず問題となる放浪時の危険性を推定するために，野外において放浪女王との接触時のワーカーの反応を調査した．すると，接触時には放浪女王が一目散に逃げるか，双方踵を返して逃げてしまい，実際にワーカーに攻撃されていた放浪女王は観察されなかった．2年間の野外調査で100匹程度の放浪女王を採集したが，その際もワーカーに攻撃されている放浪女王は一度も見つかっていない．アリは体表炭化水素の組成または組成比の違いを，巣仲間識別行動の発現シグナルとして用い（Van-der Meer and Morel, 1998），その発現率や強度は個体間の接触経験や巣からの距離，カーストなどの生態要因に影響を受ける（「3. アリのメガコロニーが世界を乗っとる」，「6. 世界を驚かせた巨大シェアハウスプロジェクト」参照）（Vepsalainen and Pisarski, 1982；Sanada-Morimura et al., 2003；Kikuchi et al., 2007）．野外から採集した放浪女王を用いて，小さなプラスチックシャーレ内で1対1の敵対性試験をおこなったところ，野外観察と同様にワーカーの激しい攻撃行動は検出されなかった（図4-3）．噛みつき行動も少数観察されるが，同巣の女王アリに対するときのように無視することも多い．同巣のワーカーと女王アリの出会い

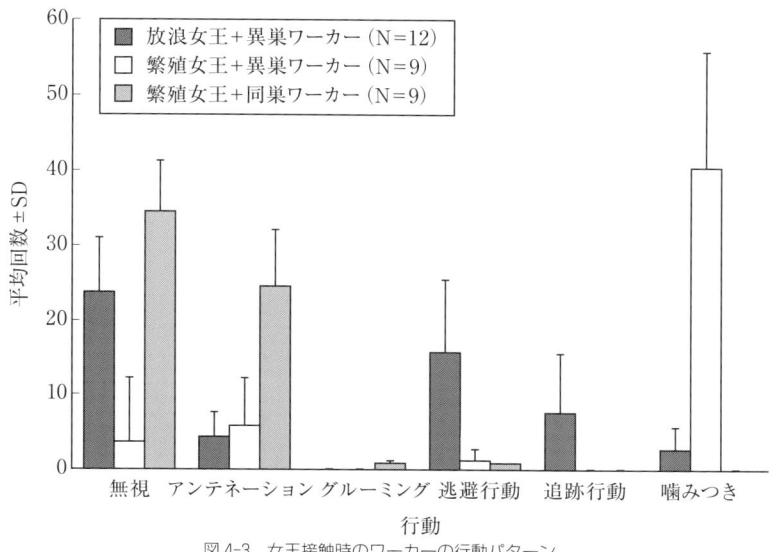

図4-3 女王接触時のワーカーの行動パターン．

と違うのは，野外でも観察された逃避行動や追跡行動といった行動カテゴリーの頻度が高いことである．このことは放浪女王が，特殊な巣仲間識別シグナルをもっていることを示している．

アリの多くは，体表炭化水素の組成，または組成比を巣仲間識別だけでなく，カースト認識，繁殖状態認識などさまざまな認識シグナルに使用している（Dietmann et al., 2003）．利用情報が同時に二つ以上存在する場合，ある局面においてどの情報を優先するのか（反応するのか）が問題となる．これまで非血縁者排除を目的とした巣仲間識別シグナルが最上位と考えられてきたが（Le Conte and Hefetz, 2008），最近の研究から巣仲間識別シグナルに対して他のシグナルが優先されるケースが報告されている．フロリダオオアリ *Camponotus floridanus* では，非巣仲間に対する攻撃行動発現にカーストと繁殖状態が関係しており，繁殖女王はワーカーや非繁殖女王に比べて他巣のワーカーから攻撃されにくい（Moore and Liebig, 2010）．同様に，フトハリアリの一種 *Pachycondyla chinensis* と *P. nakasujii* の近縁2種間では，ワーカーの攻撃性が他種ワーカーに比べて他種女王アリに対して低下する（村田ほか，未発表）．このような巣仲間識別とカースト認識との優先度に関してのヒエラルキーの逆転がシワクシケアリでも起きている可能性が高い．少なくともカ

ーストや繁殖シグナルが巣仲間識別シグナルよりも優先される種（状況）では，女王アリの同種ワーカーからの攻撃リスクは低くなるだろう．葉上アリ相調査によると，放浪女王は同種ワーカーが存在する植物上でのみ発見されている．植物上では他にハヤシケアリやアメイロアリなども徘徊しているが，他種が優占する植物では放浪女王はまったく見つかっていない（菊地ほか，未発表）．攻撃される確率の低い同種ワーカーが優占する植物に存在することにより，他種ワーカーや捕食者からの攻撃も避け，野外での生存率を上げているのかもしれない．

形態的な特徴と産卵能力

　放浪女王とコロニー内から見つかる営巣女王とでは形態や繁殖状態が大きく異なる．両女王の母集団となる有翅メスのサイズと比較すると，有翅メスのうち大きいサイズが営巣女王に，小さいサイズが放浪女王となっていることがわかる（図4-4）．放浪女王はすべて受精しているものの，産卵能力の指標となる卵巣小管数は営巣女王にくらべて少ない．興味深いのは，卵巣がまったく発達しておらず，卵母細胞や黄体を有していないという点である（図4-5）．もし，放浪女王がコロニーから追放された老齢女王や採餌中の非蟄居型女王，多雌創設コロニーの敗者で

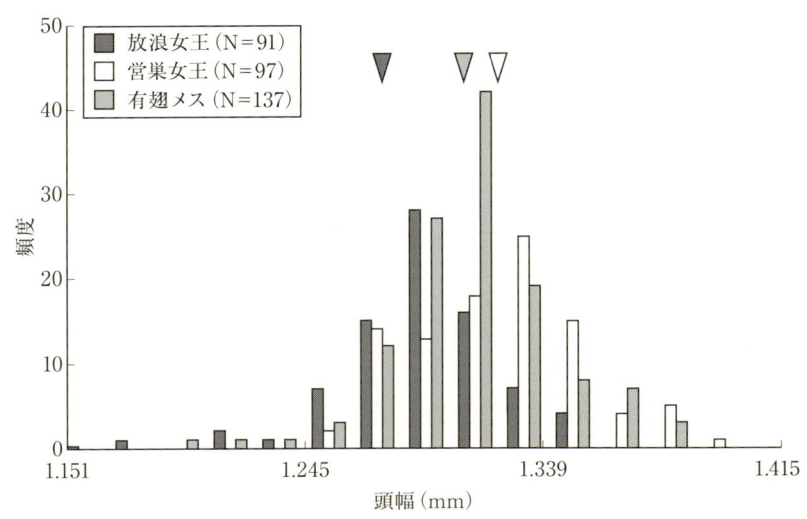

図4-4　各女王アリの頭幅サイズの分布．図中の三角記号はそれぞれの平均値を表している．

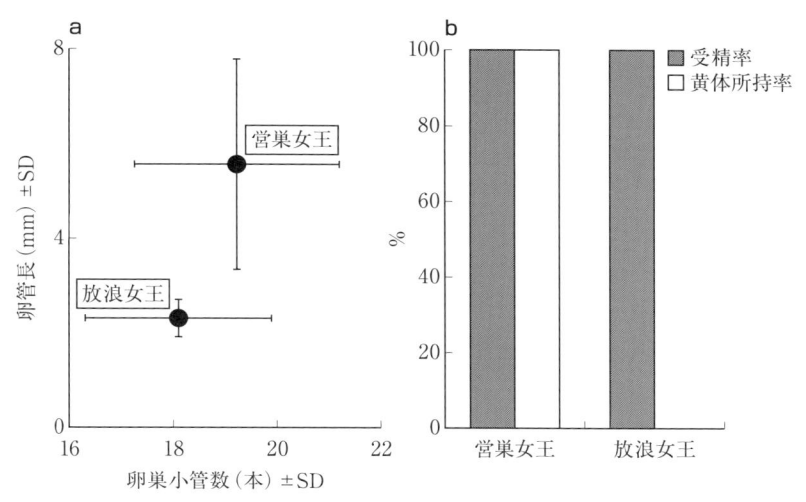

図4-5 放浪女王と営巣女王の繁殖状態の比較．(a) 卵管長，卵巣小管数，(b) 受精率，黄体所持率．

あれば，産卵経験により卵巣内に多少の卵母細胞や黄体が確認できるはずである．そのため，放浪女王は産卵未経験の新女王アリと推測される．しかし，たんに生得的に産卵不可能な未成熟個体の可能性も考えられるため，飼育実験から放浪女王の産卵能力の推定をおこなった．

野外から採集した放浪女王を室内で餌あり区と餌なし区に分け単独で飼育し，産卵数と女王の生存率，繁殖状態を調査した．その結果，餌なし区では飼育後1週間が経過すると徐々に死亡しはじめ，3週間後の生存率は約20％まで低下した．一方餌あり区の女王アリは，1週間ほどすると繁殖卵を産みはじめ，数日後に幼虫の餌となる栄養卵の生産を開始した．およそ8割の女王アリは1ヶ月以上生存し，最終的に女王アリあたり数匹のワーカーが生産された．実験終了後（または女王アリ死亡後），女王アリを解剖して繁殖状態を確認したところ，餌あり区の女王アリのみ卵巣の発達と黄体が確認された．飼育実験から，放浪女王は正常な産卵能力を有しており，餌あり条件下では長期間生存しワーカーの生産も可能であることが明らかになった．これは餌の確保が放浪女王の生存や繁殖に不可欠であることを示している．事実，野外では放浪女王が種子や死骸をくわえているようすが確認されている．

女王の補充と放浪する女王

　ではなぜ，営巣せずに放浪するのだろうか？ おそらく，体内に蓄えたエネルギーが初期ワーカー生産に不十分なことが原因として考えられる．一般に体内に蓄えられる資源量は体サイズと比例するため，分巣や非蟄居型を採用する近縁種に比べて，資源が必要な独立営巣（独立営巣）をする種の女王アリは体サイズが大きい（Keller and Passera, 1989；Hahn et al., 2004）．放浪女王は営巣コロニーから見つかる女王アリに比べて体サイズが小さく，餌なしでは生存，産卵もできない．つまり小型の放浪女王は，単独営巣に不可欠な初期ワーカーの生産に必要な資源を先天的に保有していないのだろう．その結果，交尾直後の単独営巣をあきらめて放浪している可能性が考えられる．ではなぜ，放浪しているのだろうか？ その後の展望はあるのだろうか？ 私は，複数の種で報告されている女王補充（queen recruitment）が，放浪女王の存在と密接に関係していると考えている．女王補充とは，コロニーを創設した女王アリが何らかの理由で死亡後，非血縁女王が侵入し女王不在のコロニーを引き継ぐ現象である（Heinze and Keller, 2000）．これは，侵入女王にとっては既存のワーカーを労働力として利用できると同時に，ワーカーはコロニーの崩壊を防ぎ，既存の幼虫を無事成虫まで発育させることができるといった相互に利益が考えられるが，もしかすると，女王側の単なる寄生戦略かもしれない．

　クシケアリ属では以前から，他のアリに比べて，女王アリのいない孤児コロニーが多いこと，女王アリの寿命が短いことなどが指摘されていた．そこで，女王補充がコロニー存続のメカニズムとして注目されてきた（Elmes, 1980；Elmes and Keller, 1993）．事実，遺伝解析でも，単女王性コロニーで非血縁女王の存在が確認されている（Seppä, 1994）．しかし，どんな女王アリがどんな方法で他コロニーへ侵入するのかなど，女王補充を引き起こす至近メカニズムについてはほとんど明らかになっていなかった．一般的な営巣戦略と異なりコロニーへの侵入しやすさに季節性がないと予測される女王補充では，個体郡内に侵入戦略を採用する女王アリが常時存在するかどうかがその進化において重要となる．現在のところ，シワクシケアリで実際に女王補充が起きているかは不明だが，本種ワーカーの敵対行動の低さ，侵入しやすい孤児コロニーの個体群比率の高さ（約30%；Kikuchi et al., 1999）を考えると，生理的な制

約により独立営巣成功の可能性が著しく低い放浪女王にとって，他コロニーへの侵略は代替戦略として有効なのではないだろうか．いずれにせよ，これまで考えられていなかった放浪といった新たな選択肢が見つかったことにより，女王アリの繁殖戦略の再考が必要となっている．

アリ社会の発達―成長と繁殖

コロニー内の情報伝達

コロニー創設ののち，めざすのは繁殖ではなくまずは成長である．女王は次々にワーカーを生産し，コロニー増大に労力を費やす．これは，小さなコロニーでは種内・種間競争において不利になるため，コロニーを大きくすることが女王アリ，ワーカー双方にとって有利になるためである（Oster and Wilson, 1978；Ohtsuki and Tsuji, 2009）．結果として，多くのアリでは，ある一定のコロニーサイズを超えないと繁殖を開始しない．このようなコロニーサイズに依存した投資パターンにおいて，ワーカーだけを生産するコロニーサイズの小さな時期を労働ステージ，ワーカーにくわえて繁殖虫も生産しはじめるコロニーサイズの大きな時期を繁殖ステージと呼ぶ（図4-6）．労働ステージと繁殖ステージの切り替えは種によって特異的で，一般に繁殖虫の生産時期は単女王性コロニーに比べて多女王性コロニーで早くなる（Kikuchi and Higashi, 2001）．

コロニーサイズに関係した投資パターンの変化は，単独生物に繁殖開始齢が存在するのと同じ現象であるため，コロニーサイズは社会性昆虫

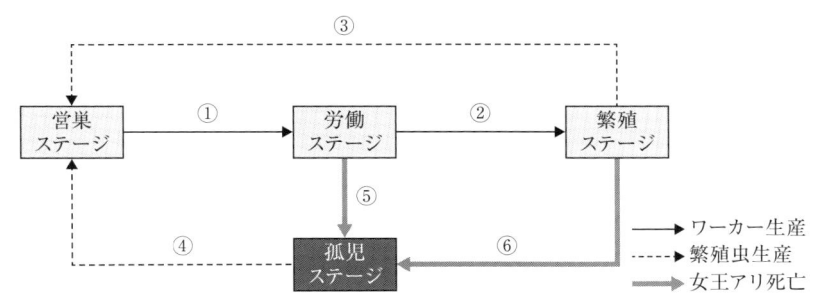

図4-6 一般的なアリの生活史と繁殖投資パターン．営巣後（①），ワーカーだけを生産する労働ステージを経験し，ワーカーがある一定数を超えると繁殖ステージに移行（②）．繁殖ステージではワーカーに加えて新女王とオスアリの生産が開始される（③）．この過程において何らかの理由で女王アリが死亡すると孤児ステージに移行（⑤，⑥）．この場合でも，繁殖虫の生産が開始する（④）．

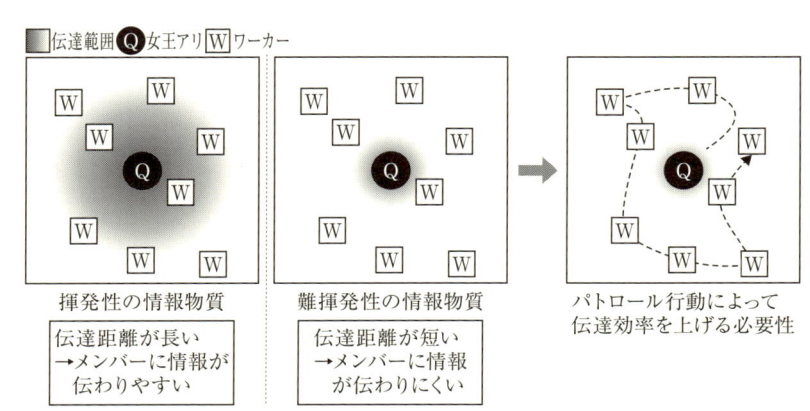

図4-7 情報物質の化学特性と集団内での伝達効率の関係．女王物質が難揮発性のトゲオオハリアリでは，ワーカーとの接触のために女王が巣内を徘徊して（パトロール行動）いる．

の齢にあたると考えることができる．じつは繁殖投資以外にも，順位行動，ワーカーの活動性，ワーカーサイズ，性比などがコロニーサイズとともに変化する（Ito and Higashi, 1991；Pamilo and Crozier, 1997；Kikuchi et al., 2000）．これは，個体が何らかの方法でみずから所属する社会の大きさを認識し，行動を変化させていることを意味する．しかし，短期の記憶しかもたず，個体識別が困難なアリの社会では，私たち人間のように計測によって個体数の変化を直接認識するのは不可能である．同様に，ワーカーの寿命はコロニーの寿命よりも遙かに短いため，単独生物のように加齢や発達に伴うホルモン量の変化など内的刺激に頼るのも難しい．

唯一，女王アリがコロニーの寿命と同期していると見なすことができるため，これまで女王アリ由来の情報の変化がコロニーサイズの指標になり，コロニーの表現型やワーカー行動の変化を引き起こすと推測されてきた．具体的には女王アリに特異的な化学物質（女王物質）の質的または量的変化がそれにあたる．実際，多数の種で女王物質の量的，質的変化が，ワーカー間の順位行動や世話行動の発生頻度に影響を及ぼすことがわかっている（Kikuchi and Higashi, 2001；Tsuji et al., 2012）．しかし，女王物質がどのようにして，さまざまな形質のコロニーサイズ依存的変化を引きこすのかはこれまで不明であった．

近年，いくつかの種において体表炭化水素がおもな女王物質として用いられていることが明らかになっている（Kocher and Grozinger,

2011)．揮発性物質と仮定されることの多かった女王物質が，難揮発性の体表炭化水素であるという事実はひじょうに興味深い．なぜなら，拡散性の高い揮発性物質の場合，情報が勝手に空間内に広がっていくため，社会の中の情報伝達メカニズムを考慮する必要性は低い（図4-7）．一方で伝達距離の短い難揮発性物質の場合，別途コロニーメンバーへの伝達メカニズムが必用不可欠であり，その伝達効率が集団内の行動発現パターンに大きな影響をあたえると予測されるからである．集団内で情報を利用する場合，有効な情報の生産，感覚器官の発達，伝達方法の構築の三つの要素が不可欠となる．しかし，社会性昆虫の研究では伝達方法や伝達距離にはこれまであまり注意が払われておらず，コロニー内の情報の存在がすなわちコロニーメンバーによる情報認識と安易に仮定されてきた．体表炭化水素のような難揮発性物質の場合，当然その拡散には特別な伝達方法が必要となるため，必要な情報を各運動器官に伝える単独生物の神経回路にあたる，コロニー内の個体間の情報伝達ネットワークの解明が，集団行動発現メカニズムの理解に不可欠となる．

パトロール行動

　南西諸島に生息するトゲオオハリアリ *Diacamma* sp. は特殊な社会構造をもっている．この種は女王カーストが二次的に退化しているため，社会はワーカーカーストのみから構成され（無女王制），受精したワーカー（ガマゲイト）が女王アリの代わりに繁殖をおこなう（Fukumoto et al., 1989）．繁殖個体は後天的に決定され，羽化後，羽の痕跡器官である翅芽をもつ個体だけがオスと交尾することができ，ガマゲイトとなる．その他の個体は，羽化時にガマゲイトによって翅芽を切り取られてしまい，ワーカーとしての運命をたどる．ガマゲイトが何らかの理由で不在のコロニーでは，最初に生まれたワーカーが翅芽を保持し次のガマゲイトとなる．このように無女王制種の特徴は，繁殖個体の死亡がすぐにコロニー崩壊に直結せずに，代替わりしながら連綿と社会が継続する点にある．

　トゲオオハリアリのもう一つの特徴は，ガマゲイトの活動性が高く，巣内を頻繁に徘徊することにある（Tsuji et al., 1999）．一般的なアリでは，女王アリは卵塊付近からほとんど動かず，産卵や卵の世話に専従しているが（Kikuchi and Higashi, 2001），難揮発性の女王物質（本種は無

女王性種なので以降ガマゲイト物質と呼ぶ）をもつトゲオオハリアリでは（藤原ほか，未発表），これをワーカーへと伝達するために，動き回り直接接触する必要性が生じる．このようにトゲオオハリアリは，ガマゲイト物質がどのようにワーカーに伝達されているかといったコロニー内の情報伝達メカニズムを解明するのに適した性質をもつ．類似したメカニズムは，アシナガバチや他のアリでも報告されており，大きな社会をもつ種では，直接接触だけでなく卵や巣材を介した間接的な情報伝達も報告されており（Endler et al., 2004；Bhadra et al., 2007），これは伝達効率をあげるための手段と考えられている．

　直接接触による情報伝達は，物理的制約を伴う．集団内における任意の2個体間の接触確率は，集団サイズの増加とともに必然的に低下してしまう．そのため，直接接触を介した情報伝達を採用している種では，コロニーサイズの増加ともに，個体が獲得できる情報の質や量が変化すると予測される．そこで女王アリとワーカー間の接触確率とコロニーサイズとの関係性に着目し，これがワーカーのコロニーサイズに依存的な行動の発現にどのように影響を及ぼすのか考えてみる．

　トゲオオハリアリでも他種と同様に，ガマゲイトの有無によってワーカーの繁殖行動が変化する．ガマゲイトが存在する場合には，ワーカーは繁殖行動を自粛し，オス生産権を巡る争いであるワーカー間の順位行動はあまりおこなわない（Tsuji et al., 2012）．順位行動を頻繁におこなうワーカーは，幼虫の世話などの利他的労働比率が低いため，その存在はコロニーにとってコストとなる（Tsuji et al., 2012）．そのために，ガマゲイト（または女王アリ）が健在で，繁殖虫ではなくワーカーの生産が望ましい労働ステージでは，ワーカーの繁殖行動が自主的または社会的制裁（worker policing）によって抑制されている（Ohtsuki and Tsuji, 2009）．しかし，ガマゲイトのいない場合にはワーカーによる産卵は社会にとって唯一の繁殖方法となるため，ワーカー，コロニー双方にとって望ましい（Bourke, 1988）．このように，ガマゲイト物質が運ぶガマゲイトの存在情報はワーカーの繁殖行動制御に重要な役割を果たしているといえる．

　まず，情報物質の特性を理解するためにガマゲイトの存在情報の持続時間を調査した．情報持続時間が短ければ，頻繁な伝達が必要となるため伝達コストが増加し，逆に長ければ一度の接触によって長期間効果が

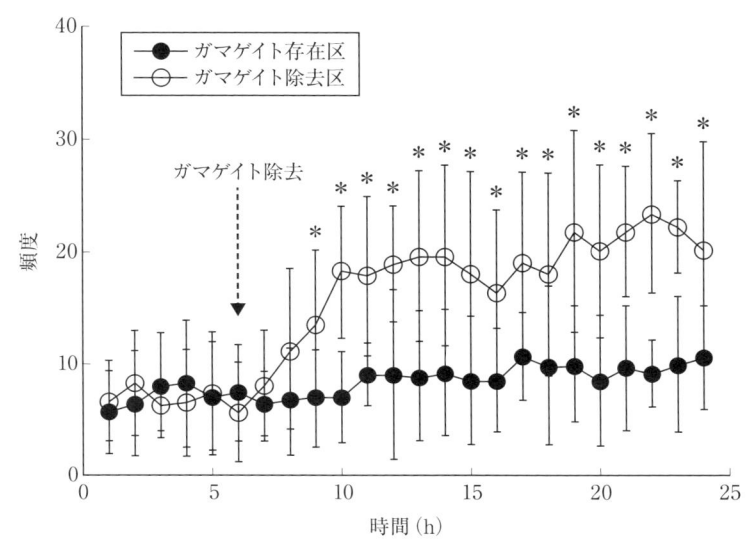

図 4-8 順位行動頻度の時間的変化．ガマゲイトを除去すると徐々に順位行動の頻度が上昇し，3 時間後にはガマゲイト存在区との間で有意な差が検出される（図中の＊）．一方，ガマゲイト存在区の順位行動頻度は安定している（Kikuchi et al., 2008 を改編）．

維持されるため伝達コストは低下するだろう．人為的にガマゲイトをコロニーから取りのぞき，その後のワーカー間の順位行動頻度の変化からガマゲイトの存在情報の持続時間を推定した．ガマゲイトを取り除いたあと，すぐに順位行動の頻度は上昇しはじめ，3 時間後にはガマゲイトがいるコロニーと大きく異なった．このことから，トゲオオハリアリのガマゲイト存在情報の持続時間は約 3 時間と推定された（図 4-8）（Kikuchi et al., 2008）．これは，ガマゲイトと約 3 時間の間接触がないと，たとえガマゲイトがコロニーに存在していたとしてもワーカー（ガマゲイト）は不在であると認識し，繁殖行動を開始することを意味している．実際に，ガマゲイトとの接触間隔を人為的にコントロールし，ワーカーの繁殖状態への影響を調査すると，ガマゲイトとの接触間隔がのびるほどワーカーは卵巣を発達させていた（Kikuchi et al., 2010）．次に，3 時間というガマゲイト存在情報の持続時間を基本にして，コロニー内でワーカーとガマゲイトがどの程度の時間間隔で接触しているのかを調査した．コロニーあたりワーカー 10 個体をランダムにマーキングし，その個体が一度ガマゲイトと接触したあと，再度ガマゲイトと接触するまでの時間を計測した．その結果，コロニーサイズとともに接触確

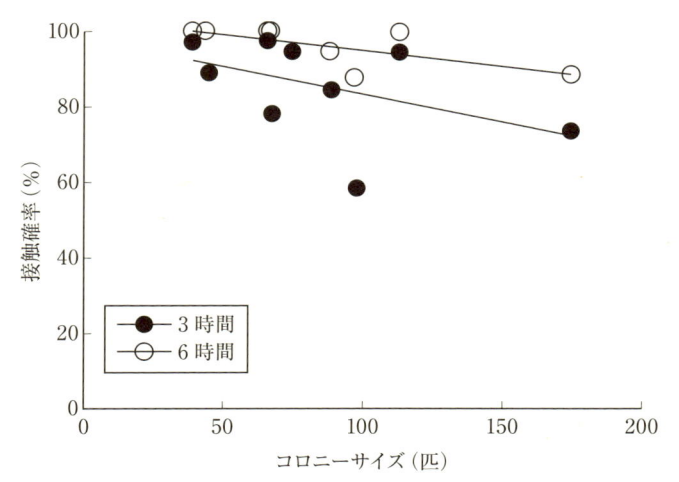

図4-9 コロニーのサイズと女王アリとワーカー間の接触確率の関係.無作為に抽出した10個体のワーカーと一度接触したあと,ふたたび接触するまでの時間を計測した.3時間または6時間内に再接触が終了した個体の確率をコロニーサイズごとに表している(Kikuchi et al., 2008を改編).

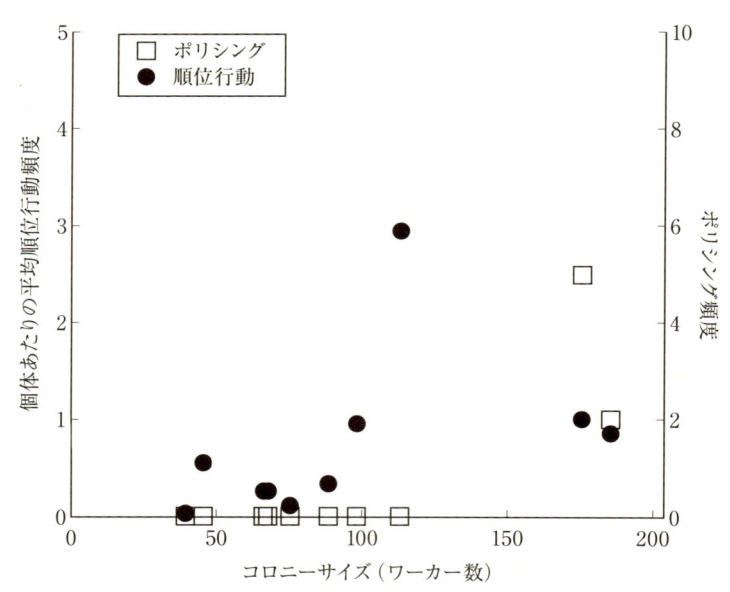

図4-10 コロニーのサイズと順位行動,ポリシング行動(警察行動)の関係.繁殖権を巡る順位闘争と繁殖個体に対する社会的制裁行動のポリシングの個体あたりの発生頻度をコロニーサイズごとにプロットした(Kikuchi et al., 2008を改編).

率が低下する傾向がみられ，ほとんどのコロニーでは3時間以内にすべての個体がガマゲイトとは接触できず，大きなコロニーでは6時間以内であっても1割から2割の個体がガマゲイトと接触できていなかった（図4-9）．つまり，ワーカーが受け取るガマゲイト存在情報は一定ではなく，コロニーサイズの増加とともに伝達効率が低下し，大きなコロニーでは一部の個体が誤ってガマゲイトが不在と認識していることを意味している．さらに，コロニーサイズに依存したガマゲイトの存在情報の変化が，実際にワーカーの行動に影響しているのか調査した．ガマゲイトの不在認識の指標となるワーカー間の順位行動を観察すると，コロニーサイズとともに増加しており，これはガマゲイト存在情報の伝達率の変化と一致していた（図4-10）．同様に，繁殖行動を開始したワーカーが他の個体によって噛みつきなどの危害を加えられるワーカーポリシング行動（警察行動）も大きなコロニーでのみ観察された．これらのことから，コロニーサイズに依存したワーカーの順位行動パターンは，コロニーサイズに関係したガマゲイトとの接触間隔の低下によって引き起こされていることが明らかになった．これは，ガマゲイトにとって好ましい状況だろうか？　もし，ワーカー産卵を完全に抑制したいのであれば，ガマゲイト存在情報の伝達効率を上げるためにパトロール行動の時間を増やすはずである．ガマゲイトのパトロール行動の時間や頻度を調査すると，いずれもコロニーサイズとともに増加する傾向がみられ，コロニーサイズを人工的に増減させた場合でも同じ結果となった（Kikuchi et al., 2008）．これは，ガマゲイトも何らかの方法でコロニーサイズの変化を認識し，物理的制約によって生じる接触間隔の長期化を改善するために，パトロール行動を活発化させていると考えられる．しかしこのような補正機構が存在したとしても，大きなコロニーではワーカーへのガマゲイト物質の伝達は不十分なままで，ワーカーの繁殖行動を完全に抑制できているわけではない．ガマゲイトの活動の時間配分をみると，パトロール行動への投資時間は多い場合でも全活動時間の1割程度にすぎず，残りは産卵や自己グルーミングを除けばほとんどの時間を休息（静止）に充てていた．このことは，時間的制約によってパトロール行動の増加が妨げられているわけではないことを意味する．ワーカー繁殖行動のさらなる抑制が可能にもかかわらず，パトロール行動の時間を増やさないのは，おそらく巣内を徘徊するというパトロール行動ゆ

えに，そのエネルギー消費に伴い産卵数や寿命との間にトレードオフが存在するのが原因かもしれない．また，大きなコロニーではワーカー産卵が女王アリにとっても必ずしも不利にならない可能性もある（Ohtsuki and Tsuji, 2009）．

これまで紹介してきたように，個体間接触という社会基盤を支える情報伝達メカニズムは考えられていたいじょうに複雑で，また情報利用にはさまざまな制約が存在することが明らかになった．今後，コロニー内の個体間相互作用や集団行動の研究には，情報伝達メカニズムの解明が必須となっていくと思われる．

女王とワーカー間のコンフリクト

トゲオオハリアリでみられたように，ワーカーは女王アリが存在する場合には産卵行動をおこなわず，コロニー維持や女王アリ・幼虫の世話に従事している．なかには，卵巣を完全に消失したワーカーをもつ種も存在し，この場合一生ワーカーは産卵機会がなく，女王による繁殖が唯一のワーカーの適応度を増加させる手段となる（Kikuchi et al., 2007）．こうしてみると，ワーカーは女王アリに比べて弱い立場のようだが，実際には女王とワーカーはけっして主従関係などではない．たとえば，外来種として有名なアルゼンチンアリの多女王性コロニーでは，毎年春先に最大で90％もの多くの女王アリがワーカーによって殺される（Reuter et al., 2001）．アリの社会において女王は絶対的な存在などではなく，じつは社会において圧倒的多数派であるワーカーから産卵状態や健康状態などの監視をうけ運命を握られているという見方もなりたつ．女王によって新しく生産された新女王（ワーカーの姉妹）のうち，何らかの理由で交尾できずに巣に留まることになった未受精女王は，ワーカー生産に貢献できないだけでなく，唯一可能なオス生産はワーカーにとって血縁選択の観点から好ましくないため（女王アリが1回交尾の場合，ワーカーからみた各オスとの血縁度は，自分の息子との血縁度は0.5なのに対して，未受精女王の息子（甥）との血縁度は0.375となり，自分の息子を産んだ方が望ましい），なおのことワーカーの攻撃対象になりやすい．そのために，コロニー内に留まっている未受精女王は，たいていの場合ワーカーに殺されてしまう（Bourke and Franks, 1995）．例外は，ヤマアリ属のように脱翅後交尾（delayed mating）をおこなう種

や，ワーカーが卵巣を退化させ雄卵すら産めない完全不妊種における，受精女王がいなくなったときの雄卵生産要員としてのケースで，この場合には受精女王に混じり未受精女王がコロニー内に共存している．

資源の配分と血縁選択

たしかにオスの生産を巡る血縁選択では，未受精女王の存在はワーカーにとって望ましくない．しかし，所有する資源を効率よく利用し，最大の利益を得るという資源配分（resource allocation）の視点をいれると予測はより複雑になる．一般に，1匹の新女王の生産にはワーカーの数倍程度の投資が必要になるため，未受精女王の間引きは，投資資源の大きなロスとなるだろう．間引くときの共食いによる資源の再利用といった効果も考えられるが，卵や幼虫ならともかく外骨格を発達させた成虫の餌資源としての価値は大きくないと予測される．一方で，大きな体サイズをもつ女王アリはその維持コストもワーカーに比べて当然大きくなるはずである．

つまり，ある個体（またはカースト）を生産・維持するかどうかの決定には，血縁選択上の利害（オス生産，性比の偏り，働動効率等）にくわえ，生産するのに要した資源量や個体維持に必要と予測される資源量といった資源配分的視点が不可欠と考えられる．

事実，社会性昆虫にみられるワーカーと女王間の性比対立の帰結に，上述した資源配分ルールが影響することが報告されている．アリやハチなどのハチ目ではオスが単数体，メスが2倍体の単数倍数性の性決定機構をしめし，これが兄弟姉妹間での血縁度の違いを引き起こす（血縁度非対称性）．女王からみると息子と娘の血縁度は等しいが，ワーカーから見ると姉妹（女王の娘）との血縁度の方が兄弟（女王の息子）に比べて高い（女王が1回交尾の場合には，姉妹との血縁度は兄弟の3倍）．ゆえに女王は娘と息子の等しい性投資を希望するのに対して，ワーカーはより娘（姉妹）に偏った性投資比を好むため，最適性比を巡る対立が女王とワーカー間に内在する（Crozier and Pamilo, 1996）．女王は卵の受精をコントロールすることによって望ましい一次性比を実現するのに対して，ワーカーは間引きや幼虫への偏った投資により，二次的に性比調節を試みる（Passera et al., 1996；Kikuchi et al., 2002）．餌資源が制限された環境では，ワーカーは血縁度の低いオスを間引き，メスに性比を

偏らせることが知られている．しかし，資源配分が進んだ老齢幼虫はたとえオスであっても間引きされないことがあり，これは間引きが大きなエネルギーコストを伴うためと考えられている（Chapuisat et al., 1997）．このように，血縁選択行動の発現には血縁度の大小だけでなく，当然行動発現に関連した資源配分上の利益やコストが影響する．

働く女王

血縁選択の予測に反して継続的に未受精女王がコロニー内に存在するケースが，ハハナガアリ Probolomyrmex longinodus やカドフシアリ，トゲトガリハキリアリ Acromyrmex echinatior, やヤトゲトガリハキリアリ A. octospinosus などで見つかっている（Kikuchi and Tsuji, 2005；Nehring et al., 2011；菊地ほか，未発表）．とくに一部のカドフシアリ個体群（機能的単女王性，コロニー内に複数の女王アリが存在するが，実際に繁殖をおこなっているのは1個体のみ）では，未受精女王数とワーカー数の比率が1対1にも達するコロニーすら存在する（図4-11）．

女王カーストはめだった労働をおこなわないため，高比率の未受精女王の存在はコロニーにとって大きな維持コストを伴うと予測される．非労働個体の維持コストが間引きによる投資ロスを上回るのであれば，当

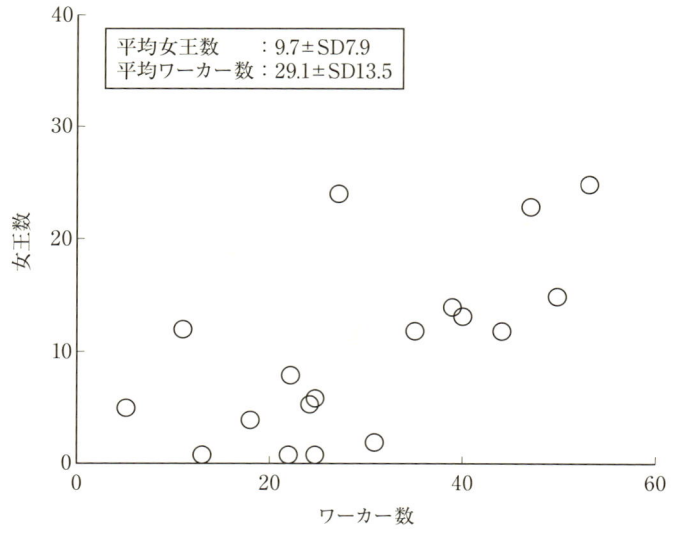

図4-11 カドフシアリコロニーにおける女王数とワーカー数の関係．

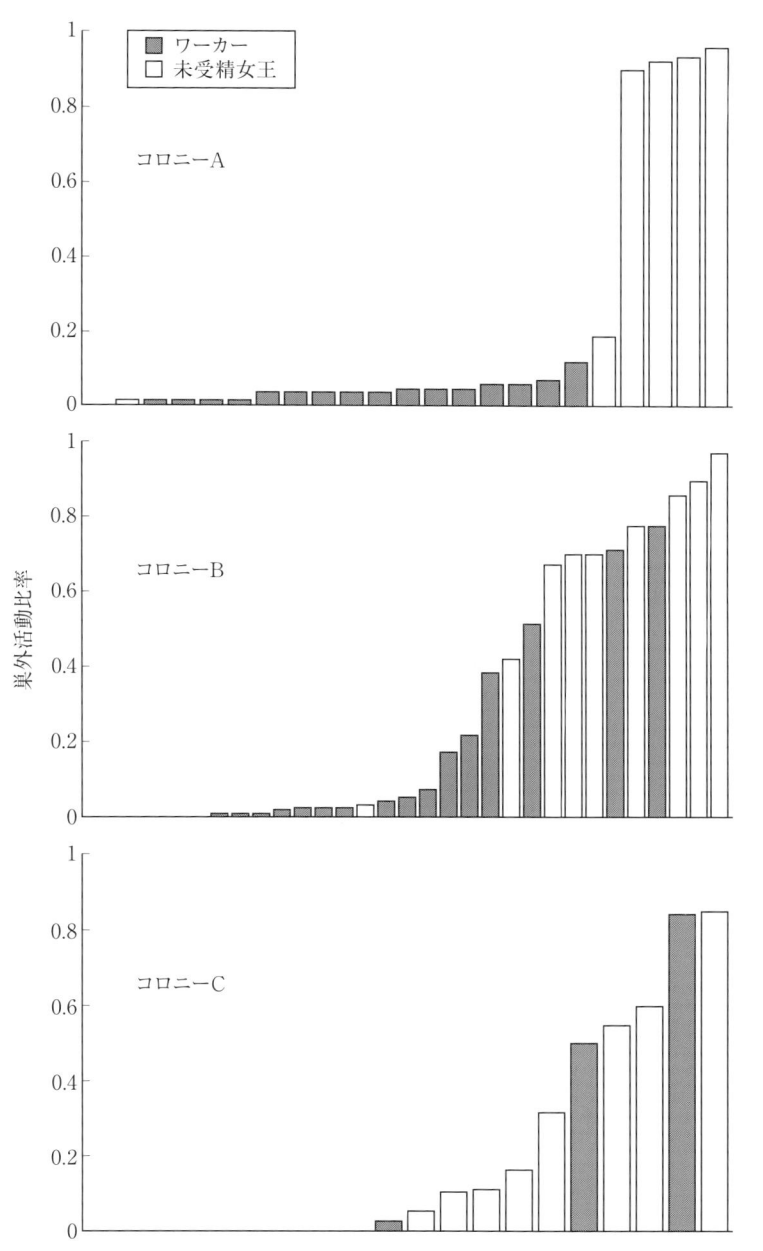

図 4-12 カドフシアリ各カーストの巣外活動比率．活動比率の低い順に左から並べている．巣外活動比率の高い個体には未受精女王が多くみられる．

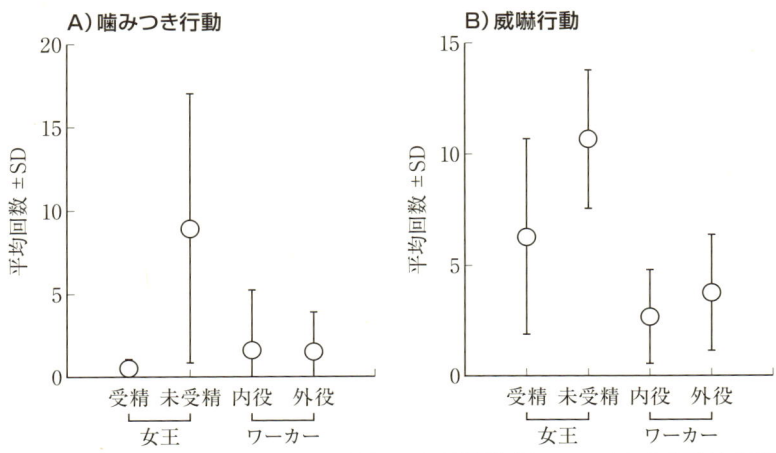

図 4-13　他種ワーカーに対するカドフシアリ各カースト攻撃行動パターン．ハヤシナガアリとカドフシアリの各個体を1：1でプラスチックシャーレに導入し，30分間で観察された噛みつき行動と威嚇行動の発生頻度を計測した．

然未受精女王の排除が好まれる．だが，もし未受精女王が何らかの仕事に従事し，コロニーの生産性向上に貢献しているのであれば，間引きによる投資ロスを避け女王カーストを労働者として再利用することも考えられる．そこで，カドフシアリを用いて常在する未受精女王の労働貢献の有無について調査した．個体識別マーキングを施して行動観察をおこなった結果，未受精女王の活動性は一般に高く，ワーカーに比べて採餌などの巣外活動に多くの時間を費やしていた（図 4-12）．外役の中の重要な仕事の一つである巣の防衛に関しても未受精女王の貢献は際立っていた．ワーカーは外役，内役に係らず他種ワーカー（ハヤシナガアリ *Stenamma owstoni*）に対してめだった攻撃行動を示さないが，未受精女王は攻撃の前段階である大あごをあける威嚇行動や噛み付き行動を高頻度でおこなった（図 4-13）．一般にコロニー内で女王（受精）は，ワーカーのように労働はせずもっぱら繁殖に専念している．コロニーが破壊されたときもワーカーは幼虫や卵などをくわえて逃げるのに対して，女王は何もせずに一目散に退避する．社会性昆虫では繁殖を担う女王の存在がコロニーの存続に不可欠となっており，そのためリスクのある利他行動を女王はできるだけ避けていると考えられている．これにくらべると，カドフシアリの未受精女王が，形態的には女王だが機能としてはワーカーに近い機能を有していることを示唆している．個体間の物理的

闘争の優劣は，しばしばサイズに依存するためワーカーよりも大型の女王カーストが防衛行動をおこなうのはある意味理にかなっている．

　労働力としての貢献が明らかになった未受精女王だが，ワーカーとの対立原因となっている雄生産などの繁殖行動に関してはどうであろうか？　未受精女王は当然，ワーカーよりも繁殖能力が潜在的に高い（卵巣小管数が多い）．しかし，受精女王の存在する状況では未受精女王の卵巣はワーカーに比べても発達しておらず，卵を保持している個体の比率も低い（菊地ら，未発表）．一般に，女王が存在する状況での繁殖状態が女王不在のときにも反映されるため，未受精女王の繁殖機会は少ないと予測される．カドフシアリの未受精女王は，潜在的に高い繁殖能力を保持しているにもかかわらず，その機能を使うことはなくむしろ危険な労働に従事しているように思われる．そのため，非繁殖型未受精女王の存在はワーカーの適応度の低下を引き起こさず，ワーカーといっしょに危険な仕事に従事する未受精女王の存在は，コロニーサイズの増加やより高度な労働分業といったかたちでコロニーの生産性を上げているかもしれない．

　とはいえ，長期にわたってコロニー内に未受精女王が見つかる種は少なく，多くはコロニーサイズの小さな種にかぎられている．これはコロニーサイズの小さな種では，1個体の価値がコロニーサイズの大きな種にくらべて大きいためと考えられる（1個体の増減によるコロニーの適応度の変化率が大きい）（東，1993）．今後は，さらに多くの種で調査をおこない，コロニーサイズと未受精女王比率の関係性に関して調査するとともに，受精女王の卵巣抑制機構や女王とワーカー間の労働分業発生メカニズムを解明し，女王カーストの再利用を促す進化条件を明らかする必要があるだろう．

引用文献

Alloway, T. M., A. Buschinger, M. Talbot, R. Stuart and C. Thomas (1982) Polygyny and polydomy in three North American species of the ant genus *Leptothorax* Mayr (Hymenoptera : Formicidae). *Psyche* 89 : 249-274.

Bhadraa, A., P. L. Iyera, A. Sumanaa, S. A. Deshpandes, S. Ghosha and R. Gadagkar (2007) How do workers of the primitively eusocial wasp Ropalidia marginata detect the presence of their queens? *Journal of Theoretical Biology* 246 : 574-582.

Bourke, A. F. G (1988) Worker reproduction in the higher eusocial Hymenoptera. *The Quaterly Review of Biology* 63 : 291-311.

Bourke A. F. G, and N. R. Franks (1995) *Social Evolution in ants*. Princeton, New Jersey: Princeton University Press.

Brown, M. J. F. and S. Bonhoeffer (2003) On the evolution of claustral colony founding in ants. *Evolutionary Ecology Research* 5: 305-313.

Chapuisat, M., L. Sundstrom and L. Keller (1997) Sex ratio regulation: the economics of fratricide in ants. *Proceedings of the Royal Society of London* Series B, Biological Science 22: 1255-1260.

Choe, J. C. and B. J. Crespi (1997) *The Evolution of Social Behavior in Insects and Arachnids*. Cambridge University Press.

Cole, B. J. (2009) The ecological setting of social evolution: the demography of ant populations. Gadau J, Fewell J (eds), *Organization of insect societies from genome to sociocomplexity*. Harvard University Press, Cambridge, London.

Crozier, R. H. and P. Pamilo (1996) Evolution of social insect colonies: *Sex allocation and kin selection*. Oxford University Press, Oxford, New York.

Dietemann, V., C. Peeters, J. Liebig, V. Thivet and B. Hölldobler (2003) Cuticular hydrocarbons mediate discrimination of reproductives and nonreproductives in the ant *Myrmecia gulosa*. *Proseedings of the National Academy of Science*: 10341-10346.

Douwes, P., L. Sivusaari, M. Niklasson and B. Stille (1987) Relatedness among queens in pollygynous nests of the ant *Leptothorax acervorum*. *Genetica* 75: 23-29.

Elmes, G. W. (1980) Queen number in colonies of ants of the genus *Myrmica*. *Insectes Sociaux* 27: 43-60.

Elmes, G. W. (1987) Temporal variation in colony populations of the ant *Myrmica sulcinodis*. I. Changes in queen number, workers number and spring production. *Journal of Animal Ecology* 56: 559-571.

Elmes, G. W. and L. Keller (1993) Distribution and ecology of queen number in *Myrmica*, pp. /294-307. *In* L. Keller (ed.) *Queen number and sociality in insects*. Oxford University Press, Oxford.

Elmes, G. W. and J. Petal (1990) Queen number as an adaptable trait: evidence from wild population of two red ant species (genus *Myrmica*). *Journal of Animal Ecology* 59: 675-690.

Endler, A., J. Liebig, T. Schmitt, J. E. Parker, G. R. Jones, P. Schreier and B. Hölldobler (2004) Surface hydrocarbons of queen eggs regulate worker reproduction in a social insect. *Proceedings of the National Academy of Sciences* 101: 2945-2950.

Fukumoto, Y., Y. Abe and A. Taki (1989) A novel form of colony organization in the queenless ant *Daicamma rugosum*. *Physiology and Ecology Japan* 26: 55-61.

Hamilton, W. D., and R. M. May (1977) Dispersal in stable habitats. *Nature*, 269: 578-581.

Hahn, D.A., R. A. Johnson, N. A. Buck and D. E. Wheeler (2004) Storage protein content as a functional marker for colony founding strategies: a comparative study within the harvester ant genus *Pogonomyrmex*. *Physiology and Biochemical Zoology* 77: 100-108.

Heinze, J. and K. Tsuji (1996) Ant Reproductive Strategies. *Researchers on Population Ecology* 37: 135-149.

Heinze, J. and L. Keller (2000) Alternative reproductive strategies: a queen perspective in ants. *TREE* 15: 508-512.

Herbers, J. M. (1984) Queen-worker conflict and eusocial evolution in a polygynous ant species. *Evolution* 38: 631-643.

Herbers, J. M. (1993) Ecological determinants of queen number in ants. pp 262-293. *In* L. Keller

(ed.) *Queen number and sociality in insects*. Oxford University Press, Oxford
Hölldobeler, B. and E. O. Wilson (1990) The Ants. Springer Verlag, Berlin.
Ito, F. and S. Higashi (1991) A linear dominance hierarchy regulating reproduction and polytheism of the queenless ant *Pachycondyla sublaevis*. *Naturwissenschaften* 78：80-82.
Johnson, R. A. (2002) Semi-claustral colony founding in the seed-harvester ant *Pogonomyrmex californicus*：an comparative analysis of founding strategies. *Oecologia* 132：60-67.
Johnson, R. A. (2006) Capital and income breeding and the evolution of colony founding strategies in ants. *Insectes Sociaux* 53：316-322
Keller, L. (1998) Queen lifespan and colony characteristic in ants and termites. *Insectes Sociaux* 45：235-246.
Keller, L. and L. Passera (1992) Mating system, optimal number of matings, and sperm transfer in the Argentine ant *Iridomyrmex humilis*. *Behavioral Ecology and Sociobiology* 33：191-199.
Keller, L. and L. Passera (1989) Size and fat content in gynes in relation to the mode of colony founding in ants (Hymenoptera；Formicidae). *Oecologia* 80：236-240.
Kikuchi T, Higashi S, Murakami T (1999) A morphological comparison of alates between monogynous and polygynous colonies of *Myrmica kotokui* in northernmost Japan. *Insectes Sociaux* 46：250-255.
Kikuchi, T., F. Tomizuka and S. Higashi (2000) Reproductive strategy in orphaned colonies *Myrmica kotokui* Forel, the Japanaes speceis of the *M. ruginodis* complex (Hymenoptera, Formicidae) *Insectes Sociaux* 47：343-347.
Kikuchi, T. (2002) Between- and within-population morphological comparisons of all castes between monogynous and polygynous colonies of the ant *Myrmica kotokui*. *Ecological Entomology* 27：505-508.
Kikuchi, T., K. Tsuji, H. Ohnishi and J. Le Breton (2007) Caste-biased acceptance of non-nestmates in a polygynous ponerine ant. *Animal Behavior* 73：559-565.
Kikuchi, T. and S. Higashi (2001) Task allocation and alate production in monogynous, polygynous and orphan colonies of *Myrmica kotokui*. *Research in Ecology and Evolution in Zurich* 13：151-159.
Kikuchi, T. and K. Tsuji (2005) Unique social structure of *Probolomymex longinodus*. *Entomological Science* 8：1-3.
Kikuchi, T., R. Yoshioka and N. Azuma (2001) Effects of worker manipulation on the sex ratio of a Japanese ant species, *Myrmecina nipponica*. *Ecological Research* 17：717-720.
Kikuchi, T., T. Nakagawa and K. Tsuji (2008) Changes in relative importance of multiple social reguratory forces with colony size in the ant *Diacamma* sp. from Japan. *Animal Behavior* 76：2069-2077.
Kikuchi, T., M. Suwabe and K. Tsuji (2010) Durability of the effect of gamergate presence information in *Diacamma* sp. from Japan. *Physiological Entomology* 35：93-97.
Kocher, S. D. and C. M. Grozinger (2011) Cooperation, Conflict, and the Evolution of Queen Pheromones. *Journal of Chemical Ecology* 37：1263-1275.
Le Conte, Y. and A. Hefetz (2008) Primer pheromones in social hymenoptera. *Annual Review of Entomology* 53：523-542. doi：10.1146/ annurev. ento. 52.110405.091434.
東 正剛 (1993) アリの生活史戦略と社会進化, pp51-100. 松本忠夫・東 正剛編著, *社会性昆虫の進化生態学*. 海游舎.
Mizutani, A. (1981) On the two forms of the ant *Myrmica ruginodis* Nylander (Hymenoptera：

Formicidae) from Sapporo and its vicinity, Japan. *Japanese Journal of Ecology* 31：131-137.

Monnin, T. and C. Peeters (1999) Dominance hierarchy and reproductive conflict among subordinates in a monogynous queenless ant. *Behavioral Ecology* 10：323-332.

Moore, D. and J. Liebig (2010) Mixed messages：fertility signaling interferes with nestmate recognition in the monogynous ant *Camponotus floridanus*. *Behavioral Ecology and Sociobiology* 64：1011-1018.

Murakami T, Wang L, Higashi S (2000) Mating frequency, genetic structure, and sex ratio in the intermorphic female producing ant species *Myrmecina nipponica*. *Ecological Entomology* 25：341-347.

Nehring V, Boomsma JJ, d'Ettorre, P (2012) Wingless virgin queens assume helper roles in *Acromyrmex* leaf-cutting ants. *Current Biology* 22：R671-R673.

Nicols, B.J. and R. W. Sites (1991) Ant predators of founder queens of *Solenopsis invicta* (Hymenoptera, Formicidae) in central Texas. *Environmental Entomology* 20：1024-1029.

Ohtsuki, H. and K. Tsuji (2009) Adaptive reproduction schedule as a cause of worker policing in social hymenoptera：a dynamic game analysis. *The American Naturalist* 173：747-758.

Oster, G. F. and E. O. Wilson (1978) Caste and Ecology in the Social insects. Princeton University Press, Princeton, New Jersey.

Passera, L. and S. Aron (1996) Early sex discrimination and male brood elimination by workers of Argentine ant. *Proceedings of the Royal Society of London* B 263：1041-1046.

Perry, J. C. and B. D. Roitberg (2006) Trophic egg laying：hypotheses and tests. *Oikos* 112：706-714.

Reuter, M., F. Balloux, L. Lehmann and L. Keller (2001) Kin structure and queen execution in the Argentine ant *Linepithema humile*. *Journal of Evolutionary Biology* 14：954-958.

Rosengren, R., L. Sundstrom and W. Fortelius (1993) Monogyny and polygyny in *Formica* ants：the results of alternative dispersal tactics, pp. 308-333. *In* L. Keller (ed.) *Queen number and sociality in insects*. Oxford University Press, Oxford.

Roff, D. A. (1994) The evolution of flightlessness：is history important? *Evolutionary Ecology* 8：639-657.

Ross, K.G. (1989) Reproductive and social structure in polygynous fire ant colonies. In Breed MG, Page RE (eds) The Genetics of Social Evolution. pp149-162. Westview Press, Boulder, Colorado.

Sanada-Morimura, S., M. Minai, M. Yokoyama, T. Hirota, T. Sato and Y. Obara. Encounter-induced hostility to neighborsin the ant *Pristomyrmex pungens*. *Behavioral Ecology* 14：713-718.

Satoh, T. (1989) Comparisons between two apparently distinct forms of *Camponotus nawai* Ito (Hymenoptera：Formicidae). *Insectes Sociaux* 36：277-292.

Savolainen, R. and K. Vepsäläinen (1989) Niche differentiation of ant species within territories of the wood ant Formica polyctena. *Oikos* 56：3-16.

Seppa P (1994) Sociogenetic organization of the ants *Myrmica ruginodis* and *Myrmica lobcornis*：Number, relatedness and longevity of reproducing individuals. *Journal of Evolutionary Biology* 7：71-95.

Shuster, S.M. and M. J. Wade (2003) Mating Systems and Strategies. Princeton University Press, 533pp.

Tsuji, K., K. Egashira and B. Höllobler (1999) Regulation of worker reproduction by direct

physical contact in the ant *Diacamma* sp. from Japan. *Animal Behaviour* 58：337-343.
Tsuji, K. and N. Tsuji (1996) Evolution of life history stategies in ants：variation in queen number and mode of colony founding. *Oikos*：76.83-92.
Tsuji, K., N. Kikuta and T. Kikuchi (2012) Determination of the cost of worker reproduction diminished life span in the ant *Diacamma* sp. *Evolution* 66：1322-1331.
Vander Meer, R. K. and L. Morel (1998) Nestmate recognition in ants. 79-103 Pheromone communication in ants (eds by R. K Vander Meer, M. Breed and M. Winston, K. E. Espelie) Westview Press, Boulder, CO. 368pp.
Vargo, E. L. (1993) Colony reproductive structure in a polygyne population of Solenopsis geminata (Hymenoptera：Formicidae). *Annals of the Entomological Society of America* 86：441-449.
Vepsanainen, K. and B. Pisarski (1982) Assembly of island ant communities. *Annales Zoologici Fennici* 19：327-335.
Wiernasz, D. C. and B. J. Cole (2003) Queen size mediates queen survival and colony fitness in harvester ants. *Evolution*. 57：2179-2183.
Yamauchi, K., K. Kinomura and S. Miyake (1981) Sociobiological studies of the polygynic ant *Lasius sakagami*. I. General features of its polygynous system. *Insectes Sociaux* 28：279-296.
Yamauchi, K., W. Czechowski and B. Pisarski (1994) Multiple mating and queen adoption in the wood ant, *Formica polyctena* Forest. (Hymenoptera, Formicidae). *Memorabillia Zoologica* 48：267-278.

5 新規参入者の選択
──スペシャリストかジェネラリストか

小松 貴

好蟻性昆虫,アリヅカコオロギとは

　何気ない道端に落ちている石ころ.もし,それがこぶし大くらいの大きさであれば,試しに裏返してみるとよい.その石の裏には,きっと高い確率で何らかの種のアリが巣を作っており,安息を乱されて右往左往する彼らのようすが見られるだろう.そして,もし運がよければ,このアリの群れの中に,茶色くて丸い姿をした虫がすばしっこく駆け回るのを見られるかもしれない.この虫こそがアリの巣に棲むコオロギ,アリヅカコオロギ属 *Myrmecophilus*(バッタ目,アリヅカコオロギ科)である(図5-1).アリヅカコオロギ属のコオロギは形態がどの種も似通っており,単に「アリヅカコオロギ」と記すときはこの属のコオロギ一般を指すこととする.

　アリの巣の中には甲虫,チョウ,ハエなど多種多様な生物が居候して生活しており,これらはまとめて好蟻性生物と呼ばれている.これらは種により,アリの巣内でゴミを漁るもの,アリから給餌を受けるもの,はてはアリを襲って捕食するものなどがおり,生態も多岐に及んでいる.その中でもアリヅカコオロギは,世界的にも古くから多くの研究者に認知されてきた代表的な好蟻性生物であり,もっとも古い観察記録は19世紀にさかのぼる(Savis, 1819).そもそも,好蟻性生物を英語でmyrmecophileと呼ぶ.myrmecoは「アリ」,philusは「棲む者」という意味だから,アリヅカコオロギ属 *Myrmecophilus* は名実ともに「好蟻性生物のなかの好蟻性生物」と言っても過言ではない.

図 5-1 アリの巣内に生息するアリヅカコオロギ属．a） フシボソクサアリ Lasius nipponensis の行列で見たアリヅカコオロギ M. sapporensis（撮影地：長野）．b） アシナガキアリ Anoplolepis gracilipes の巣内にいた未同定種 M. sp.（撮影地：スマトラ）．

アリヅカコオロギとは

　アリヅカコオロギ属は，バッタ目の中でほぼ唯一の好蟻性昆虫として知られる分類群である（Kistner, 1982）．アリは種によっては，巣の入口に枯れ草のくずなどを小山状に積み上げた「蟻塚」を作るため，しばしばアリの巣を表す象徴として蟻塚という言葉が用いられている．しかし実際のところ，アリの中で人目につくほど巨大な蟻塚を作る種というのは，相当限られている（しばしばテレビなどで蟻塚として紹介されるものは，熱帯産のシロアリの塚であることが多い）．くわえて，巨大な蟻塚を作る種のアリの巣には，あまりアリヅカコオロギは好んで棲み着かないケースが多いようだ．だから，本来ならばアリヅカコオロギの名前は素直に「アリノスコオロギ」としたほうがよかったかもしれない．

　アリヅカコオロギ属は，今でこそコオロギの仲間として認知されているが，一般的なコオロギの仲間とはあまりにもかけ離れた姿をしていることから，古くはゴキブリの一種として扱われていた（Panzer, 1799）．現在のところ，形態学的な観点からカネタタキ上科に含められているものの（日本直翅類学会, 2006），その一方で，バッタ目の科レベルでの分子系統解析からは，ケラ科との近縁性を示唆する結果もでている（Terry and Whiting, 2005；Fenn et al., 2008）．

　アリヅカコオロギ属は，旧北区・新北亜区・オーストラリア・アジア地域に広大な分布域をもつが，記載種の半数近くがアジア，とくに熱帯・亜熱帯地域に生息しているという（Maruyama, 2004）．これまで世界で 60 種前後が知られており，それらすべての種が好蟻性と考えられ

ている (Maruyama, 2004). 彼らは一般的に私たちが思い描くようなコオロギとは似ても似つかない特異な形態をしている. それは, 楕円形の体に短い触角をもち, 成虫でも無翅で, アリの巣内での生活によく適応した形態といえる (Terayama and Maruyama, 2007). 当然ながら, 翅をまったくもたないため, 鳴くことはできない. しかし, アリヅカコオロギの仲間を飼育して観察すると, しばしば仲間どうしが鉢合わせたときに, 互いに体をひじょうに細かく振動させるような行動を見せる (小松, 未発表). もしかしたら, 仲間どうしでのみ受信可能な振動音を発して, 何らかのコミュニケーションを取り合っているのかも知れない.

アリヅカコオロギ属の分布は, 国内においてもきわめて広い. 現在わかっているだけでも北海道から九州, そして南西諸島までおよんでいる (Sakai and Terayama, 1995). 私自身は日本最西端の与那国島で見つけたことがあり, また対馬でも採集している (Komatsu, 2015). 伊豆諸島では青ヶ島まで採集の記録があり (Sakai and Terayama, 1995), 海洋島の小笠原諸島にすら分布している (Maruyama, 2006). この翅のない微少な昆虫が, 日本本土から遠く離れた小さな島嶼域でもふつうに生息しているのは興味深い. とくに, 誕生いらい一度たりとも大陸と接した歴史をもたない小笠原諸島での分布は驚嘆に値する. いったい, 彼らはどのような経緯でこの島に侵入したのだろうか. 小笠原諸島には, アリヅカコオロギの他にも好蟻性甲虫であるアリヅカムシの1属 *Articerodes* が2種分布し, ともに小笠原固有種である (Nomura, 2001). これらは他の小笠原固有種の甲虫のように, 古い時代にアリとともに流木に封じ込められ, 南方から海流に乗って流れ着いたものの末えいであろう. アリヅカコオロギも, 同様な方法で自然に侵入してきたと考えるのは自然なことである.

しかし, 人為的に移入された可能性も否定できない. 小笠原諸島には, かつて沖縄から多くの植物の苗を持ち込まれた歴史があり, このとき苗の土などに紛れて多くの土壌性生物が侵入したという疑いがあるのだ (林・税所, 2011). 小笠原諸島で見られるアリ類の大部分は, 南西諸島と共通している (アリ類データベースグループ, 2003). そしてアリヅカコオロギも, 小笠原諸島で現在確認されているのは, 南西諸島に生息するミナミアリヅカコオロギ *M. formosanus* という種類である. この地域のアリヅカコオロギの分布起源が自然・人為のいずれによるか

は，現時点では判断できない．

　日本ではアリヅカコオロギ属は水平分布のみならず垂直分布も広く，本州中部では標高1,600m近くの亜高山帯まで生息している（Sakai and Terayama, 1995；小松，未発表）．環境的な負荷への耐性は好蟻性生物としてはかなり高いようで，私は森林や草原など，ある程度自然度の高い場所から，市街地の公園，果ては埋め立てによって作りだされた海辺の造成地でも見つけている．基本的に，寄主となるアリのコロニーさえあればいかなる環境でも生息することのできる昆虫と言えるだろう．ここ数年の私自身による調査から，この傾向は海外においてもおおむね当てはまると考えている．

アリの巣への侵入メカニズム

　好蟻性生物としては，世界中どの生息地域においても発見・遭遇の頻度の高いアリヅカコオロギ属であるので，過去の研究者やナチュラリストたちが，この不思議な昆虫をこれまで気にしてこなかったはずはない．その生活史に関しては，これまでいくつかの断片的な観察記録がなされており（Savis, 1819；Wasmann, 1901；Schimmer, 1909；Hölldobler, 1947；Wheeler, 1900；Henderson and Akle, 1986；Sakai and Terayama, 1995；Akino et al., 1996)，アリの卵を食べる，アリの体表を舐める，アリどうしの栄養交換中に割り込んで餌をかすめ取る，口移しでアリから給餌されるなどの生態があきらかになっている．

　アリとは似ても似つかない姿の彼らがアリの巣内で生存できるメカニズムについては，古くからさまざまな研究者によって議論されてきた．研究の初期には，素早い動きでアリの攻撃をひたすら避けているのだとか，丸い体型でアリの腹部のふりをしてアリをだましているなどの説が挙げられた（Hölldobler, 1947；Hölldobler and Wilson, 1990)．ただし，後者の説だと，メスは産卵管をもつため，オスほどはアリの腹部の形に似ておらず，アリの腹部に擬態しているという説はやや不自然である．

　やがて新たな可能性が指摘されるようになった．すなわち，体表にアリの巣の臭いを染みつけてアリになりすましているのではないかという見方である．アリは一般的に，体表面をおおう臭い成分，すなわち炭化水素をもっている．そして，その組成ないし組成比をかぎ分けることに

より,自分の巣のなかまとそうでないものとを厳格に識別している.たとえ同種のアリどうしであっても,出身の巣が違う個体どうしでは体表の炭化水素の組成比が違うため,敵対して殺し合いをしてしまう.それゆえ,アリから敵対されることなくアリの巣の内部で生活できる生物は,こうした化学的な手法を逆手にとってアリの巣仲間の認識システムをだましているのではないかと考えるのは自然な流れであろう(「7. アリに学ぶ食と住まいの安全」「8. アリ社会に見るおれおれ詐欺対策」参照).この可能性を,初めて実験的に検証したのが秋野らである(Akino et al., 1996).彼らは野外で採集したアリヅカコオロギ類を一定時間隔離したり,野外で寄生していたアリ種とは別のアリ種のコロニーに接触させたりしたあとに,その体表の炭化水素の成分組成を分析した.その結果,アリヅカコオロギ類は素早い動きでアリとの物理接触を繰り返すことにより,アリの体表炭化水素を剥ぎ取って自分の体表に吸着させる「化学擬態 chemical mimicry」をおこなっていることが示された(図5-2).じつは,アリヅカコオロギ自身は固有の体表炭化水素をほとんどもっていない.これに対して,アリは体表に炭化水素をはじめ,さまざまな化学物質をもっている.体表炭化水素をもたないアリヅカコオロギがアリに触れると,簡単にアリの体表炭化水素に染まってしまうのである.秋野らは,一種の物質平衡によって,アリの体表からアリヅカコオロギの体表に,体表の炭化水素が移っていくのだろうと推測してい

図5-2 トビイロシワアリの体表を舐めようとするクボタアリヅカコオロギ(撮影地:長野).

る（Akino et al., 1996）．しかし，ほんの一瞬，たった一度や二度だけアリに触ったくらいでは，アリをだませるほどの量の体表炭化水素はとうてい盗めない．何度も何度もアリに触っては逃避する行動を繰り返して，およそ一週間程度かけてようやく十分な量の体表炭化水素を身にまとうことができるのである．

こうして苦労を重ねてアリから奪った体表炭化水素だが，奪ったらそれで終わりではない．アリから隔離されると，アリ由来の体表炭化水素は数日でアリヅカコオロギの体表面から揮発してなくなってしまう（Akino et al., 1996）．そのため，彼らは「化けの皮」が剥がれないようにつねにアリと物理的接触しながら，剥がれたメッキを補うがごとく炭化水素を奪い続けねばならない．

秋野らが実験をおこなった当時，日本産アリヅカコオロギのほとんどの種はまだ記載されておらず，彼らが使用したアリヅカコオロギがどの種であったのかはわからないが，彼らの化学擬態説は多くの種に一般化できるのではないかと考えられるようになった．

アリの巣を出て徘徊するアリヅカコオロギ

アリヅカコオロギは，交尾・産卵をアリの巣内でおこなうほか（Wheeler, 1900; 1910; 1928），しばしばアリの巣内から脱出して地表を歩き回る習性が知られている（Schimmer, 1909; Maruyama, 2006）．アリヅカコオロギにかぎらず，好蟻性昆虫は頻繁にアリの巣から巣へと移動する．それは配偶相手の探索以外に，一つのアリの巣内で好蟻性昆虫の存在が許容される餌資源量が限られていることが関係しているかもしれない（もちろん，寄主となるアリや好蟻性昆虫の種により，この辺りの事情はおおいに変わってくると思う）．翅をもたないアリヅカコオロギは，他の多くの好蟻性昆虫と同様にアリの道しるべフェロモンをたどる能力をもつようで，おもに夜間にアリの行列に沿って地表を歩くようすが観察されることがある．本来アリが自分たちの仲間内だけで使うフェロモンという情報伝達手段を，ほかの生物が認識できるというのは，言ってみれば，アリの言葉を盗聴しているに等しい行為であり，驚嘆に値する能力である．

アリの行列は必ずアリの巣穴につながっているので，これについて行

くかぎりはけっしてアリの巣からはぐれることはない．それに，行列中には餌を巣に持ち帰るアリも多いため，その餌を奪い取ることもできる．しかし，彼らがずっとこのような生活を続けていたならば，単一のアリのコロニーの採餌範囲から脱出することができず，分布も拡大していかないはずである．アリヅカコオロギは，何かのきっかけでアリの道しるべフェロモンをたどるのをやめて，ランダムに徘徊する時期があるのではないかと私は考えている．それはアリヅカコオロギが，しばしばアリの気配がない場所でも見つかることがあるからである．あろうことか民家の室内の畳の上で発見された記録があるようだし（大澤, 1945），私は東京大学本郷キャンパスの敷地内の，高さ1mほどの情報掲示板内で干からびている個体を見たことがある．どうしてわざわざそんなところに入り込んだのか，じつに不思議である．

アリの巣には，いったい何匹のアリヅカコオロギがいるのか？

　私は，しばしば「アリヅカコオロギは，一つのアリの巣に何匹いるのか」と尋ねられる．ごく当然の疑問だが，じつは答えるのはひじょうに難しい．後述するが，アリヅカコオロギが好んで寄生するアリのいくつかの種は一つのコロニーが複数の巣をもつ多巣性であり，ある地点に見られる複数の巣が実際には同じ血縁関係にあるアリで構成されている場合がある．こうしたアリの種は，そもそも一つのコロニーがどこからどこまで広がっているのかを定義しにくいので，答えようがない．しかし，私は過去に次のような試みをおこなった．

　アリヅカコオロギは，アリの巣口に素焼きの植木鉢を逆さに被せておいて翌朝裏返すと，夜間地中から出てきた個体が植木鉢の内壁にくっついていて，効率よく簡単に採集できる（丸山・喜田, 2000；Komatsu et al., 2008：図5-3）．アリヅカコオロギの研究を始めたころ，この方法で，長野県松本市の信州大学構内にある一つのクロヤマアリ *Formica japonica* の巣口から採り続け，何日目で採り尽くせるか試した．2004年の3月から6月の3ヶ月間，この方法で毎日1〜3匹が採集され，最終的に124個体以上になった．あまりにも採れすぎるため途中で止めたが，止めなければその後も延々と採れ続けただろう．多巣性アリの巣は地下でかなり広域に広がっており，もともと潜在的に相当な個体数のア

図 5-3 植木鉢を用いたアリヅカコオロギ採集のようす（撮影地：長野）．

リヅカコオロギを養うだけの空間および資源を有しているのだと思われる．それにくわえて，つねによそからの流入もあるため，アリヅカコオロギをアリの巣内からまったくいなくなるようにすることは不可能である．つまり一つのアリ巣から得られるアリヅカコオロギの個体数は，「ほぼ無尽蔵」と答えるのが適当といえる．

日本産アリヅカコオロギの形態分類

　一般に，昆虫の分類には交尾器の形態が有効だが，少なくとも日本産アリヅカコオロギでは交尾器の形態にほとんど種間差がない．そこで，アリヅカコオロギ属の分類は，体色や体サイズ，脚の棘などの形態に基づいておこなわれてきた．しかし，これらの形質はいずれも個体変異に富んでいて，分類の形質としては必ずしも適切ではなかった．アリヅカコオロギはもともと外骨格が軟弱な昆虫で，輪郭や体型を観察するのが難しいのである（丸山，2012）．そのため，「現在，世界に60種ほど知られる」ということになっているアリヅカコオロギ属も，実際の種数を反映しているか否かはひじょうに疑わしい．日本国内でも同様で，少なくとも3〜4種はいそうだが，正確にはよくわからない状態が長く続いていた（Sakai and Terayama, 1995）．

　しかし，近年丸山が，体表面の微細な鱗片によって日本産アリヅカコオロギは分類可能であると主張し（Maruyama, 2004），実際，種ごとに

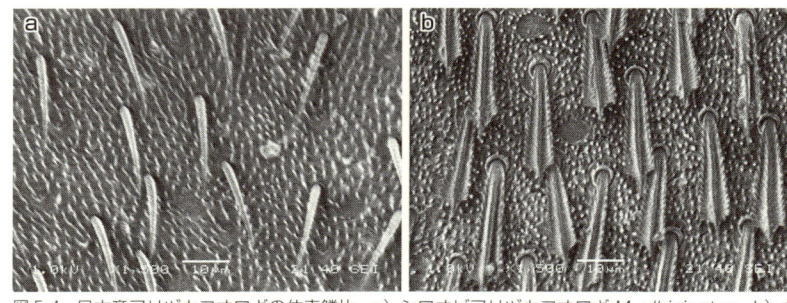

図 5-4 日本産アリヅカコオロギの体表鱗片. a) シロオビアリヅカコオロギ *M. albicinctus*, b) クサアリヅカコオロギ (小松・丸山, 2010 を改変).

かなり特徴的な形状の鱗片をもっていることがわかった (図 5-4). この新しい分類形質に基づいて新種クボタアリヅカコオロギ *M. kubotai*, クサアリヅカコオロギ *M. kinomurai*, クマアリヅカコオロギ *M. horii*, ウスイロアリヅカコオロギ *M. ishikawai* の 4 種が記載され, 既知種の分類学的な見直しもなされた結果, 現在 10 種の形態種が国内にいることになっている (Maruyama, 2006).

アリヅカコオロギ属の分類において体表の鱗片は画期的な分類形質であり, 海外産種においても適用可能であることが明らかになってきている (Stalling and Birrer, 2013).

しかし, この分類方法も, 必ずしも万能ではないことがわかってきた. 最大の問題は, 新鮮な成虫にしか適用できないことである. 鱗片はとても剥がれやすいため, 老齢個体には使えない場合が多い. また, 幼虫でも種に特異的な形態がまだ鱗片に現れていないために利用できない. したがって, これら「形態分類に不適切な個体」については, 種の同定がままならない状況が依然として続いていた. また, 複数種の形質を同時にもつ個体もみつかっており, 丸山も形態のみに基づく分類の限界を認め, 分子・染色体レベルでの情報も併用した分類学的な検討が必要であるとしていた (Maruyama, 2004；2006).

分子系統解析の結果

そこで, 私は学部の卒業研究の一環として, 日本各地から採集したアリヅカコオロギ, 5 形態種 48 サンプルを用い, ミトコンドリア DNA

の *cytb* 遺伝子に基づく分子系統解析をおこなった．これによって，従来の鱗片による形態分類との整合性を確かめるとともに，採集時に記録した各サンプルの寄主アリ種，生息地の情報を系統樹上に載せることで，何らかのパターンが見えてこないか確かめた．その結果，形態分類と分子系統解析の結果が一部で一致しないことがわかった（図 5-5）．たとえば，形態ではクボタアリヅカコオロギ，クサアリヅカコオロギとそれぞれ同定される個体の中に，遺伝的に明らかに分化している 2 系統が存在していた（Komatsu et al., 2008）．このうちクボタアリヅカコオロギの 2 系統間では寄主アリの分類群も異なっており，片方はヤマアリ亜科の複数種を利用するのに対して，もう片方はフタフシアリ亜科のトビイロシワアリ *Tetramorium tsushimae* を高頻度で利用していた．これら 2 系統が完全な別種であるか否かは現時点では判断できないが，外見で区別できない生物の中に，遺伝的にも生態的にも異なるものが含まれていたことに，当時研究を始めたばかりの私はおおいに驚いた．

　逆に，形態で区別できる個体が遺伝的に区別できない例もみられた．たとえば，おもにクサアリヅカコオロギの個体で構成される系統内に，アリヅカコオロギ *M. sapporensis* とオオアリヅカコオロギ *M. gigas* の個体も入ってしまった（Komatsu et al., 2008）．前述のように，少なくとも日本産アリヅカコオロギ属では，交尾器の形態に種間差がほとんど

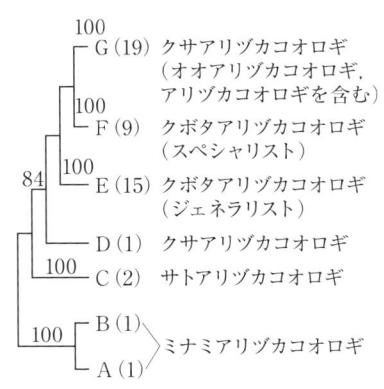

図 5-5　最尤法による，日本産アリヅカコオロギ属の 6 種（ミトコンドリア DNA, *cytb* 遺伝子, 434bp）の分子系統樹（Komatsu et al., 2008 を改変）．外群として，コオロギ科の一種 *Gryllus rubens* と，カネタタキ科のイソカネタタキ *Ornebius bimaculatus* を用いた（外群は図示していない）．ブートストラップ値は 1000 回試行により得られた値（＞50％）を枝上に示した．カッコ内はサンプル数．

なく物理的には種間交雑が可能かもしれず，交雑による遺伝子浸透が起こっている可能性も考えられる．また，クサアリヅカコオロギ，オオアリヅカコオロギ，アリヅカコオロギの3種はしばしば他種との形態的区別が困難なケースもあるようで（丸山，私信），実際にはこれらが同種内の異なる生態型という可能性も否定できない．この問題については，今後さらに複数の遺伝子を用いた解析ならびに，より多くのサンプルの形態計測に基づいた検証が必要である．

　アリヅカコオロギ種（系統）間で異なるのは，寄主アリ種の特異性だけではなかった．生息地についてもかなりはっきりした嗜好性を示す種がおり，たとえばクボタアリヅカコオロギは草原や荒れ地など直射日光が照射する明るい環境で採集されるのに対して，クサアリヅカコオロギは日光の照射しない森林環境で採集されることが多かった（Komatsu et al., 2008）．しかも，その後のさらなる調査から，この2種のアリヅカコオロギの意外な関係があきらかになっている．ヤマアリ亜科の複数種を利用するクボタアリヅカコオロギとクサアリヅカコオロギは，本州の平地では明瞭に生息地を違えて棲み分けをおこなっている．しかし，クボタアリヅカコオロギがほとんど生息しない本州の高標高地や東北以北の地域では，暗い環境に棲むはずのクサアリヅカコオロギが高頻度で明るい環境でも採集されるようになり，生息地に対する明瞭な嗜好性が崩れてしまう（Komatsu et al., unpublished）．両種はともにヤマアリ亜科のアリを寄主として利用するが，とくにトビイロケアリ *Lasius japonicus* をともに高頻度で好む傾向がある．つまり，両種は最適な寄主アリを巡って競合する関係にある．そのため，この棲み分けは寄主の取り合いを避けるとともに，物理的には交配が可能なアリヅカコオロギ種間での交雑を避けるメカニズムの一つとして働いているのではないかと，私は考えている．

　これらの結果から，アリヅカコオロギ属は，日本国内だけでも多くの系統が存在しており，種ごとに多彩な生活様式を示していることがわかった．外見上の形態に差が乏しいこの分類群で，これらの「隠された多様性」が認められたことは興味深い．国内産種にくわえて，東南アジア地域を中心とした海外産種も視野に含めたさらなる種間関係の検討が必要と考えている．

スペシャリストとジェネラリスト

 次なる疑問は，これら寄主特異性の異なるアリヅカコオロギ種間では，行動生態も異なっているか否かということである．寄生生物では，寄主範囲が狭い種ほど寄主の資源を効率よく搾取する例がいくつも知られている（Sheehan, 1986；Vet and Dicke, 1992；Bernays et al., 2004）．したがって，アリヅカコオロギでも寄主範囲が狭い種（スペシャリスト）は，寄主範囲が広い種（ジェネラリスト）に比べて，特定のアリ種のもつ餌資源などを効率よく搾取できる行動をとるのではないかと考えた．一方で，アリヅカコオロギの仲間はどの種も姿形が似たりよったりであるため，はたして寄主傾向が異なるからといって行動が種間でそれほど異なるものなのかとも考えた．

 ともあれ，実際に飼育観察をおこなうことにした．まず選んだのは，いずれも日本の南西諸島に生息するシロオビアリヅカコオロギとミナミアリヅカコオロギ（図5-6）である（Maruyama, 2006；Terayama and Maruyama, 2007）．シロオビアリヅカコオロギは，胴体に1本薄い色の帯をもつ種で，野外ではもっぱらアシナガキアリ *Anoplolepis gracilipes* の巣内に見られるスペシャリストで，ミナミアリヅカコオロギは3亜科にまたがる複数種（アシナガキアリを含む）のアリの巣内に見られるジェネラリストである（Terayama and Maruyama, 2007；Komatsu et al., 2009）．これら2種はしばしば同所的に生息し，しかも，アリヅカコオロギ属の中では例外的に外見での種の判別が容易であるため，飼育観察をおこなうには格好の材料であった．

図5-6 a）シロオビアリヅカコオロギ（撮影地：マレー）とb）ミナミアリヅカコオロギ（撮影地：沖縄）.

行動観察にさきがけ，2種のアリヅカコオロギとその共通寄主であるアシナガキアリのコロニーを沖縄本島で採集した．アシナガキアリはコロニーのサイズが大きく，一つのコロニー内から2種のアリヅカコオロギを同時に多数採集できる．こうして単一のアリコロニーから得られたミナミアリヅカコオロギとシロオビアリヅカコオロギを用いて次の3種類の実験をおこなった（Komatsu et al., 2009）．

共通の寄主アシナガキアリのコロニー内の行動

　以下の操作はアリヅカコオロギ種ごとに別個におこなった．縦20cm，横10cm，高さ15cmのプラスチック製の小容器内に営巣させたアシナガキアリのコロニー内に2種のアリヅカコオロギを5個体ずつ入れ，餌としてアシナガキアリの幼虫やミールワームなど昆虫の死骸を与えた．さらに，アリは登れるがアリヅカコオロギが登れない高さ1cmの台の上に砂糖水を含ませた脱脂綿を置いた．したがって，自然下のアリの巣内と同じように，アリヅカコオロギが液状の餌を摂取するためにはアリの口から吐き出させる必要がある．この容器内で，アリヅカコオロギのアリに対する行動や，アリから受ける反応を1時間観察した．これをアリ・コオロギともに入れ替えて5回くり返し，得られた結果をアリヅカコオロギ2種間で比較した．

　その結果，ジェネラリストのミナミアリヅカコオロギはアリの幼虫やミールワームなどの動物質の固形餌をみずからすすんで齧ったが，アリから口移しで餌を受け取ることはできなかった．アリは自分の触角がミナミアリヅカコオロギの体に触れたり，目の前をミナミアリヅカコオロギが横切ったりしたときに，顎を開いて威嚇するなど敵対反応を示したが，ミナミアリヅカコオロギはつねに素早い動きでこれをかわしていた（図5-8；5-9）．これに対して，スペシャリストのシロオビアリヅカコオロギはアリからほとんど敵対反応を受けることなくアリの体表をグルーミングしたり，自分で餌をとらずにアリから直接口移しで餌をもらうなどの親密な行動を示した（図5-7；5-8）．興味深いことに，シロオビアリヅカコオロギはアリに餌をねだる際に，必ず前脚でアリの顎を素早く叩いて餌を催促する行動を見せ，これを受けたアリは，自分の巣仲間に与えるのと同じように体内に蓄えた餌を吐き戻してシロオビアリヅカ

図 5-7 アシナガキアリから口移しで給餌されるシロオビアリヅカコオロギ（撮影地：沖縄）．

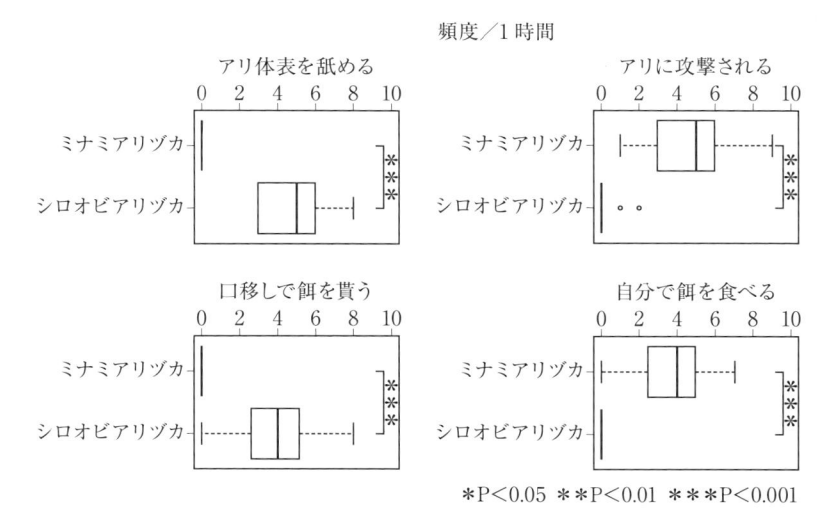

*P＜0.05　**P＜0.01　***P＜0.001

図 5-8 アシナガキアリのコロニー内の 2 種のアリヅカコオロギ，ミナミアリヅカコオロギ（ジェネラリスト）とシロオビアリヅカコオロギ（スペシャリスト）の行動の違い．行動は，アリの体表を舐める，アリに攻撃される，口移しで餌を貰う，自力で餌を食べる，の 4 タイプにカテゴライズし，1 時間の観察時間中にその回数をカウントした．2 種ともに各カテゴライズされた行動の観察結果は，全観察個体（それぞれ N=20）の確認回数の平均に基づく．箱ひげ図は第 1 四分位点（25%），中央値（50%），第 3 四分位点（75%）を示す．上下の「ひげ」は最大値と最小値，白抜きの点は外れ値を示す．

新規参入者の選択

図5-9 オオズアリ Pheidole noda の行列脇で，アリが運ぶ餌を盗み食いするミナミアリヅカコオロギ（撮影地：沖縄）．

コオロギに与えた．

トゲオオハリアリとツヤオオズアリのコロニー内の行動と生存率

　ジェネラリストであるミナミアリヅカコオロギは，野外でしばしばトゲオオハリアリ Diacamma sp. と，ツヤオオズアリ Pheidole megacephala コロニーのどちらにも寄生している．そこで，前の実験と同じ飼育容器，餌条件のもと，2種のアリヅカコオロギがトゲオオハリアリとツヤオオズアリのコロニーでとる行動を1週間観察した．なお，アリ由来の体表炭化水素は，アリヅカコオロギをアリから隔離すると数日で揮発することがしられている（Akino et al., 1996）．そこで，もともとの寄主であるアシナガキアリ由来の化学物質による影響を減らすため，実験に先立って2種のアリヅカコオロギには砂糖水だけを与え，1週間アリから隔離しておいた．

　その結果，トゲオオハリアリのコロニー内では両種ともに攻撃され，その頻度はミナミアリヅカコオロギ（1時間当たり平均1.7回）よりもシロオビアリヅカコオロギ（平均14.8回）で有意に高かった（$p<0.05$）．ミナミアリヅカコオロギはアリから追われても素早い動きでかわした．シロオビアリヅカコオロギも同様に逃走したが，ミナミアリヅカコオロギに比べると動きが鈍く，2日目までにすべての個体がア

トゲオオハリアリのコロニー内

（グラフ：縦軸 生存率(%)、横軸 日数(日)。実線 ミナミアリヅカ、破線 シロオビアリヅカ）

ツヤオオズアリのコロニー内

（グラフ：縦軸 生存率(%)、横軸 日数(日)。実線 ミナミアリヅカ、破線 シロオビアリヅカ）

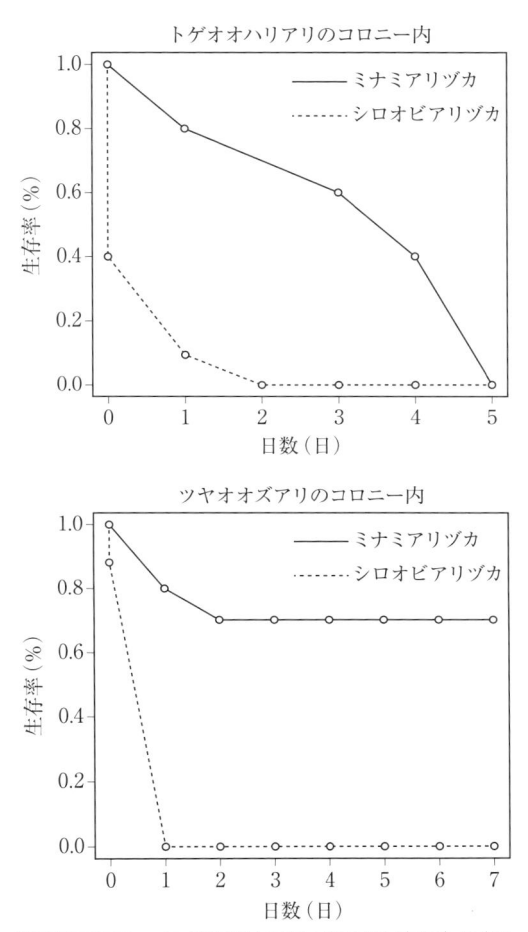

図5-10 代理寄主コロニー（トゲオオハリアリとツヤオオズアリ）の内の，2種のアリヅカコオロギの生存率．観察は，使用したすべてのコオロギの個体が死亡しないかぎり1週間おこなった．実線はミナミアリヅカコオロギ（ジェネラリスト＝G），破線はシロオビアリヅカコオロギ（スペシャリスト＝S）．

リに捕食された．また，シロオビアリヅカコオロギはまったく餌を摂食できなかったのに対して，ミナミアリヅカコオロギは1時間当たり平均0.3回程度摂食しながらしばらく生存し，全滅したのは5日目だった．同様の結果は，ツヤオオズアリのコロニー内でもみられた．シロオビアリヅカコオロギは平均7.3回の攻撃を受け，導入1日目で全滅したのに対して，ミナミアリヅカコオロギは平均1.8回の攻撃しか受けず，3個体をのぞき，1週間の観察期間中生存し続けた（図5-10）．

新規参入者の選択

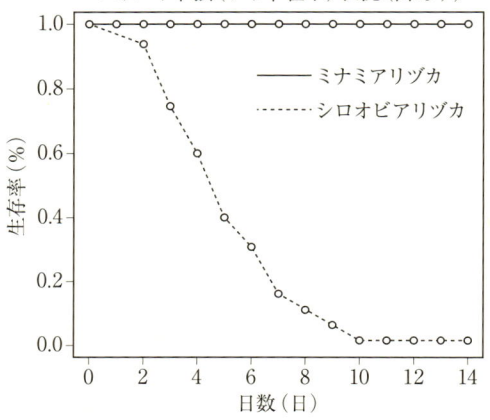

図5-11 アリ不在時における，2種のアリヅカコオロギの生存率．観察は2週間おこなった．餌はミールワームと，脱脂綿に含ませた砂糖水を使用した．これらの餌は，アリヅカコオロギが自由に摂食できるように，プラスチック製の小容器内に直に設置した．実線はミナミアリヅカコオロギ（ジェネラリスト＝G），破線はシロオビアリヅカコオロギ（スペシャリスト＝S）．

アリから離れた場合の生存率

　最後に，はじめの実験と同じ飼育容器の中に2種のアリヅカコオロギだけを入れ，昆虫死骸と砂糖水を与えて2週間飼育した．アリがいないにもかかわらず，ミナミアリヅカコオロギは全ての個体が2週間生き延びたのに対して，シロオビアリヅカコオロギでは2日目から死亡が始まり，10日目までには全滅してしまった．

アシナガキアリに高度に特殊化したシロオビアリヅカコオロギ

　シロオビアリヅカコオロギが，野外でアシナガキアリ以外のアリの巣内から採集されることはきわめて稀である（Terayama and Maruyama 2007）．これは，アシナガキアリに対して行動的にきわめて特殊化していて，他のアリの巣には侵入できないか，仮にできてもすぐに排除されてしまうためだと考えられる．アシナガキアリは人為的な物資の移送などにともなって分布を拡大する「放浪種」と呼ばれており，巨大なコロニーをつくり，生息地内で優占種となりやすい（Holway et al., 2002）．そのため，アリヅカコオロギにとって遭遇頻度が高く，巣内の潜在的な

資源量も莫大と考えられるので，アシナガキアリへの特殊化は，おおいに適応的な戦略といえる．今のところ，アリヅカコオロギ属内において，アリによる口移し給餌への完全な依存が確認された種は，シロオビアリヅカコオロギだけである．アリから口移しで給餌を受ける能力をもつ好蟻性昆虫は，甲虫やチョウをはじめとしていくつもの分類群から知られているが，いずれも特定の2, 3種のアリのみを寄主として利用するものばかりである（Wheeler, 1908；Hölldobler, 1968；Hölldobler, 1971；Yamaguchi, 1988）．そのため，好蟻性昆虫における口移しの給餌という習性は，スペシャリストならではの行動的適応といえるだろう．

　さらに，アリは化学的な手段によって厳格に自分の巣の仲間を認識しているため，他の昆虫がアリから口移しなどの親密な行動を受けるには，行動のみならず化学的にも擬態することがより適応的と考えられる（Thomas and Elmes, 1998）．実際，口移しの給餌に依存した好蟻性昆虫は，寄主アリを効率よくだますための化学物質を生合成できるものが多い（Kistner, 1979）．私はマレー半島で採集した複数のシロオビアリヅカコオロギを，沖縄で採集したアシナガキアリの飼育コロニーにいきなり放り込んでみたことがある．驚いたことに，ある1個体が，投入からわずか3秒後にしてアリから口移しで給餌を受けたのだ（小松，未発表）．お互いにまったく出会ったことがないものどうしにも関わらず，これほど親密な行動を示すことを考えると，シロオビアリヅカコオロギは自力で対アシナガキアリ用の化学物質を体表から分泌している可能性すら否定できないように思える．もちろん，自力による生合成ではなく，アリから効率よく体表炭化水素を奪って身につける能力が，ひじょうに高いという可能性も十分に考えられる．たとえば，シロオビアリヅカコオロギを飼育観察すると，しばしばアリに触った直後の個体が器用に中脚を背面に回し，丹念に背面をこする動作を見せることがある（図5-12）．少なくとも私は，他のアリヅカコオロギを飼育していて，このような動作を見たことがない．もしかしたら，シロオビアリヅカコオロギのグルーミング法は，同属の他種とはかなり異なるのかもしれない．

　これに対してミナミの方は，どんな種のアリとも付かず離れず，浅い関係をもつことができるようだ．そして，シロオビアリヅカコオロギにはない，「自力で餌を拾って食べる」という能力をもっている．そのため，アリの巣の深部へ入れなくても，出入口周辺でアリが捨てた餌の残

図 5-12 アシナガキアリとシロオビアリヅカコオロギ．右の個体は，脚を背面に回してグルーミングしている（撮影：島田 拓）．

骸や仲間の死骸などのゴミを拾ったり，アリがよそから巣に持ち帰ってくる餌を強奪することで，生存に足りる量の餌を確保できると考えられる．アリの巣の周辺は，アリを好まない多くの捕食動物が近寄りがたい環境であるため，ミナミにとって餌が容易に調達でき，ある程度の身の安全が保証されれば，寄主アリの種は関係ないのかもしれない．

中間的な寄主特異性を示すクボタアリヅカコオロギの2系統

以上のように，アリヅカコオロギ属のスペシャリスト種とジェネラリスト種の間では，寄主アリへの依存の程度や行動に大きな差があることがわかった．しかし，この事例は，寄主範囲がかたや1種のみ，かたや亜科を超越した多数種という種どうしの比較である．アリヅカコオロギ属には，このように極端な寄主傾向を示さない種も少なくない．

分子系統解析の結果でも述べたが，形態種クボタアリヅカコオロギには遺伝的に分化した2系統が含まれており，ヤマアリ亜科の複数種を利用する系統をジェネラリスト，フタフシアリ亜科のトビイロシワアリを中心に利用する系統をスペシャリストとみなすことができるかもしれない．しかし，南西諸島産のシロオビアリヅカコオロギやミナミアリヅカコオロギと異なり，ジェネラリストのクボタアリヅカコオロギは寄主範囲が単一アリ亜科にほぼ限定されているし，スペシャリストのクボタアリヅカコオロギは厳密に1種のアリの巣内から得られるわけではないこ

とから，ここではそれぞれのクボタアリヅカコオロギを準ジェネラリスト，準スペシャリストと呼ぶことにする．

アリヅカコオロギ属内で，寄主特異性の強い種ほどアリに対して依存的な行動をとり，寄主特異性の低い種ほど自力での生存能力に長けている傾向があるのならば，中間的な寄主特異性を示す種は行動生態的にも中間的な特殊化を遂げているのではないだろうか．そこで，長野県松本市でトビイロシワアリの巣内から準スペシャリストのクボタアリヅカコオロギと働きアリを採集し，トビイロケアリの巣内から準ジェネラリストのクボタアリヅカコオロギと働きアリを採集し，2系統の行動を比較した（図5-13）．行動観察に用いた飼育箱や飼育条件はミナミアリヅカコオロギやシロオビアリヅカコオロギの場合と同じである．ただし，慣れると肉眼での区別が可能なクボタアリヅカコオロギの2系統でも，同じ飼育箱内での素早い同定は難しい．そこで，2系統は別々の飼育箱に入れて観察した．観察終了後，分子系統解析をおこない，各観察個体の系統を確認した．

その結果，準スペシャリストは敵対反応を受けずにアリの体表をグル

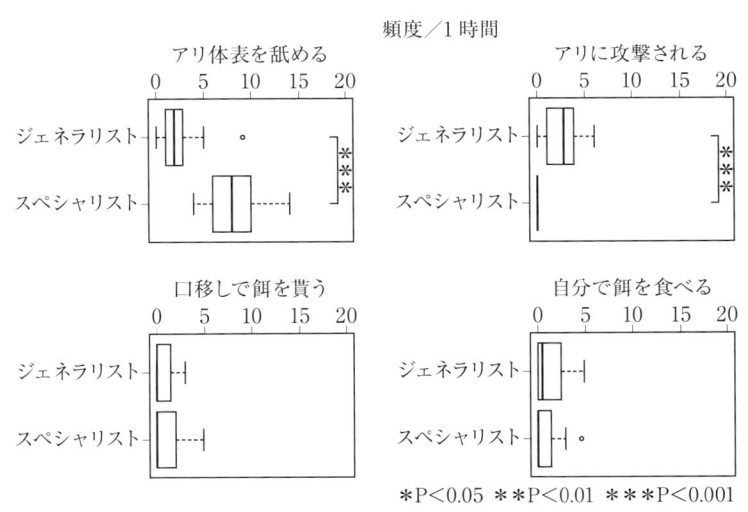

図5-13 2つのタイプのクボタアリヅカコオロギ．トビイロケアリのコロニー内でのジェネラリスト（G）とトビイロシワアリのコロニー内でのスペシャリスト（S）の行動の違い．行動は，アリの体表を舐める，アリに攻撃される，口移しで餌を貰う，自力で餌を食べる，の4タイプにカテゴライズし，一時間の観察時間中にその回数をカウントした．2種ともに，各カテゴライズされた行動の観察結果は，全観察個体（それぞれN=20）の確認回数の平均に基づく．箱ひげ図の見方は図5-5に準ずる．

新規参入者の選択

図5-14 トビイロケアリ（右）から口移しで給餌される、ジェネラリストのクボタアリヅカコオロギ（左）. シロオビアリヅカコオロギと異なり、前脚をアリの大顎に触れることなく餌を受け取っている.

ーミングしたり，アリから直接口移しで餌をもらうなどの親密な関係を示した．一方，準ジェネラリストは時々アリから敵対的反応を受けたが，しばしばみずからアリに接近し，グルーミングや給餌を受けた (Komatsu et al., 2010). また，いずれの系統も自力で固形餌を拾って食べる能力を維持していたが，その頻度は準ジェネラリストで高かった．シロオビアリヅカコオロギが見せたような口移しによる給餌を催促する行動は，いずれの系統でも観察されなかった（図5-14）．つまり，「中間的な寄主特異性」を示すクボタアリヅカコオロギは，行動生態的にもシロオビアリヅカコオロギとミナミアリヅカコオロギの中間的な行動をとっていた（Komatsu et al., 2010）．クボタアリヅカコオロギの2系統は，ミナミアリヅカコオロギやシロオビアリヅカコオロギとは地理的に共存せず，野外で利用する寄主アリの種も異なるため，これらの観察結果を同列に比較・評価することは，必ずしも適切ではないかもしれない．しかし，外見上どの種も同じように見えるこの単一の属の中に，これだけ寄主アリに対する依存度，行動的特殊化の程度に違いが見られるという現象は，寄生生物の進化を考えるうえでひじょうに興味深い．

ジェネラリストのように振る舞うスペシャリスト,サトアリヅカコオロギ

　私は,寄主特異性の強さが異なるアリヅカコオロギの行動観察をおこなううちに,寄主特異性と行動的特殊化の相関は,アリヅカコオロギ属全体に一般化できるのではないかと考えるようになった.とくにスペシャリストであるシロオビアリヅカコオロギと準スペシャリスト系統のクボタアリヅカコオロギが,寄主アリに対して親密な振る舞いを示していたことに強く影響をうけていた.したがって,他のスペシャリスト種も,同じようにアリに対して親密な行動を見せるに違いないと確信し,今度はサトアリヅカコオロギ *M. tetramorii* に着目した(図5-15).

　サトアリヅカコオロギは本州から九州まで分布しトビイロシワアリの巣内から高頻度で採集されることがすでに知られている(Maruyama, 2006).1種のアリの巣から高頻度で採集されるということは,そのアリに対して何らかの行動生態的な特殊化を遂げていると期待できる.そこで,このサトアリヅカコオロギについてもトビイロシワアリの準スペシャリストであるクボタアリヅカコオロギと同じ条件で飼育観察をした.ところが,その結果は予想外のものであった.サトアリヅカコオロギは,トビイロシワアリのスペシャリストであるにもかかわらず,寄生のコロニー内ではまったく協調せず,頻繁に敵対的反応を受けていたの

図5-15　トビイロシワアリ(左)の巣内にいたサトアリヅカコオロギ(右)(撮影地:長野).

である．このため，彼らはアリ接触することがきわめて困難で，アリへのグルーミングやアリからの口移しの給餌はまったく観察されなかった．すべての個体が，自力で昆虫遺骸やアリの幼虫などの固形餌を拾って食べた（Komatsu et al., 2013）．この一連の行動は，むしろジェネラリストのミナミアリヅカコオロギに酷似していた．サトアリヅカコオロギはトビイロシワアリと協調的ではないにもかかわらず，なぜこのアリだけを奇主としているのだろうか．これは難問であるが，私は，他のアリヅカコオロギとの餌資源を巡る軋轢が背景にあるのではないかと疑っている．すでに述べてきたように，日本の本土ではアリヅカコオロギの生息密度が高く，沖縄などに比べると種数も多い．実際，種間競争の結果と思われる生息地の棲み分けも進んでいるし，同所的に生息する種間では寄主アリが異なる傾向もみられる．このような選択圧がサトアリヅカコオロギにトビイロシワアリへの依存を強いているのではないだろうか．本土では，トビイロシワアリは優占アリの1つであり，アリヅカコオロギに提供できる資源量は莫大と思われる．同じようにトビイロシワアリに依存するクボタアリヅカとの巣内棲み分けの方法など，さらに研究を進め，この問題を解明していきたい．

これからの好蟻性昆虫研究の展望

　これまでアリヅカコオロギ属は，アリの巣内でゴミを食べたり餌を盗むことに特殊化し，形態や行動形態も似たり寄ったりの居候昆虫にすぎないと見なされてきた．しかし，最近寄主アリや行動生態が多様な分類群であることがあきらかになってきた．さらに，著者らのさらなる研究により，コオロギ種間で採餌方法に種間差があり，それに伴って大顎の発達程度にも違いがみられることを見出した（小松ら，未発表）．

　近年，人為的な物資の移送にともなって世界各地で侵略的外来種と呼ばれるアリ類が侵入・定着し，在来の生態系はもとより，私たちの経済活動にさえ深刻な悪影響をおよぼす事例が増えている．たとえば，北米では強力な毒針をもつヒアリ類 *Solenopsis* の侵入により，地域住民が大きな健康被害を受けているほか（Kemp et al., 2000 など；「2. アリのグローバル戦略」参照），多くの土着の地表性生物の生息も脅かされている（Lofgren, 1986；Allen et al., 1994）．日本国内でも，外来種のアル

ゼンチンアリ Linepithema humile が各地で定着しており,もともと生息していたアリ類を駆逐しながら分布を拡大しつつある(環境省,2009;「3. アリのメガコロニーが世界を乗っとる」参照).こうしたアリ類は,一度定着してしまうと駆除が困難であり,多くの研究者たちが防除の方法を模索している.しかし,薬剤使用は多くの弊害をともなうため,天敵利用などの代替案の開発が望まれる.移入先では猛威を振るう外来アリ種も,その原産国ではめだった問題を起こしていない.その理由の一つとして,原産国にはそのアリと密接に関わりながら進化してきた多くの好蟻性生物が存在することが挙げられる.すなわち,これらの寄生や捕食により,アリの異常な増殖が抑えられていると考えられている.たとえば,ヒアリ類の場合,現在知られているだけでも100種類以上もの好蟻性生物が関わりをもつとされており,それらのうちいくつかは天敵として作用する潜在性をもつ(Wojcik, 1990).それをふまえると,外来アリ種の防除目的で天敵利用をおこなううえでは,その外来アリ種の原産国を特定することがひじょうに重要となる.だが,中にはその起源がいまだにはっきりとわかっていない外来アリ種も存在する.

アシナガキアリは侵略的外来アリの一種とされているが,本種はこれまで慣習的にアフリカから人為的にアジアをはじめ各地にもたらされたとされてきた(Wilson and Taylor, 1967;Lewis et al., 1976;Lester and Tavite, 2004).しかし,一方でこのアリがアジアに起源をもつとする説もあるため(Kempf, 1972;Wetterer, 2005;Sebastien et al., 2012),結論がでないままになっている.分布域全体から得られたアシナガキアリのサンプルに基づく分子系統地理解析は,これまでおこなわれていない.おそらく,近年の人間の物資移送の影響で,アシナガキアリは相当に地域間の移動を繰り返していると考えられる.それゆえ,アリを直接解析したのでは,明瞭な結果が得がたいのだろう.直接その標的である生物の地理的な起源を特定するのが困難な場合,その生物と密接に関係をもつ寄生生物の起源を調べることで,ある程度標的である生物の起源の推定が可能な場合がある(Nieberding and Olivieri, 2007).そこで,有効と考えられるのが好蟻性昆虫の利用である.アジア産アシナガキアリの巣には,シロオビアリヅカコオロギという高度に特殊化したスペシャリストの好蟻性昆虫が存在する.さらに,アシナガキアリの故郷とされているアフリカ大陸には,アリヅカコオロギ属じたいがほとんど分布

していない．このことから，アシナガキアリがじつはアジア大陸に土着の種で，古くからアジア特有の好蟻性昆虫と密接に関わり合って生きてきたという予想が立てられるのである．私は現在，アジア各地で得られたシロオビアリヅカの系統地理解析を進めており，スペシャリスト好蟻性昆虫という観点からアシナガキアリの起源がどこにあるのかを推測する試みをおこなっている．これにより，その場所がどこであれ，起源地がある程度特定されれば，アシナガキアリの防除に有効な天敵昆虫の探索や発見につながりやすくなるだろう．

また，アシナガキアリの原産国の特定という観点のみならず，アシナガキアリの無秩序な増殖を直接押さえ込む手段としても，アリヅカコオロギは重要な存在となりえる．シロオビアリヅカコオロギは，アリから口移しで餌をもらうという寄生様式のため，直接的な危害をアリに対してくわえるわけではない．しかし，生息圏内でのアシナガキアリの巣内におけるシロオビアリヅカコオロギの寄生率は高く，一つのアリの巣内から得られる個体数も多い（Komatsu et al., 2009）．そのうえ，このアリヅカコオロギは頻繁にアリに対して餌を要求するため，結果として彼らがアリから奪い取る餌の総量はかなりのものになると予想される．好蟻性のチョウ，ゴマシジミ属の種には，アリから口移し給餌を受ける盗食寄生のカッコウ種と，アリ幼虫を餌にする幼虫食い種があり，これまで前者の種による寄生は後者のそれに比べてアリコロニーの存続に与えるダメージが少ないと推測されてきた（Elmes et al., 1991；Thomas and Wardlaw, 1992）．しかし，実際にはカッコウ種による寄生も長期的に見ると著しくアリコロニーの適応度を下げており，アリ側はその寄生を防ぐための対抗適応さえしていることが判明している（Nash et al., 2008）．アジア地域には日本の沖縄本島をはじめ，アシナガキアリが普遍的に分布するにもかかわらず，本種が生態系に甚大な悪影響を与えているとは判断されていない地域がある．それは，アリヅカコオロギの寄生により，アリのコロニー成長が抑えられているからではないかと私は考えている．

アリヅカコオロギをはじめ，好蟻性生物という研究材料は，世間一般から見たらけっして有名ではないし，そんなものを研究して何になるのかと思われるかもしれない．しかし，これからの時代は違う．アリの巣に棲む小さな居候の昆虫が，世界の危機を救う鍵として活躍する未来が

遠からずやってくるかもしれないのだから．

参考文献

Allen, C.R., S. Demaris and R.S. Lutz (1994) Red imported fire ant impact on wildlife : an overview. *Taxas Journal of Science* 46 : 51-59.
アリ類データベースグループ (2003) *日本産アリ類全種図鑑*. 学研，東京．196pp.
Bernays, E.A., T. Hartmann and R.F. Chapman (2004) Gustatory responsiveness to pyrrolizidine alkaloids in the Senecio specialist, *Tyria jacobaeae* (Lepidoptera, Arctiidae). *Physiological Entomology* 29 : 67-72.
Elmes, G.W., J.A. Thomas and J.C. Wardlaw (1991) Larvae of *Maculinea rebeli*, a large-blue butterfly and their *Myrmica* host ants : wild adoption and behavior in ant-nests. *Journal of Zoology* 223 : 447-460.
Fenn, J. D., H. Song, S.L. Cameron and M.F. Whiting (2008) A preliminary mitochondrial genome phylogeny of Orthoptera (Insecta) and approaches to maximizing phylogenetic signal found within mitochondrial genome data. *Molecular Phylogenetics and Evolution* 49 : 59-68.
林 正美・税所康正 (2011) *日本産セミ科図鑑*. 誠文堂新光社，東京．221pp.
Henderson, G. and R.D. Akle (1986). Biology of the myrmecophilouscricket, *Myrmecophila manni*, Orthoptera : Gryllidae. *Journal of the Kansas Entomological Society* 59 : 454-467.
Hölldobler, B. (1968) Der Glanzkafer als "Wegelagerer" an Ameisenstrassen. *Naturwissenschaften* 8 : 397.
Hölldobler, B. (1971) Communication between ants and their guests. *Scientific American* 224 : 86-93.
Hölldobler, B. and E.O. Wilson (1990). *The Ants*. The Belknap Press of Harvard University Press, Cambridge, MA. 752 pp.
Hölldobler, K. (1947). Studien uber die Ameisengrille (*Myrmecophila acervorum* Panzer) im mittleren Maingebiet. *Mitteilungen der Schweizerischen Entomologischen Gesellschaft* 20 : 607-648.
Holway, D. A., L. Lori, V. Andrew, N. Suarez, D. Tsutsui and T. J. Case (2002) The causes and consequences of ant invasions. *Annual Review of Ecology and Systematics* 33 : 181-233.
環境省 (2009) *アルゼンチンアリ防除の手引き*. 環境省自然環境局野生生物課外来生物対策室，東京，79 pp.
Kemp, S.F., R.D. de Shazo, J.E. Moffitt, D.F. Williams and W.A. II. Buhner (2000) Expanding habitat of the imported fire ant (*Solenopsis invicta*) : a public health concern. *Journal of Allergy and Clinical Immunology* 105 : 683-691.
Kempf, W.W. (1972) Catálogo abreviado das formigas da região neotropical (Hymenoptera : Formicidae). *Studia Entomologia* 15 : 3-344.
Kistner, D.H. (1982) The social insects' bestiary. In : Hermann HR (ed) *Social Insects* vol. III, Academic Press, New York. pp. 1-244.
Komatsu, T., M. Maruyama S. Ueda and T. Itino (2008) mtDNA phylogeny of Japanese ant crickets (Orthoptera : Myrmecophilidae) : diversification in host specificity and habitat use. *Sociobiology* 52 : 553-565.
Komatsu, T., M. Maruyama and T. Itino (2009) Behavioral difference between two ant cricket species in Nansei Islands : host-specialist versus host-generalist. *Insectes Sociaux* 56 :

389-396.

小松 貴・丸山宗利 (2010) アリヅカコオロギ属研究の現状. 生物科学 56：575-584.

Komatsu, T., M. Maruyama. and T. Itino (2010) Differences in host specificity and behavior of two ant cricket species (Orthoptera : Myrmecophilidae) in Honshu, Japan. *Journal of Entomological Science* 45：227-238.

Komatsu, T., M. Maruyama and T. Itino (2013) Nonintegrated host association of *Myrmecophilus tetramorii*, a specialist myrmecophilous ant cricket. *Psyche*, Article ID 568536, 5 pages.

Komatsu, T. (2015) First record of *Myrmecophilus* crickets in Tsushima island (Nagasaki Prefecture, Japan). *Tettigonia* 10：16-17.

Lester, P.J. and A. Tavite (2004). Long-legged ants (*Anoplolepis gracilipes*) have invaded the Tokelau Atolls, changing the composition and dynamics of ant and invertebrate communities. *Pacific Science* 58：391-402.

Lewis, T., J.M. Cherrett., I. Haines, J.B. Haines and P.L. Mathias (1976) The crazy ant (*Anoplolepis longipes* (Jerd.) (Hymenoptera, Formicidae)) in Seychelles, and its chemical control. *Bulletin of Entomological Research* 66：97-111.

Lofgren, C.S. (1986) History of imported fire ant in the United States. In：Lofgren C.S.,Vander Meer R.K., (eds.). *Fire ants and leaf-cutting ants：biology and management*. Boulder (CO), Westview Press, pp 36-47.

Maruyama, M. (2004) Four new species of *Myrmecophilus* (Orthoptera, Myrmecophilidae) from Japan. *Bulletin of the National Science Museum* 30：37-44.

Maruyama, M. (2006) Family Myrmecophilidae Saussure, 1870. In：Orthopterological Society of Japan (ed) *Orthoptera of the Japanese archipelago in color*, Hokkaido University Press, Sapporo. p. 687.

Nash, D.R., T.D. Als, R. Maile, G.R. Jones and J.J. Boomsma (2008) A mosaic of chemical coevolution in a large blue butterfly. *Science* 319：88-90.

Nieberding, C.M. and I. Olivieri (2007) Parasites：proxies for host genealogy and ecology? *Trends in Ecology and Evolution* 22：156-165.

Nomura, S. (2001) Descriptions of two new species of the clavigerine genus *Articerodes* (Coleoptera, Staphylinidae, Pselaphinae) from the Ogasawara Islands, Japan. *Elytra* 29：343-351.

丸山宗利 (2012) アリの巣をめぐる冒険—未踏の調査地は足下に (フィールドの生物学). 東海大学出版会, 神奈川. 224 pp.

丸山宗利・喜田和孝 (2000) ハケゲアリノスハネカクシの効果的な採集法. 月刊むし 335 (9)：10-12.

大澤省三 (1945) アリヅカコオロギを畳の上にて発見す. 愛知の昆虫誌 5：60.

Panzer, G.W.F. (1799) Der Ameisen-Kakerlack. *Fauna Insectorum Germanicae* 68：24.

Sakai, H. and M. Terayama (1995) Host records and some ecological information of the ant cricket *Myrmecophilus sapporensis* Matsumura. *Ari* 19：2-5.

Savis, P. (1819) Osservazioni sopre *Blatta acervorum* di Panzer, *Gtyllus myrmecophilus* nobis. *Biblio Ital* 25：3217-3228.

Schimmer, F. (1909) Beitrag zu einer Monographie der Grylloodeengattung Myrmecophila Latr. Zeitschriff für. *Wissenschaftliche Zoologie* 93：409-534.

Sebastien, A., M. Gruber and P. Lester (2012) Prevalence and genetic diversity of three bacterial endosymbionts (*Wolbachia, Arsenophorus*, and *Rhizobiales*) associated with the invasive yellow crazy ant (*Anoplolepis gracilipes*). *Insectes Sociaux* 59：33-40.

Sheehan, W. (1986) Response by generalist and specialist natural enemies to agroecosystem

diversification diversification : a selective review. *Environmental Entomology* 15 : 456-461.
Stalling, T. and S. Birrer (2013) Identification of the ant-loving crickets, Myrmecophilus Berthold, 1827 (Orthoptera : Myrmecophilidae), in Central Europe and the northern Mediterranean Basin. *Articulata* 28 : 1-11.
Terayama, M. and M. Maruyama (2007) A preliminarily list of the myrmecophiles in Japan. *Ari*, 30 : 1-38.
Terry, M. D. and M. F. Whiting (2005) Mantophasmatodea and phylogeny of the lower neopterous insects. *Cladistics* 21 : 240-257.
Thomas, J. A. and G. W. Elmes (1998) Higher productivity at the cost of increased host-specificity when Maculinea butterfly larvae exploit ant colonies through trophallaxis rather than by predation. *Ecologycal Entomology* 23 : 457-464.
Thomas, J. A. and J.C. Wardlaw (1992) The capacity of a *Myrmica* ant nest to support a predacious species of *Maculinea* butterfly. *Oecologia* 91 : 101-109.
Vet, L. E. M. and M. Dicke (1992) Ecology of infochemical use by natural enemies in a tritrophic context. *Annual Review of Entomology* 37 : 141-172.
Wasmann, E. (1901) Zur Lebensweise der Arneisengrille Myrmecophila. *Natur und Offenbarung* 47, pp 129-152.
Wetterer, J. K. (2005) Worldwide distribution and potential spread of the long-legged ant, *Anoplolepis gracilipes* (Hymenoptera : Formicidae). *Sociobiology* 45, 1-21.
Wheeler, W.M. (1908) : Studies on myrmecophiles. II. Hetaerius. - *Journal of the New York Entomological Society*, l6 : 135-143.
Wheeler, W.M. (1900) The habits of Myrmecophila nebrascensis Bruner. *Psyche* 9 : 111-115.
Wheeler, W. M. (1910) *Ants, Their Structure, Development, and Behavior*. Columbia Univ. Press, New York. 663 pp.
Wheeler, W. M. (1928) *The Social Insects: Their origin and evolution*. Kegan Paul, Trench, Traubner and Co.,Ltd, London. 378 pp.
Wilson, E. O. and R. W. Taylor (1967) The ants of Polynesia (Hymenoptera : Formicidae). *Pacific Insects* 14 : 1-109.
Wojcik, D. P. (1990) Behavioral interactions of fire ants and their parasites, predators and inquilines. *Applied Myrmecology : A World Perspective* (R.K. Vander Meer., K. Jaffe and A. Cedeño, eds.), Westview Press : 329-344.
山口 進 (1988) *五麗蝶譜*. 講談社, 東京, 262pp.

●コラム 2●

わずかな匂いの謎を解く微量分析

秋野順治

　アリの社会でアリたちが互いに交わす「言葉」として機能するのはフェロモンである．これは，同じ種の個体同士が交わす"化学"的な"言語"といえる．そのフェロモンを体外に分泌するための特殊な器官を"外分泌腺"というが，アリの体には80種類近い外分泌腺がある（Billen, 2009）．おそらく，アリたちは互いに状況に応じてフェロモンによる会話で必要な情報を伝達しているのだろう．

　アリのフェロモンで有名なものは，危険が迫りくることを仲間にいち早く知らせて危険を回避するために用いられる警報フェロモンと，餌場まで効率よく仲間のアリを連れていくために用いられる道しるべフェロモンだ．これらは，いずれも揮発性の物質が利用されており，アリたちはそれを漂う"匂い"として感知している．揮発性なので時間がたてば匂いは薄れてしまい，その効果は長期間持続しない．そのため，たとえば，警報フェロモンの場合，匂いが薄れて機能しなくなることで，危険が去ってしまった後にむだにあたふたすることが避けられる．また，道しるべフェロモンの場合，餌がなくなってしまった後に，そうとは知らずに現場に駆けつけて無駄足を踏むことも避けられる．

　しかし，フェロモンにはそのような匂いとは異なる性質をもつものもある．アリ社会で家族を見極めるのに重要な同巣識別フェロモン（「3. アリのメガコロニーが世界を乗っとる」，「6. 世界を驚かせた巨大シェアハウスプロジェクト」参照）は，漂うような匂いではない．それには，アリの体表面を覆う難揮発性のワックス成分が関係している．アリたちは，そのフェロモンを嗅ぎ分けるために，直接触角をつかって相手の体に触わり，スキンシップをはかりながら家族を見分けているのだ．このようなタイプのフェロモンを接触受容性フェロモンと呼び，他に階級（カースト）認識フェロモンや，タスク認識フェロモンなどの存在が知られている．

　一般的に，フェロモン物質に対する認識の感度は，他の匂い物質に対する感度よりも高い．たとえば，カイコガのオスは，そのメスの性フェ

ロモン成分であるボンビコールに対しては,200分子程度の量で十分に反応する(Kaissling, 2014).ヒトの嗅覚の数千倍の感度をもつと言われるイヌでも,バラ花香成分の一つのフェネチルアルコールが100万分子以上ないと嗅ぎ分けることはできない.この感度の差をみれば,昆虫がフェロモンに対してかなり高感度なセンサーを携えていることがわかるだろう.微量でも嗅ぎ分けることができるために,保有しているフェロモン物質も極微量でしかない.少ない場合には,1個体当たり1pg(ピコグラム:10^{-12}g)や1fg(フェムトグラム:10^{-15}g)ほどしか保有していない.多くても,せいぜい100ng(ナノグラム:10^{-9}g)レベルを保有しているにすぎない.

そのため,フェロモンコミュニケーションを探ろうとすると,極微量な化学物質を扱い,その構造を見極める技術が要求される.しかも,多くの場合,生理活性を示す微量物質は,他の物質と混合した状態で分泌されるため,それらを分離したうえで個々の成分がもつ行動生態学的な機能を確かめる必要がある.そんな希望を叶えてくれるのがガスクロマトグラフィー(GC)という手法である.

ガスクロマトグラフィーは,試料を気体状にして,そこに含まれる個々の成分を化学的性状(沸点の違いや分子中に含まれる官能基に因る極性の違いなど)によって分離し,そして検出する方法である.たとえば,警報フェロモンのように気体として分泌されるものは,気体物質を効率的に捕集する剤のテナックスや固相マイクロ抽出(SPME)ファイバー,多孔質モノトラップなどを利用することになる(図1).捕集して回収した匂い分子は,捕集剤から有機溶媒で脱着した溶離液としてか

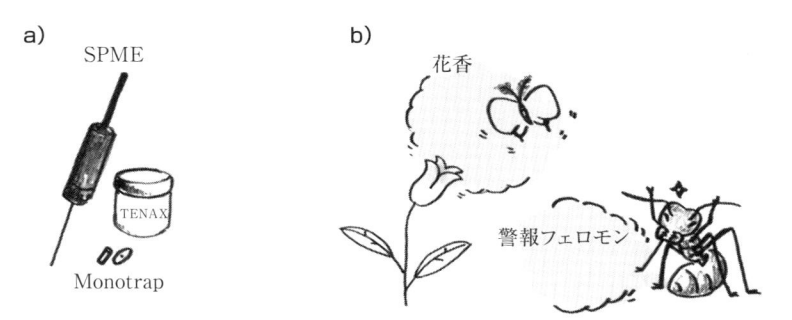

図1 揮発性物質を捕集する吸着材のテナックス,固相マイクロ抽出(SPME)ファイバーと多孔質モノトラップ(a)とその捕集対象となる揮発性の情報化学物質の例(b).

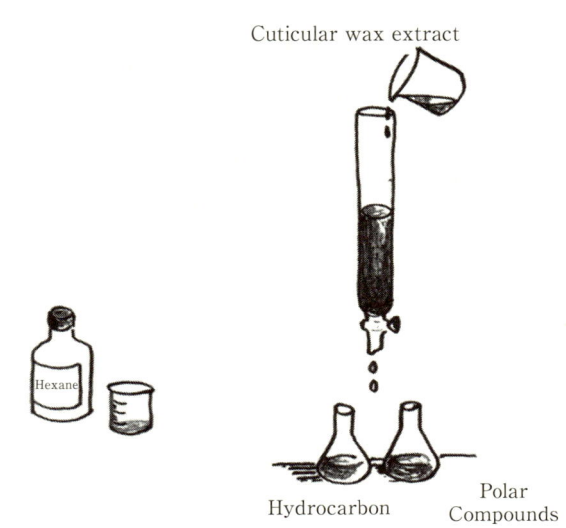

図2 有機溶剤による脂溶性物質の抽出（左）とカラムクロマトグラフィーによる体表ワックス成分からの体表炭化水素（Cuticular Hydrocarbons）と極性物質（Polar Compounds）の分離.

ら分析に用いる場合や，GC分析装置の試料注入口で直接加熱することで吸着剤から熱脱着させて分析する．いずれの場合も，その分離に効力を発揮するのは，装置に取り付ける分離分析用のキャピラリーカラムである．これにはさまざまな種類があり，何を分析したいのかによって，その種類を選択しなければならない．適したカラムを用いれば，混合成分を成分別に分離して検出することができるのだ．GC分析で得られる結果をガスクロマトグラムと呼ぶが，それを見れば，成分組成と組成比を知ることができる．

　ガスクロマトグラフィーは難揮発性の脂溶性物質の分析にも効果的だ．アリの同巣識別フェロモンは，アリの体表ワックス成分に含まれる体表炭化水素成分だが，体表ワックス成分には炭化水素以外の物質も含まれている．そのため，有機溶媒で抽出して得られる体表ワックス成分から体表炭化水素成分を分離する必要があるのだ（Akino and Yamaoka, 2012）．この操作を分画という（図2）．一般的なアリの体表炭化水素は，分子量が400から500程度の直鎖炭化水素とメチル側鎖をもつ分枝炭化水素とで構成されている．含有量が多いのは飽和炭化水素だが，分子内に炭素・炭素の二重結合を含む不飽和炭化水素も含まれている．分

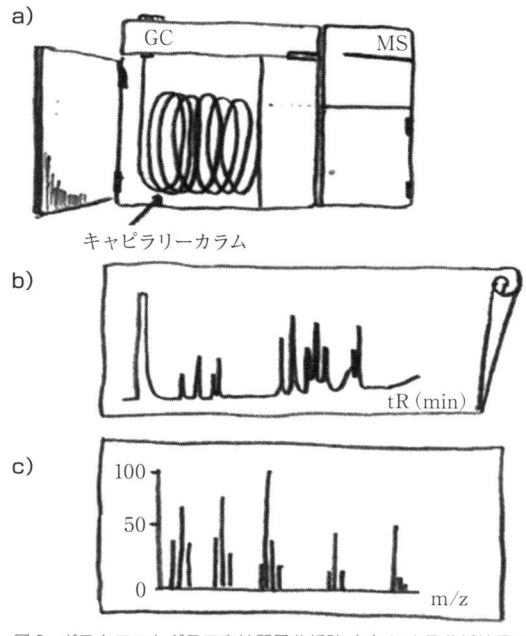

図3 ガスクロマトグラフ直結質量分析計（a）による分析結果のクロマトグラム（トータルイオンクロマトグラム）(b) と特定成分の質量スペクトル（c）．

画した炭化水素成分をガスクロマトグラフィーで分析すれば，その成分組成と組成比を明らかにすることができる．

ガスクロマトグラフ分析装置で，分離された物質の検出によく用いられるのは水素炎検出器（FID）である．その検出感度は高く，調べたい成分が10ngもあれば十分に検出できる．また，定量性に優れているので，混合物の組成比を調べるのにも適している．しかし，検出した物質の化学構造に関しては，得られる情報が限られる．そこで，検出器に質量分析器を用いることによって，分離された各物質の詳細な構造情報を得るガスクロマトグラフ質量分析法（GC-MS）が用いられる（図3a）．この分析で得られたクロマトグラムのうち，先述のガスクロマトグラムに相当するものをトータルイオンクロマトグラムと呼ぶ（図3b）．

GC-MS分析では，ガスクロマトグラフィーによって分離した各成分を質量分析器にかけることで，それぞれの分子量を測定することができる．質量分析器では，導入された試料分子をイオンにしたあと，電磁石

で形成した磁場を利用して質量別に振り分けているため，生じたイオンの質量が計測できる．試料分子をイオンにする方法はいくつかあるが，よく用いられているのは，高電圧の電子線を試料分子に当てることによって分子内の電子を弾き飛ばして陽イオンにする方法（電子衝撃法：EI法）である．ここで生じた分子イオンの質量は，もとの分子の質量よりも電子1個分だけ軽くなっているのだが，その差はひじょうに小さい．そのため，分子イオンの質量＝分子の質量＝分子量と言うことができる．ただ，そのようにして形成された分子イオンは，エネルギー的に不安定なことが多く，なんとかして安定状態に移行しようとする．その過程で，分子中の特定の構造をもつ部分が切断されることによってエネルギー的に安定化するため，分子イオンよりも若干質量の少ない断片イオン（フラグメントイオン）が多数生じる．フラグメントイオンがどのように出現するのか（これをフラグメンテーションパターンと呼ぶ）を解析すれば，元の分子の化学構造を探ることができる．詳細な解析方法については，別途専門書を参考にされたい．

　フェロモンのような微量物質の構造解析では，質量スペクトル（マススペクトル）（図3b）から得られた構造情報だけではなく，ガスクロマトグラム上から得られる情報も加味して解析する方が，より正確に化学構造を推定できる．その情報は，保持時間（リテンションタイム）で，これは試料注入してから各成分が検出されるまでに要した時間（分）のことである．保持時間は，各成分がカラム内に保持された時間を表しており，各物質に含まれる官能基によって変化する．たとえば，炭化水素類であれば，不飽和結合やメチル側鎖の数とその位置などを推定するのに役立つ．実際に利用する場合には，保持時間から算出したKovatsの保持指標値（リテンションインデックス）や，炭素鎖当量（ECL: Equivalent Chain Length）と呼ばれる指標値を用いることが多い．その活用方法については，別途理解を深めておくと良いだろう．

　これらの微量分析・解析の手法を駆使すれば，ナノグラムスケールでの化学物質を用いた昆虫どうしのケミカルコミュニケーションの謎を解き明かすことができる．たとえば，アリを操ってアリの巣内に入り込んでしまう居候昆虫たちの巧みな化学的騙しのテクニックを暴くこともできるし，働きアリが勝手気ままに振る舞わないようにその行動を制御しようとする女王アリの振る舞いも化学的に理解できるようになる．さら

に言えば，同種間で機能する情報化学物質のフェロモンだけにとどまらず，異種間で機能する情報化学物質のアレロケミカルの謎を解明することもできる．何しろ，アリの体には80近い外分泌腺がある．そして，アリの種類は，日本だけでも約280種，世界では1万種を超える．さらに，アリを取り巻く居候（好蟻性動物）やアリ植物と呼ばれる特殊な生態特性をもつ植物も少なくない．化学的言語を活かした生活を営むアリや彼らを取り巻く世界の秘密を探るには，ナノレベルの化学の世界に一歩踏み出すことが不可欠なのだ．

引用文献

Akino, T. and R. Yamaooka（2012）Sample preparation for analyses of cuticular hydrocarbons as semiochemicals. *Japanese Jouranal of Applied Entomology and Zoology* 56：141-149.

Billen, J.（2009）Diversity and morphology of exocrine glands in ants. *Annals XIX Symposium of Myrmecology, Ouro Preto, Brazil Lectures* Part 2：1-6.

Kaissling, K.E.（2014）Pheromone reception in insects: The example of silk moths. In： Mucignat-Caretta C, editor. *Neurobiology of Chemical Communication*. Boca Raton（FL）：CRC Press；2014. Chapter 4. Available from：http://www.ncbi.nlm.nih.gov/books/NBK200991/

6 世界を驚かせた巨大シェアハウスプロジェクト

小林 碧

　潮の香り漂い，カモメの声響く，北海道の石狩海岸．海岸線とカシワ砂防林に挟まれたハマナスの花咲く海浜植生帯．その幅は100mと短いが，長さは10km以上（図6-1a）．花咲けば虫集う．北緯43度の短い夏に一斉に動き出す昆虫たち．盛夏，大勢の海水浴客の騒音を横に，海浜植生の下で動き回わるアリたち．その中でも，主のごとく闊歩しているのが体長5～7mmのエゾアカヤマアリ *Formica* (*Formica*) *yessensis* だ．よく見ると，海浜植生帯のあちらこちらにアリ塚が見える．エゾアカヤマアリが直径数cmから1m以上にもおよぶ巣を作っているのだ（図6-1b）．石狩湾新港建設や工業団地開発が本格的に始まった1980年代初めの頃まで，石狩浜約10kmの海浜植生帯におよそ4万5千の巣が分布していた（Higashi and Yamauchi, 1979）．各巣には数匹から数十匹の女王アリと数百匹から数万匹のワーカー（働きアリ）がたくさんの幼虫や蛹といっしょに生活していた．

　そしてもっとも驚くべきはこれらの巣から出てくるワーカーが近隣の巣を自由に出入りしていたことだ．ときには，女王アリも自力で，あるいはワーカーに運ばれて巣間を行き来していた．当時，石狩海岸の約150ヶ所で詳しい観察がおこなわれたが，隣接する巣間で行き来のない巣群は一つもみつからなかった．この海岸には1本の小さな川が流れているが，川縁の巣のワーカーや女王アリを対岸の巣に置いても敵対行動はほとんどみられず，簡単に受け入れられてしまった．およそ4万5千の巣が一つの巨大なコロニーを作っていたのだ．

　一般に，アリの巣でいっしょに生活している個体は運命共同体を形成し，そこに他巣のワーカーが入り込むことは許されない．そこで，巣仲間と敵を識別する能力が重要となる．しかし，どういったわけだか，異なる巣に出入りできる性質を獲得したアリ種が存在し，エゾアカヤマアリもその一種だ．近年，スーパーコロニーはアルゼンチンアリ *Linepithema humile*（「3. アリのメガコロニーが世界を乗っとる」参照）の

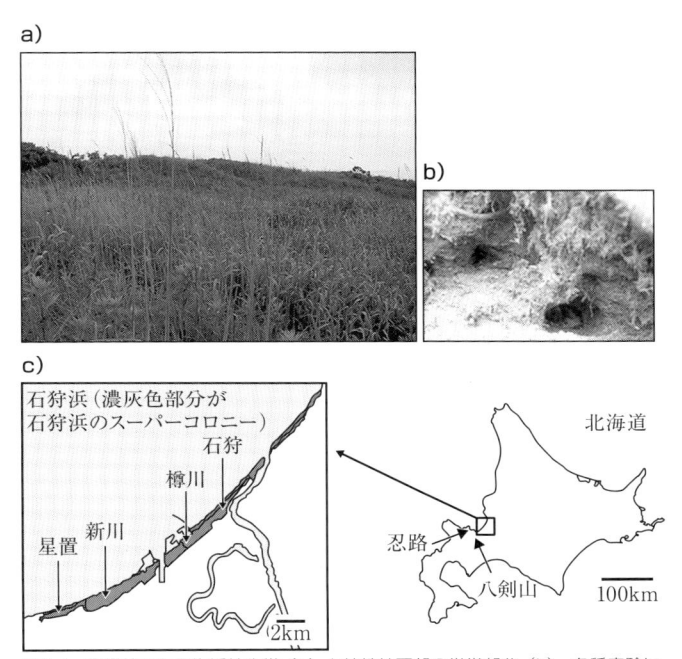

図6-1 営巣地である海浜植生帯(a)と植性地下部の営巣部分(b),各種実験に使われた巣の分布(c).

ような外来侵入アリ類でも知られるようになったが,以前は,ヨーロッパ,日本,北米のヤマアリ亜属でしか知られていなかった.しかも,ヤマアリ亜属の中でもエゾアカヤマアリが石狩浜に築いたスーパーコロニーは世界最大の規模を誇ることが,アリ学のバイブル『The Ants』(Hölldobler and Wilson, 1990) の巻頭に紹介されている.エゾアカヤマアリはどのようなメカニズムで他の巣のワーカーを受け入れ,巨大なスーパーコロニーを作ったのだろうか.

アリの巣仲間識別は厳しい

多くのアリは同種であっても,異なる巣のワーカーに出会えば威嚇や噛みつきといった攻撃行動を見せて排除したり,排除されたりする.なかまか否か? または敵か味方? その識別はアリの社会性維持にとって必要不可欠だ.これまで巣仲間識別のメカニズムは多くのアリ種において,行動学的,生態学的,化学的,遺伝学的,とさまざまな分

野・観点から研究されてきた．それらの研究結果から，巣仲間識別はおもに匂いの情報に基づくと考えられるようになり，とくに体表に分布する体表炭化水素（Cuticular hydrocarbons：CHCs）が大きな役割を担っていることが明らかになっている．元来体表炭化水素は体表面を覆うワックスのようなもので，病原菌やウイルスの感染を予防し，小さいアリにとって致命的でもある水分の蒸散を防ぐと考えられたが，さらに，匂いの成分として仲間識別にも利用されているのである．

　同じ種のアリであれば，体表炭化水素を構成する成分はほぼ統一されているが，成分比率は巣によって異なる．ワーカーは触角や足の裏などにある感覚器官で体表炭化水素を受容しており（図6-2a）．その成分や成分比率が自分の体表炭化水素とは異なると判断すると，相手に対して噛みつくなどの排他的行動を示す．以前は，脳が巣仲間識別の最初の場とされていたが，最近では感覚子が最初の場であると考えられるようになった．たとえばクロオオアリ Camponotus japonicus は触角上にある体表炭化水素の受容を担う嗅覚感覚子をもち，異巣や異種の個体など自身とは異なる成分や成分比率をもつ個体の体表炭化水素には感覚子内の感覚神経細胞が電気的に応答して情報を脳へ伝える．しかし，おもしろいことに，これらの感覚神経細胞は巣仲間の体表炭化水素にはほとんど応答しない（Ozaki et al., 2005）．頻繁に出会う巣仲間に逐次反応するような無駄を省くしくみができあがっているのだ．

　体表炭化水素がアリの巣仲間識別に利用されるためには，巣内の全ワーカーがほぼ同じ成分や成分比率をもつ必要がある．巣独特の匂いを巣仲間と共有するうえで，栄養交換とグルーミングが果たす役割は大きい

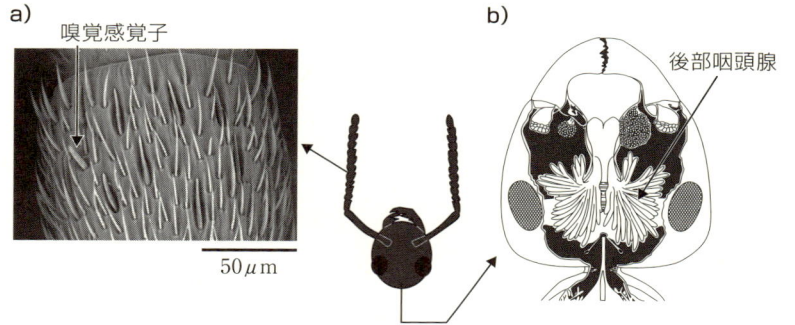

図6-2　a) 触角上に分布する体表炭化水素を受容する嗅覚感覚子，および b) 体表炭化水素の貯蔵部的な役割をもつ後部咽頭腺（Hölldobler and Wilson, 1990から改変）．

(Lahav et al., 1998). 栄養交換とは，胃に貯えた餌をアリ同士が口移しでやり取りする行動だが，体表炭化水素貯蔵器官でもある後部咽頭腺（図6-2b）からの分泌物もやり取りしている．グルーミングとは自分自身や巣仲間の体を舐める行動で，前者をセルフグルーミング，後者をアログルーミングと呼んでいる．いずれも体表を清潔に保とうとする行動と考えられるが，後部咽頭腺の分泌物も塗り合うため，アログルーミングでは互いの体表炭化水素を交換できるし，セルフグルーミングでそれらを均一に混ぜることができる．異なる体表炭化水素の成分や成分比率をもつワーカーは，巣仲間ではないと識別され，攻撃を受けることになる．逆に言えば，巣仲間から攻撃されないためには，いつもグルーミングをしておく必要があるのだ．

クロオオアリは巣内に女王アリが1個体しかいない単女王性の種で，当然，巣内の血縁度は高い．巣仲間の体表炭化水素成分・成分比率は均一で，異巣の個体は激しい攻撃を受ける．一方，エゾアカヤマアリは巣内に数個体からときには100個体前後の女王アリを擁する多女王性の種で，近隣巣間で個体が行き来する多巣性コロニーを作りやすい．石狩海岸のエゾアカヤマアリは，厖大な数の巣からなるスーパーコロニーを作ってしまった．当然，エゾアカヤマアリの巣内血縁度は低いと予想される．だとすると，巣仲間識別の方法にも違いがあるのではないだろうか．この章では，エゾアカヤマアリを材料として，攻撃行動の頻度，巣仲間識別の生理メカニズム，巣内および巣間の血縁度を明らかにし，スーパーコロニーがどのように形成・維持されてきたのかを考察したい．

同種個体に寛容な性質

エゾアカヤマアリは他巣のワーカーをどの程度受け入れているのだろうか？　エゾアカヤマアリの攻撃行動を定量化するために，野外実験をおこなった．まず，10 km以上にもおよぶスーパーコロニー内の南西端に近い星置でみつけた大きな巣を実験場に決めた．

そこから約2.5 km離れた新川，約7 km離れた樽川，スーパーコロニーの北東端に近い石狩，この海岸から南へ約10 km以上離れた内陸の八剣山，西へ海岸沿いに約20 km以上離れた忍路でエゾアカヤマアリの巣を1巣ずつ決めてワーカーを採集した（図6-1c）．さらに，他種

アリへの敵対性も知るため，クロオオアリ巣からもワーカーを採集した．これらのワーカーを可能なかぎり興奮させないように星置巣まで運び，それぞれの腹部に1匹ずつペイントで小さなマークをつけ，侵入者として星置巣の巣穴付近に静かに放した．また，コントロールとして，星置巣の巣仲間ワーカーにもマークをつけて放した．その直後から気長に巣穴から出てきた星置巣のワーカーがそれらのワーカーと接触するのを待った．星置巣のワーカーが侵入者に出会ったら，その後の行動，とくに攻撃行動としての噛みつき行動を観察した．この観察を1巣あたり30個体ずつおこない，噛みつかれた個体の割合をもとめた．

実験の結果，星置巣の巣仲間が噛みつかれることはなかった．どうや

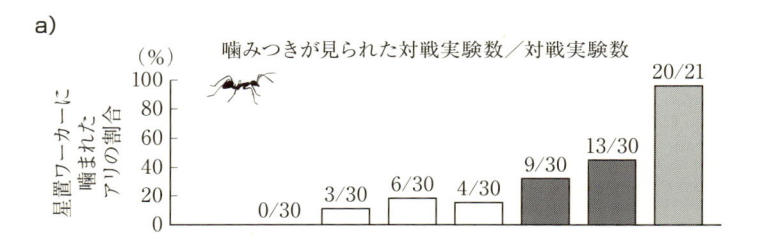

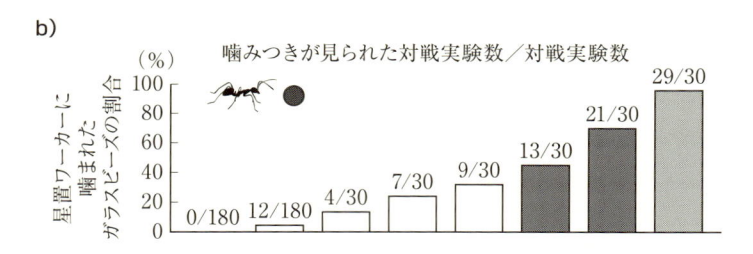

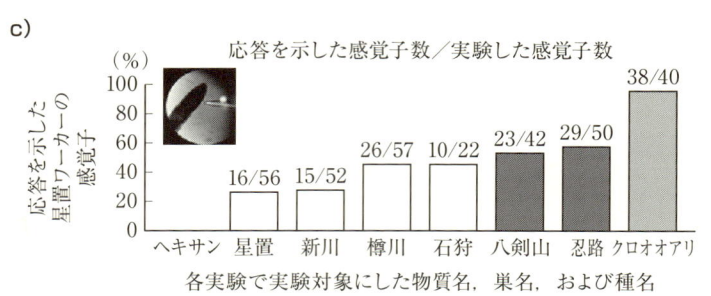

図6-3 野外実験（a），ガラスビーズを使った実験（b），体表炭化水素感覚子の応答実験（c）の結果．いずれも星置巣ワーカーの反応頻度を示している．

図6-4 エゾアカヤマアリ（上，中）に攻撃されるクロオオアリ（下）．

らペイントマークの有無は影響しないようだ．石狩スーパーコロニー内にある新川巣，樽川巣，石狩巣のワーカーは10〜20%，八剣山のワーカーは30%，忍路のワーカーは43%が噛みつかれた（図6-3a）．一般的なアリに比べるとエゾアカヤマアリは同種異巣個体に対して寛容だが，スーパーコロニー内を含めて，地理的距離と噛みつかれ頻度の間には相関関係があるようだ．一方，クロオオアリは95%も噛みつかれており，異種アリに対してはきわめて攻撃的だった（図6-4）．

体表炭化水素は利用されていないのか？

野外用に採集したエゾアカヤマアリから体表炭化水素を抽出・精製し，ガスクロマトグラフィーと質量分析で成分を分析したところ，炭素数25〜43の炭化水素30種類以上が確認された（図6-5a,b）．これをもとに各個体の成分比率を求め，巣間の差を判別分析によって定量化した．コンピューターにデータ（各個体の体表炭化水素成分比率）を入力すると，n次元空間（nは炭化水素の種類数）の中に各ワーカーの位置

が決まる.このn次元空間の中で,異なる巣のワーカーを区別できる一次関数のうちもっとも判別率の高い関数1が探索され,次に,この関数と直交する一次関数のうちもっとも判別率の高い関数2が探索される.これら二つの判別関数をx軸,y軸とした図6-5 c, dのような分布図を描くことができる.異なる巣のワーカーは異なるシンボルマークで表示される.この座標軸上で近接した個体同士は体表炭化水素の成分比率,すなわち匂いが類似することを意味する.

まず,星置巣-八剣山巣-忍路巣の関係を図6-5dに示す.同じ巣のワーカーは体表炭化水素の成分比率が類似しているのに対して,異なる巣のワーカーは離れており,各巣は巣特有の体表炭化水素成分比率をもつことが明らかになった.次に,スーパーコロニー内4巣の結果を図6-5cに示す.巣間の違いは小さく,重なりもみられるものの,やはり

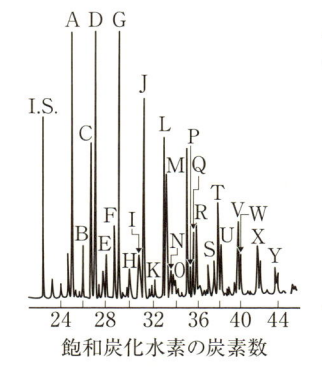

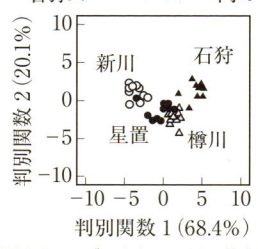

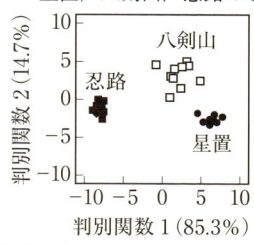

図6-5 エゾアカヤマアリの体表炭化水素体表炭化水素のガスクロマトグラム(a)および組成(b),石狩スーパーコロニー4巣の判別分析結果(c),星置巣,八剣山巣,忍路巣の判別分析結果(d).※判別関数の%は判別率をしめす.

同じ巣のワーカーは近接している．野外実験の結果と合わせて考えると，エゾアカヤマアリの巣仲間識別でも体表炭化水素が利用されている可能性が高い．

このことを，ガラスビーズを用いた室内実験で検証した（図 6-3b）．野外実験に用いたエゾアカヤマアリとクロオオアリから精製した体表炭化水素をヘキサン（n-Hexane）に溶かし，ガラスビーズに塗布した．体表炭化水素は親油性で，水には溶けない．また，コントロールとしてヘキサンだけを塗布したガラスビーズも用意した．ヘキサンだけを塗ったガラスビーズと巣仲間（星置巣のワーカー）の体表炭化水素を塗ったガラスビーズはそれぞれ 180 個，異巣体表炭化水素を塗ったガラスビーズは 1 巣あたり 30 個ずつ用意した．

これらを，実験室内に運び込まれた星置巣のワーカーに提示したところ，ほとんどのワーカーは触角でガラスビーズを慎重にチェックしたあと，離れていったが，時々噛みついて攻撃しようとするワーカーもいた．ただし，コントロールのガラスビーズはまったく攻撃されていないので，ヘキサンではなく，そこに塗布した体表炭化水素が攻撃行動を誘発しているのは間違いない．野外実験では巣仲間への攻撃がなかったにもかかわらず，巣仲間体表炭化水素が塗られたガラスビーズは，180 個中 12 個（6.8％）が攻撃された．野外巣に比べると，室内に運び込まれた巣のワーカーはかなり興奮しており，過剰反応がでやすいことを反映しているのだろう．このため，異巣体表炭化水素への攻撃頻度も野外実験結果よりやや高く，スーパーコロニー内の異巣で 13〜30％，八剣山巣で 43％，忍路巣で 70％だった．野外実験結果と同じように，星置巣からの距離と攻撃頻度の間に相関関係がみられた．クロオオアリ体表炭化水素への攻撃頻度は 97％で，やはり異種の体表炭化水素にはひじょうに排他的である．いずれにしても，エゾアカヤマアリが体表炭化水素を鍵として巣仲間識別をしていることは間違いなさそうだ．

体表炭化水素を感受する感覚子

アリは触角上に多数存在する感覚子をとおして外界からの刺激を情報として得ている．クロオオアリの感覚子は，詳細な形状の観察と神経生理学的な検証から次の 7 種類の感覚子が分類され，それぞれ湿度温度感

知 coelocapitular sensilla, 低温度感知 coeloconic sensilla, 二酸化炭素感知 ampullaceal sensilla, 匂い物質感知 basiconic sensilla, 味物質感知 chaetic sensilla, 匂い物質感知 trichoid-I sensilla, 匂い物質感知 trichoid-II sensilla の機能をもつ（Nakanishi et al., 2009, 2010）. Ozaki et al.（2005）はこれらのうち匂い物質関知 basiconic sensilla の機能をもつ感覚子が体表炭化水素感受に関っていることをみつけた. また, この体表炭化水素感覚子は表面に多くの小孔をもつ嗅覚感覚子で, 内部には嗅覚神経細胞が数多く収められている. クロオオアリではその数は100以上といわれている（尾崎・西田, 2007）. これらの中の感覚細胞は, 自身と成分比率の差が大きい体表炭化水素を感受すると, 脳への信号となる活動電位（インパルス）を発生させる.

エゾアカヤマアリの触角にもクロオオアリと同じような体表炭化水素感覚子が存在するのだろうか？ これを確認するために, 走査型電子顕微鏡をもちいて観察をした. まず, 触角の背側, 腹側, 正中線側, 体側側を定め, 撮影は腹側正中線側, 腹側体側側, 背側正中線側, 背側体側側, の4面からおこなった（図6-6）. このようにして, 12節からなる触角上のすべての感覚子を見ることができた. その結果, クロオオアリの体表炭化水素感覚子と類似した形態の感覚子を1触角あたり約120個確認できた. 節ごとに数えると, これらの感覚子は先端（A12）に近いほど多かった（表6-1）. 類似した感覚子の分布をヒアリ *Solenopsis in-*

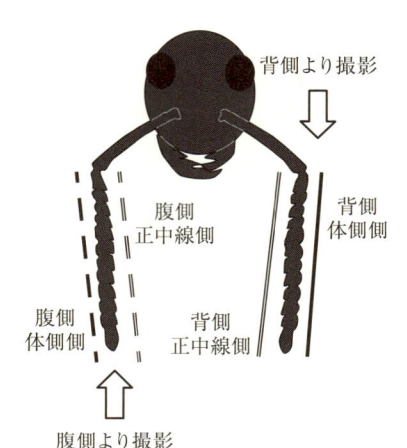

図6-6 電子顕微鏡による撮影における撮影面.

victa で調べた例があるが，やはり先端に多く分布していた（Renthala et al., 2003）．感覚子は外敵を見分ける器官なので，体の中心部分から遠い場所に集中して配置されるのは妥当だし，実際，アリは触角の先端で対象物にさわり，匂いを確かめているように見える．

次にクロオオアリでおこなわれた電気生理学的手法にしたがい，この感覚子の機能を調べた．これは Tip-recording 法と呼ばれ，感覚子に刺激物を接触させ，感覚子からの電気応答であるインパルスを拾うという手法だ．つまり感覚子の内部に存在する感覚神経細胞の微弱な電気信号を細胞外から記録する方法だ（図6-7左）．実験ではアリの頭部だけを使う．感覚神経細胞のみからの電気信号を記録することが目的だが，神経細胞の応答が脳へと伝わってしまうと，脳や他の神経細胞からも電気信号を発生する．そうなると，どこで発生した電気信号を記録したのか判定が困難になるので，神経細胞の密集部である脳はピンセットでなるべくていねいに除去しておく．それでも除去しきれない脳由来の電気信号が存在する可能性もある．そのような脳由来の電気信号や，表皮に帯電している静電気などの影響を排除するため，電動性の高い白金線を頭部切断部に差込み，外部と接続させる．白金線はいわゆるアースの役割を果たしてくれる．

対象とする感覚子の太さはヒトの髪の毛（80〜100μm）よりもはるかに細く約5〜8μmしかないため，感覚子の実験はおもに顕微鏡の下でおこなわれる．微細な動きを可能にするマイクロマニュピレーターにガラスキャピラリーを固定するが，対象の感覚子のみにスッポリとかぶせるため，ガラスキャピラリーの先端直径は10μm程度にする．ガラスキャピラリーの中には刺激となる体表炭化水素を溶かした伝導性のある水溶液（溶媒：0.1% Triton X-100, 10 mM NaCl）を充填し，金属線に接触させておく．感覚子が溶液に浸されると，溶けている体表炭化水素が感覚子内に入りこみ，感覚神経細胞に受容される．感覚神経細胞から電気信号が発生すると，溶媒を介して電極内の金属線に伝わり，コンピューターに取り込まれ，インパルスとして記録される（図6-7右）．

予備的に，クロオオアリから抽出されていた体表炭化水素を用いて，エゾアカヤマアリで観察された感覚子の応答を調べたところ，溶媒だけではみられないインパルスの発生が確認された（図6-7右下）．これらの感覚子は，明らかに体表炭化水素感覚子である．

表6-1 エゾアカヤマアリの触角上の体表炭化水素感覚子の分布

節番号	腹側		背側		合計
	正中線側	体側側	正中線側	体側側	
計測した触角面					
A1	0.0±0.0	0.0±0.0	0.0±0.0	0.0±0.0	0.0±0.0
A2	0.0±0.0	0.0±0.0	0.0±0.0	0.0±0.0	0.0±0.0
A3	0.0±0.0	0.0±0.0	0.2±0.2	0.0±0.0	0.2±0.2
A4	0.6±0.5	0.1±0.4	0.8±0.5	0.8±0.5	3.2±1.2
A5	1.0±0.5	1.6±0.5	1.6±0.5	0.8±0.3	5.0±1.6
A6	1.4±0.2	1.2±0.3	2.2±0.5	1.2±0.4	6.0±0.7
A7	2.0±0.4	1.4±0.4	2.2±0.5	1.4±0.6	7.0±1.1
A8	3.0±0.6	2.2±0.5	2.8±0.5	2.0±0.7	10.0±1.2
A9	2.8±0.3	2.8±0.9	3.6±0.7	2.0±0.7	11.2±1.5
A10	3.6±0.7	3.2±0.7	3.6±0.7	2.4±0.8	12.8±1.7
A11	3.8±0.9	3.8±1.0	5.2±0.7	2.2±0.7	15.0±1.5
A12	12.8±3.2	13.0±3.3	16.6±2.9	8.4±2.6	50.8±4.5
合計	31.0±31.0	30.2±30.2	38.8±38.8	21.2±21.2	121.2±13.8

触角と節番号

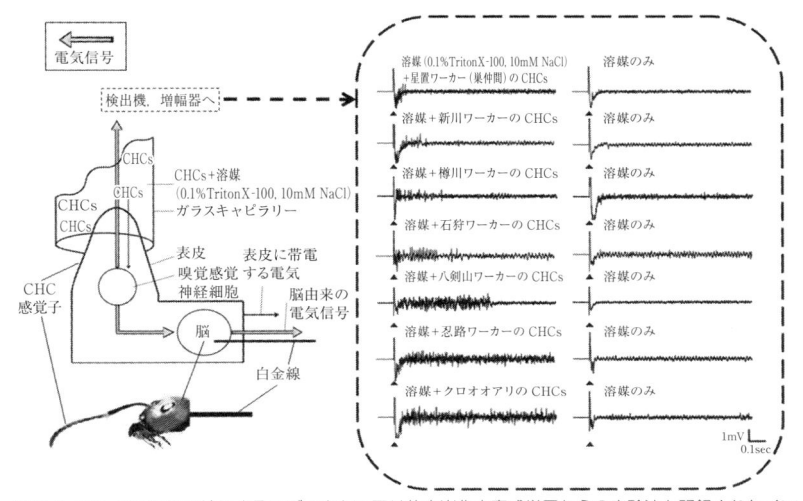

図6-7 Tip-recording法によるエゾアカヤマアリ体表炭化水素感覚子からの実験法と記録されたインパルス．点線枠内の左右の電気的応答は同一感覚子からの記録．▲は刺激の開始をしめす．CHC：体表炭化水素．

そこで，エゾアカヤマアリ6巣とクロオオアリ巣のワーカー（1巣あたり22〜57個体）から体表炭化水素を抽出・精製し，星置巣ワーカーの体表炭化水素感覚子がどのように応答するかを調べた（図6-3c）．まず，星置巣の巣仲間体表炭化水素でも28.6%の割合でインパルスを発生させた．スーパーコロニー内の新川巣，樽川巣，石狩巣の体表炭化水素では28.8〜45.6%の割合でインパルスを発生させた．ただし，その電気的規模を示す電圧は低く，ポツポツとまばらなインパルスや数ミリ秒で消えてしまうインパルスがほとんどだった（図6-7右）．このような微弱なインパルスが脳に信号を伝えられているかは疑わしい．これに対して，八剣山巣，忍路巣，クロオオアリ巣の体表炭化水素では，それぞれ54.8%，58%，95%の割合で，電圧が高く持続的で規模の大きいインパルスを発生させた．明らかに，体表炭化水素の成分比率差が大きくなるほど応答の頻度も規模も増す傾向が認められた．

巣仲間どうしの血縁度が低い！

エゾアカヤマアリの巣によって異なる体表炭化水素の成分比率は，どのように生じているのだろうか．体表炭化水素の成分比率を決定させる

要因には，体内での炭化水素合成系など，遺伝的に決定されている先天的要因と，餌や営巣状態など後成的要因がある．巣内や巣間の血縁関係をみるため，マイクロサテライト DNA の 8 遺伝子座，計 48 対立遺伝子を用いて，巣内や巣間の平均血縁度を測定した．マイクロサテライト DNA とは，数個（通常 2〜4 個）の塩基からなる短い単位配列が数回から数十回繰り返されている反復配列で，反復数に変異が起こりやすい．したがって，ヒトの親子判定など，動物の血縁関係を明らかにするためにしばしば利用されている．

　星置，新川，石狩，八剣山，忍路の 5 巣からそれぞれ 48 個体ずつ採集して分析したところ，巣内平均血縁度は 0.107（星置）〜0.301（石狩）と低く（表 6-2a），巣間平均血縁度はわずか -0.100（石狩 vs 忍路）〜0.074（新川 vs 石狩）しかなかった（表 6-2b）．巣内平均血縁度は巣間平均血縁度より有意に高いが，それでもこれまで測定された他種アリの巣内平均血縁度より低い．いわば，エゾアカヤマアリのスーパーコロニーは，おそらく非血縁者さえ含む友人たちからなるシェアハウスが集まった共同体とみなすことができる．

　エゾアカヤマアリの巣内血縁度や巣間血縁度が低くなる原因はいくつか挙げられる．石狩スーパーコロニーには 100 万匹以上の女王アリがいると推定されており，ほとんどすべての女王アリが発達した卵巣をもち，受精嚢に精子を満たし，産卵している．翅をもつ新女王アリとオス

表 6-2　エゾアカヤマアリ巣内ワーカー間における平均血縁度と標準偏差（a），巣間のワーカー間における平均血縁度と標準偏差（b）

a 巣内平均血縁度

	星置	新川	石狩	八剣山	忍路
平均血縁度	0.107	0.202	0.301	0.205	0.160
標準偏差	0.268	0.270	0.225	0.272	0.258

b 巣間平均血縁度（左下）および標準偏差（右上）

	星置	新川	石狩	八剣山	忍路
星置		0.251	0.254	0.268	0.267
新川	0.024		0.267	0.257	0.239
石狩	-0.097	0.074		0.256	0.251
八剣山	-0.019	-0.098	-0.070		0.247
忍路	0.028	-0.064	-0.100	-0.045	

アリの結婚飛行は毎年7月20日前後の日の出頃にみられるが，ススキやカシワの上などで交尾している女王アリでは複数のオスアリとの多回交尾も確認されている．交尾相手のほとんどは近隣巣出身のオスアリだが，八剣山などから運んできたオスアリも交尾相手として簡単に受け入れられるので，オスを通した他コロニーからの遺伝子流入は起こっていると思われる．実際，女王アリより小さなオスアリの飛翔能力は優れている．これに対して，交尾を終えた女王アリの多くはすぐに母巣に戻り，翅を落として居ついてしまう．飛んでもすぐに落下し，近くの巣に入り込んで脱翅する女王アリも少なくない．たとえうまく飛び立っても，結婚飛行がみられる早朝の風は陸から海に向かって吹いていることが多く，昼過ぎに海岸を歩くと波際に打ち上げられた溺死女王アリを多数見ることがある．飛び立つ女王アリは死亡率が高く，明らかに不利だ．このような海岸の自然条件が新女王アリの居残りによる多女王化とスーパーコロニーの発達に拍車をかけてきたと思われる．

　では，オスアリと同じように，女王アリを通した遺伝子流入の可能性はないのだろうか．東（私信）は八剣山で採集した巣内無翅女王と新生有翅女王を石狩の巣の中へ強制的に入れてみた．すると，巣内無翅女王はすべて殺されてしまったが，新生有翅女王のなかには，ワーカーに警戒されながらも，まんまと長期居候に成功した個体もいた．それもそのはず，エゾアカヤマアリの新生女王は他巣に侵入するのが得意なのだ．一般に，アリの新生女王は体内にたくさんの脂肪やタンパク質を蓄え，交尾を終えると，それらの栄養を使って単独で最初のワーカーを育てあげる．しかし，エゾアカヤマアリの新生女王は単独で子どもを育てるのに十分な脂肪やタンパク質を体内に蓄えていない．結婚飛行後，新しいコロニーを作るためには，他種であるクロヤマアリ *Formica japonica* の巣に入り込み，その女王アリを殺すか追い出して巣を乗っ取るしかないのだ．クロヤマアリのワーカーは自分たちの女王アリがいなくなるとこの侵入者を女王として受け入れてしまい，その子どもたちをせっせと育てる．これを一時的社会寄生によるコロニー創設といい，実際，札幌近郊においてエゾアカヤマアリとクロヤマアリがいっしょに営巣している混合コロニーがみつかっている．しかし，過去約50年間でわずか4例がみつかったにすぎない．クロヤマアリのワーカーの寿命はせいぜい2年程度と短く，エゾアカヤマアリの女王アリが乗っ取りに成功しても

混合コロニーの期間はごく短期間にすぎず，発見されにくいからかもしれない．また，なぜか札幌近郊のクロヤマアリは多女王化しやすく，乗っ取りやすい単女王性のクロヤマアリ巣が少ない．そのため，エゾアカヤマアリの新生女王はクロヤマアリ巣の乗っ取りよりも，同種巣への寄生に頼らざるを得ないのだろう．したがって，樹上などで交尾を済ませ，風に乗って遠くから飛んできた女王アリがスーパーコロニーの中に侵入している可能性も低くない．オスや新生女王による遺伝子流入がありえる点で，エゾアカヤマアリのスーパーコロニーはアルゼンチンアリのスーパーコロニー（「3. アリのメガコロニーが世界を乗っとる」参照）と大きく異なっているようだ．

　スーパーコロニーの遺伝構造に大きな影響を及ぼすもう一つの要因がある．越冬の前後に起こる大規模な巣間混合だ．石狩のエゾアカヤマアリは8月末頃までに子育てを終えると，新生個体を含むすべての成虫が地下1m前後まで竪穴を伸ばした「越冬巣」に集合し始める．竪穴が短い巣のワーカーや女王アリはその巣を捨てて越冬巣へと散っていくため，冬季の巣の密度は夏季の約半分になる．東（私信）は廃棄される前の巣内にいるワーカーや女王アリにペイントでマークをつけ，冬季に周辺の越冬巣を掘り起した．その結果，マーク個体はばらばらに分散しており，血縁者集団はいっしょに行動していないことがわかった．越冬期の死亡率はきわめて低く，春には廃棄巣の再利用や新巣造りも始まり，越冬巣の多くの個体が再び分散していく．ワーカーの寿命はせいぜい2年程度にすぎないが，女王アリの寿命は長く，少なくとも数年にわたって巣の間を渡り歩いて産卵する．当然，同じ巣のワーカーでも血縁度は低くなるはずだ．

スーパーコロニーは，どのように拡大し，維持されてきたのだろうか？

　巣間混合はスーパーコロニー拡大にもかかわると考えられる．

　長い冬季，越冬期に集まったアリたちは，自身とは若干異なる体表炭化水素に触れるが，同種への寛容性と低温による活動量の低下から闘争には発展しづらく，やがて慣れが生じるのではないだろうか．やがて気温が上昇し，越冬巣から分散するとスーパーコロニーが拡大する．拡大

したコロニーの末端部分では，慣れていない未知の体表炭化水素をもつ同種のワーカーに遭遇することもあるが，やはり同種には寛容なので，大きな争いも起こらないまま短い北の国の活動期が終わり，ふたたび越冬期にはいる．末端部分の越冬巣では不慣れな体表炭化水素をもつワーカーも集まるだろうが，ふたたび慣れが生じ，次の活動期にはさらにスーパーコロニーが拡大するだろう（図6-8）．

スーパーコロニー内では，血縁度が低いにもかかわらず，巣仲間識別の手がかりとなる体表の体表炭化水素組成も巣仲間どうしで比較的類似している．つまり，エゾアカヤマアリの体表炭化水素組成は，遺伝よりも後成的要因である環境の影響を大きく受けていると考えられる．アリの体表炭化水素組成に影響をおよぼす環境としては，餌と巣材，とくに巣が造られる土壌基質が重要だろう．

山林に被われた八剣山のエゾアカヤマアリはさまざまな種類の昆虫を狩り，幼虫を育てるのに欠かせないタンパク源が豊かである．忍路は海岸ではあるが，やはり山林に被われ，さまざまな昆虫がエゾアカヤマアリの巣に運び込まれている．これに対して，海浜植生にカシワの低木林が隣接する石狩海岸では昆虫相が比較的貧弱で，捕えたばかりの新鮮な昆虫を巣に運び込むエゾアカヤマアリをほとんど見かけない．稀に運ん

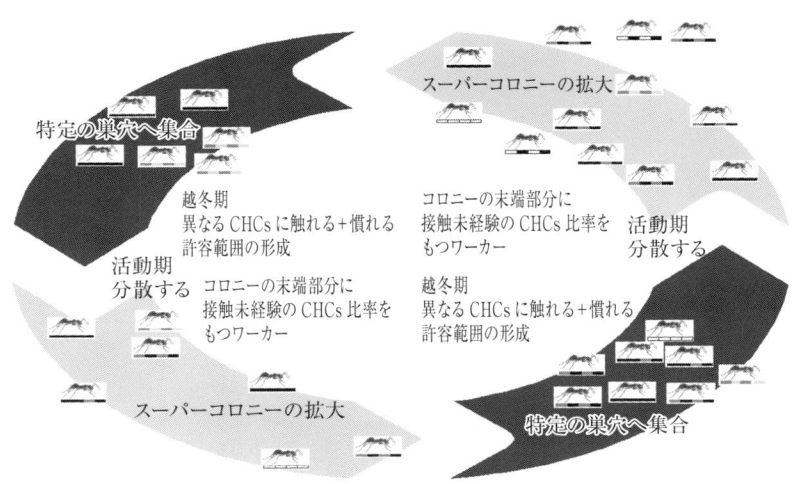

図6-8　スーパーコロニーの拡大のメカニズム．アリの下のパターン模様は体表炭化水素成分比率の差を表す．越冬期に自分と異なる体表炭化水素成分に慣れることが，スーパーコロニーの拡大を可能にする．CHCs：体表炭化水素．

世界を驚かせた巨大シェアハウスプロジェクト

でいても，干からびたバッタの脚や翅，ワラジムシの死骸ばかりだ．巣の近くのゴミ捨て場をみると，おそらく寿命をまっとうしたと思われるエゾアカヤマアリの死骸が積み上げられている．それらの死骸は硬い外骨格ばかりで，内部はほとんど食べられている．いったんコロニー内に取り込まれたタンパク質はできるだけ再利用されており，無駄の少ない倹約社会のようにみえる．かわりに，ススキやカシワの上では，無数のアブラムシにエゾアカヤマアリが群がり，アブラムシが腹部末端から出す糖蜜を一所懸命集めている．よく見ると，時々アブラムシを間引きし，巣内に運び込んでいるので，アブラムシはタンパク源にもなっているらしい．いずれにしても，石狩海岸に広がるエゾアカヤマアリの餌相は単純で，場所による違いが小さいと思われる．

　巣が造られる土壌基質はどうだろうか．山林に被われた八剣山では腐植土に巣が造られ，土壌成分が豊かであると考えられる．山林が海岸に迫っている忍路でも粘土層が腐植土に被われている．これに対して，石狩海岸は全域砂地だ．カシワ低木林も砂地の上に広がっている．腐植土に比べると砂地の成分は比較的均一と思われる．それでも，石狩海岸は10 km 以上にもおよび，環境が全体的に均一とは考えにくく，営巣地間の距離と相関する環境傾斜はあり得る．スーパーコロニー内でも敵対性や体表炭化水素組成に距離との相関関係がみられるのは，未知の環境傾斜によるものかもしれない．

　距離の近い巣ほど血縁度が高いことを「遺伝的粘度（genetic viscosity）が高い」というが，ワーカーや無翅女王は歩いて分散するので，石狩海岸でも遺伝的粘度はある程度維持されていると思われる．少なくとも，巣内平均血縁度は巣間平均血縁度よりも有意に高く保たれているし，隣接巣間の平均血縁度は遠距離巣間の平均血縁度よりも高いというデータもある（藤原，私信）．たとえ血縁度が低くても，ある程度の遺伝的粘度が保たれていれば真社会性は維持され得る，と主張する理論がある．まったく出会うことのない遠くの家族とはあまり血縁関係がなくても，いつも出会う近隣家族との血縁関係が保たれていれば，利他行動を含む協力社会は維持できるというわけだ．いずれにしても，隣接する巣間の個体交流が時間・空間的に連続することによって石狩海岸のスーパーコロニーが維持されてきたことは間違いない．

　しかし，1970 年代後半から始まった石狩湾新港建設，それに伴う工

業団地の造成などにより，スーパーコロニーは分断化されてしまったし，とくに交通量が急増した1990年代からエゾアカヤマアリの巣が激減してしまった．現在の巣密度は，1970年代の20分の1以下と見積もられている（東，私信）．カシワ葉上のアブラムシにあれほど群がっていたワーカーもめっきり減ってしまった．かわりに多巣化しない近縁種ツノアカヤマアリ *Formica fukaii* の巣が増え，厳しい種間競争にもさらされつつある．多女王化，多巣化，越冬に伴う巣間混合，メスの多回交尾，オスや有翅女王による遺伝子流入などによって血縁度を低めてしまったエゾアカヤマアリのスーパーコロニーは，個体間の対立を抱え込んだ緊張社会である．したがって，環境変化に弱く，振動などによって巣の引っ越しや放棄を起こしやすく，交通量の増加などがスーパーコロニーの衰退につながってしまったのだろう．

参考文献

Higashi, S. and K. Yamauchi (1979) Influence of a supercolonial ant *Formica* (*Formica*) *yessensis* Forel on the distribution of other ants in Ishikari coast. *Japanese Journal of Ecology* 29：257-264.

Hölldobler, B. and O. E. Wilson (1990) *The Ants*. Cambridge：Harvard University Press, Cambridge, 732 pp.

Lahav, S., V. Soroker, K. R. Vander Meer and A. Hefetz (1998) Nestmate recognition in the ant Cataglyphis niger：Do queens matter? *Behavioral Ecology and Sociobiology* 43：203-212.

Nakanishi, A., H. Nishino, H. Watanabe, F. Yokohari and M. Nishikawa (2009) Sex-specific antennal sensory system in the ant *Camponotus japonicus*：structure and distribution of sensilla on the flagellum. *Cell and Tissue Research* 338：79-97.

Nakanishi, A., H. Nishino, H. Watanabe, F. Yokohari and M. Nishikawa (2010) Sex-Specific Antennal Sensory System in the Ant *Camponotus japonicus*：Glomerular Organizations of Antennal Lobes. *Journal of Comparative Neurology* 518：2186-2201.

Ozaki, M., A. Wada-Katsumata, K. Fujikawa, M. Iwasaki, F. Yokohari, Y. Satoji, N. Nisimura and R. Yamaoka (2005) Ant nestmate and non-nestmate discrimination by a chemosensory sensillum. *Science* 309：311-314.

Renthala, R., D. Velasqueza, D. Olmosa, J. Hamptona and P. W. Werginb (2003) Structure and distribution of antennal sensilla of the red imported fire ant. *Micron* 34：405-413.

尾崎まみこ・西田 健 (2007) アリの嗅覚・新たな側面―社会性をもたらすケミカル識別に関して バイオメカニズム学会誌13：119-122.

● コラム 3 ●

ファインダー越しのアリの世界

小松 貴

　私は，おもにアリの巣内に居候している生物，すなわち好蟻性生物という視点からアリに関わっているため，アリというより好蟻性生物の立場からの話になる．私は好蟻性生物をテーマに研究活動をおこなう一方，これまで国内，いや海外ですらほとんど写真として出回って来なかった，これら不思議な生物の生きざまを撮影し，記録として残すことを生業としている．私はアリの巣の中を「陸の深海」と呼んでいる．身近にいながら簡単にその内部を垣間見ることができない，不思議な生物たちの息づく空間という意味合いなのだが，じつのところその気になれば誰でも入ることのできるテーマパークでもあると思う．ためしに，公園の片隅に落ちている板切れ，コンクリートブロックなどを裏返してみれば，たいていその裏側にはアリが営巣している．坑道や巣部屋がむき出しの状態で出てくるので，そのつくりをじっくりと観察することができるだろう（図1）．運がよければ，アリヅカコオロギなどの好蟻性生物の姿をアリの群れに見ることもできる（「5. 新規参入者の選択」参照）．
　私はそんな道端に這い蹲り，一眼レフカメラを地面に押し付けるよう

図1　石下にできたアカカミアリの坑道．タイ，バンコクの都市公園にて．

図2　アリの撮影に最低限必要な機材.

にして撮影する．地面ばかりではない．アリは樹上にも登る．そこでは植物に付くアブラムシなどから蜜を貰ったり，寄生性のハエなどに襲われたりするという，地中とはまた異なるドラマが展開されている．こうした生物を撮影するためには，高倍率のマクロレンズやツインストロボ（二方向から光を浴びせるストロボ）が必要だが（図2），道具よりも大切なのは「羞恥心を捨てること」であろう．自然のものは，人間の思うような場所で思うような行動をとってくれるとはかぎらないからだ．山奥でも都市部の道端でも，同じように地べたにしゃがみこんで何十分でも地面を見つめていられるほどの精神力をもてば，あなたにはフィールドワーカーとしての素質がある．

　アリや好蟻性生物をメイン材料として撮影を始めて，かれこれ10年くらい経ったが，いまだにカメラのファインダー越しに見る彼らの行動生態の巧妙さ，激しさには慣れそうもない．

　昨今，あまり生きものを擬人的に捉えるような見方は，大概の生物学者から歓迎されない．しかし，それでもアリの社会というものは，十分なまでに人間社会の縮図に思える．アリという生きものの実際を生まれて初めて知った人間ならば，誰でもそう思うに違いない．その中の誰一匹とて知性も意志もなく，何かを考えて行動しているわけではないのにもかかわらず，結果として人間社会以上にうまく立ち回り，維持されている．たかだか，匂いや音といったごくごく単純なシグナルだけを用い

ファインダー越しのアリの世界　　153

て，ともすれば数千，数万，億に匹敵する巨大な集団が，統率の取れた振る舞いをおこなえるのだから，すごい．まったくもってすごいことである．そのなかで，アリは生きるためにときに農業，ときに巧妙な狩猟を行い，はては裏切りや奴隷制にいたるまで，人間が社会というものを築いていらい現世まで続けてきたようなことを，人間が現れるずっと前からやってきたのだ．アリの社会を見つめていると，自然愛好家が言いがちな「人間の世界は汚らしい，動物の世界は美しい」などの文言が，いかに幻想かを思い知らされる．

こうした，アリそのものの社会を見ているだけでも十分にドロドロして生々しい雰囲気なのに，ここへ好蟻性生物という要素が加わると，これがなおさら生々しい雰囲気をかもしだす．本来，万全のセキュリティーシステムが組まれているはずのアリの社会の中へ，アリですらない生物が許容され，溶け込むことなど考えられないはずだ．しかし，好蟻性生物たちは巧みにそのセキュリティーシステムの穴をつつくかたちで侵入し，アリが巣内に蓄えた貴重な資源を当たり前のように搾取してしまう．そのセキュリティーシステムの穴のつつき方も，あるものはアリと同じ匂いを身にまとってアリのふりをしたり，あるものはアリに混乱ないし昏睡させるような成分を浴びせて煙に巻くなどなど・・．人間社会でありがちなことと，まるで大差ないような真似をしている．それらもまた，考えてやっているわけではなく，外界からの刺激に対する反射として自然とやってのけていることなのだから，進化というのはじつに不思議なものである．

しかも，これにさらに輪をかけてすさまじい現象は，アリの巣に居候しに来た好蟻性生物を専門に食い物にするために，わざわざアリの巣に入ってくる好蟻性生物がいることだ．たとえば，日本のどこにでもある雑木林に生息するクサアリというアリの巣や行列付近には，特異的に寄食するハネカクシという甲虫がいる．ものすごく小さなものから，そこそこ大きなサイズのものまで複数種が存在し，比較的小型の種はアリの餌のおこぼれを頂戴して生きている．しかし，大きなサイズの種は完全な捕食性であり，その捕食の対象は同じ居候たる他種の小型ハネカクシなのである．食い物にしてやろうとしていた立場が，逆に食われる立場に早変わり．まさに下克上の世界である．私が一番すごいと思っているのは，ヨーロッパ産クシケアリの巣に棲みつくチョウの一種ゴマシジミ

類の幼虫に寄生するハチである．ゴマシジミ類は，卵から幼虫の初期段階まではふつうのチョウと同じく草葉の上で生活している（「8. アリ社会に見るおれおれ詐欺対策」参照）．しかし，その後は通りすがりのアリをうまくだまし，自身をアリにくわえさせてその巣内へと運ばせる．アリの巣内にまんまと入り込んだゴマシジミ類は，アリから保護を受けつつその陰でアリの幼虫を貪り食うという，恩を仇で返すようなことをして成長する．ところが，このゴマシジミ類の幼虫に寄生すべく，外から寄生性のヒメバチの一種がアリの巣内に入ってくる．このハチは驚くべきことに，体からアリを混乱させてどうし討ちを誘発する化学物質を出す．こうして門番のアリどうしが殺し合いをしている隙にゴマシジミ類の幼虫を見つけ出し，まんまと寄生するのである．

　ただただ，アリはすごい．そして，そんなアリを手玉にとる好蟻性生物は，もっとすごいのだ．

アリにみる生きる知恵

　アリたちを取り囲む自然は、安全な場所ばかりではない。たくさんの外敵や競合者がいるなかで、安心できる住まい、あるいは安全な食事をどうやって手に入れているのか。そして、もしアリが隙を見せたならば財産をだまして奪い取ろうとする悪党たちに、どのようなセキュリティをとっているのか。アリ社会の内実に、さらに男女関係や最新科学の視点からもメスを入れていく。そこから明らかにされるアリたちの驚きのテクニックは、私たちが生きるうえでも大きな手がかりとなるだろう。

7 アリに学ぶ食と住まいの安全
——二千万年の知恵

上田昇平

種間関係が結ばれてきた歴史

　熱帯雨林の生物多様性は温帯に比べて 10 倍以上高いことが知られており，この多様性は植物・昆虫間の共進化[1]が生み出したとされる（Ehrlich and Raven, 1964）．共進化の概念は Ehrlich と Raven が提唱し，「一方の遺伝的変化に対応する他方の連動的な進化が繰り返し生じること」として定義される（Janzen, 1980）．彼らは，植物がみずからを守る毒物質として生産する二次代謝物質[2]とそれを食べるチョウの解毒能力の関係について調べ，系統的に近いチョウ類は系統的に近い植物を食べる傾向があること，それぞれの植物系統はそれぞれのチョウ系統に対応した二次代謝物質を生産していることを発見した．この発見から彼らは適応と対抗適応の繰り返し（共進化）によって関係をもつ生物両者の多様化が促進されるというシナリオを導きだした．その多様化プロセスは，1) ある植物が新たな二次代謝物質の合成能力を獲得する，2) この二次代謝物質は植食性昆虫に対する防御機構となり，この系統の植物は植食圧から解放され，さまざまな環境に適応[3]し，種分化[4]する，3) ある昆虫がこの二次代謝物質に対する解毒能力を獲得し（対抗適応[5]），この植物系統を利用できるようになる，4) 解毒能力を獲得した昆虫は新たな資源を独占することができ，この植物系統に適応して多様化する．

　では，このような植物と植食性昆虫間の熾烈な共進化はいったいいつ頃始まったのだろうか？　これまで，それを明らかにすることは難しいとされてきた．なぜなら，生物間の関係（たとえば，あるチョウの幼虫が食草を摂食しているようす）を写しだした化石的な証拠は稀で，もし化石が出土したとしても，それが起源であると証明することは難しいからである（Futuyma, 2000）．しかし，近年めざましい発展を遂げた分

子系統解析[6]）の技術によって，この問題が克服された．1960年代なかばになると，さまざまな生物群でタンパク質を構成するアミノ酸[7]とアミノ酸を構成するDNA塩基[8]の配列が解明され，機能的に重要ではないタンパク質でのアミノ酸やDNA塩基配列の置換速度が長期的にはほぼ一定であることが発見された．すなわち，特定のタンパク質を構成するアミノ酸やDNA塩基配列の置換速度がわかれば，化石の証拠がなくても生物の分岐年代[9]を推定できるようになったのである（Zuckerkandl and Pauling, 1965；Fitch and Margoliash, 1967）．これを分子時計[10]による年代推定という．すなわち，種間関係を結ぶ生物グループそれぞれについて分子系統樹[11]をつくり，それに分子時計を当てはめ，分岐年代を推定することによって，種間関係の起源や多様化の時期を示すことができるようになった（Rambaut and Bromham, 1998）．たとえば，Rønstedらは，イチジク属Ficusとその花粉の媒介を独占的におこなうコバチ亜科Agaoninaeの分子系統樹を作成し，それぞれの起源年代を推定した．その結果，イチジクとイチジクコバチの起源年代の推定値はほぼ一致しており，その関係は約6,000万年前に始まったことが示された（Rønsted et al., 2005）．このように，いくつかの共生系では種間関係の起源年代が推定されており，その共進化の関係が数千万年という地質学的に長期間維持されたことが明らかになっている．たとえば，ユッカとユッカガ：4000万年前〜（Pellmyr and Leebens-Mack, 1999）／イチジクとイチジクコバチ：6000万年前〜（Machado et al., 2001）／菌食アリと栽培菌：5500万年前〜（Mueller et al., 2001）／キクイムシとアンブロシア菌：6000万年前〜（Farrell et al., 2001）／コミカンソウとハナホソガ：2500万年前〜（Kawakita and Kato, 2009）などである．

アリ植物オオバギ属をめぐる生物群集

体内にアリを棲まわせる性質をもつ植物をアリ植物[12]と呼ぶ．アリ植物は世界中の熱帯地域のみに分布し，さまざまな植物の分類群で合計500種程度が知られている（Benson, 1985；Davidson and McKey, 1993）．また，アリ植物—アリ間の共生には，ほとんどの場合，第三の共生者であるカイガラムシが関与する（Gullan, 1997）．たとえば，東南

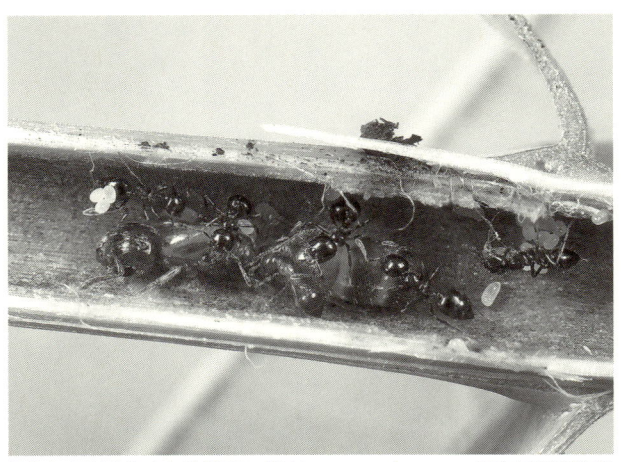

図7-1 アリ植物オオバギ属の一種 Macaranga bancana の幹内の空洞に営巣したシリアゲアリ属の一種 Crematogaster borneensis. 働きアリが女王アリを取り囲んでいる（撮影：小松 貴）.

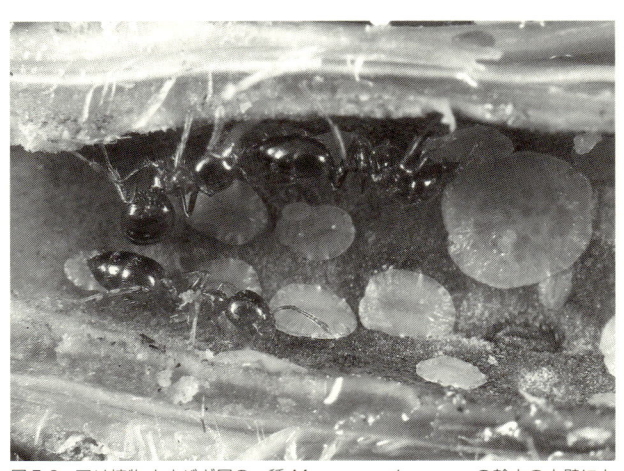

図7-2 アリ植物オオバギ属の一種 Macaranga bancana の幹内の内壁にとりついたヒラタカタカイガラムシ属の一種 Coccus penangensis. 幹内の空洞は共生シリアゲアリ類の巣となっており，働きアリがパトロールしている（撮影：小松 貴）.

アジア熱帯雨林に分布する29種のオオバギ属 Macaranga（トウダイグサ科）はアリ植物で，シリアゲアリ属 Crematogaster トフシシリアゲアリ亜属 Decacrema のアリに中空の幹内を巣場所として提供しており（図7-1），その巣内にはヒラタカタカイガラムシ属 Coccus が共生して

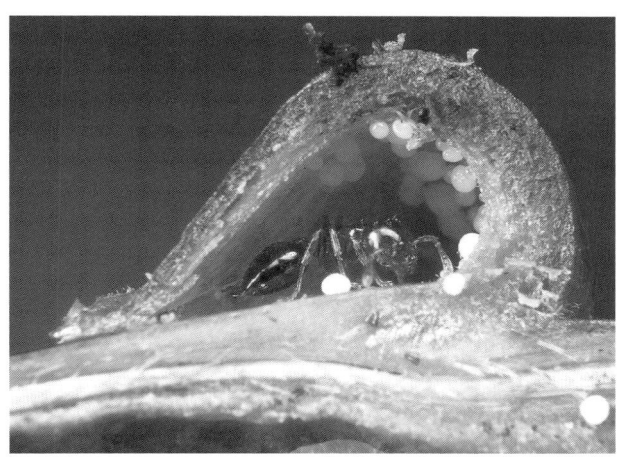

図 7-3 アリ植物オオバギ属の一種 *Macaranga bancana* の托葉の中にぎっしり詰まった栄養体（白い粒）. 働きアリはこれを収穫し, 巣内に持ち帰り, アリ幼虫に与える（撮影：小松 貴）.

いる（図 7-2；Heckroth et al., 1998）. 植物は, 生息場所だけではなく, 托葉[13]や新葉[14]から次々に分泌される栄養体[15]や, カイガラムシ[16]が分泌する甘露[17]などの餌資源もアリに与え（図 7-3, 7-4；Fiala and Maschwitz, 1992；Heil et al., 1997；Heckroth et al., 1998；Heil et al., 1998；Hatada et al., 2002）, その見返りに, アリは食葉昆虫を撃退し, ときには植物に絡みつくつる性植物を枯らすこともある（図 7-5；Itino and Itioka, 2001；Itioka et al., 2000；Inui and Itioka, 2007）.

オオバギは熱帯アジアの典型的な先駆植物[18]であり, 川沿い, 林縁部, 倒木によってうまれた森林ギャップ[19]など, 日当たりのよい環境で芽生え, 急激に生長し, 後から生長してくる巨木たちに被われる前に繁殖し, 枯れる. アリ植物オオバギ属でも, 実生[20]や若木の段階ではアリが共生しない. オオバギの若木が 15～20 cm になる頃, 女王アリは植物表面の化学物質を一つの手がかりとして共生相手となるオオバギ種を探索する（Inui et al., 2001；Murase et al., 2002）. 女王アリは植物の幹をかじり開け, 中空部に入り, 産卵する. 入口の穴は木くずなどでふさぐ. 若木が 30～40 cm の高さになる頃, 最初の働きアリが生まれ, そのアリが幹の入口を再度かじり開け, 植物上に現れる.

カイガラムシは最初の働きアリが出現したすぐあとに巣内で見られるようになる（Fiala et al., 1999）. では, カイガラムシはオオバギの幹内

図 7-4 ヒラタカタカイガラムシ属の一種 *Coccus penangensis* が分泌した甘露をなめる働きアリ（撮影：小松 貴）.

図 7-5 アリ植物オオバギ属の一種 *Macaranga winkleri* の幹に貼り付けたラベルを共生シリアゲアリ属の一種 *Crematogaster* sp.2 が攻撃している.

にどうやって入るのだろうか？ 熱帯アフリカのアリ植物 *Leonardoxa* 属では，カイガラムシのメス幼虫が女王アリの体表面に付着して，ともに分散することが知られている（Gaume et al., 2000）．しかし，アリ植物オオバギ属に共生するカイガラムシが女王によって運ばれるという報告はない．現在のところ，カイガラムシの幼虫は風によって分散し，働きアリが幹内に運び込むと考えられている（Fiala and Maschwitz,

1990；Gullan, 1997；Gaume et al., 2000；Handa et al., 2012).

　共生には，共生相手なしでも生存できる任意共生[21]と，特定の共生相手なしでは生存することが難しい絶対共生[22]とがある．アリ植物オオバギ属に共生するアリとカイガラムシは餌資源と生活場所をすべてオオバギに依存しており，その幹内以外では生存することができないので（Fiala et al., 1989；Fiala and Maschwitz, 1992；Fiala et al., 1994；Itioka et al., 2000；Heil et al., 2001），これらの三者は絶対共生関係にあるということができる．

　一方，オオバギをめぐる共生系には，寄生者として，ムラサキシジミ属 *Arhopala* のシジミチョウ5種も関与する．これらのシジミチョウ幼虫は甘露を分泌することによってアリの攻撃をまぬがれ，オオバギの葉を摂食できる（図7-6；Maschwitz et al., 1984；Okubo et al., 2009）．シジミチョウ幼虫の周りにはアリが随伴していることが多く，シジミチョウ幼虫に卵を産みつけようと近づいてくる寄生蜂を追い払う．これらのシジミチョウ類はオオバギに特殊化しており，他の植物の葉を食べることはない（Maschwitz et al., 1984；Megens et al., 2004；Megens et al., 2005；Shimizu-kaya et al., 2013）．また，シジミチョウ以外の寄生者として，オオバギの葉を摂食するナナフシの1属 *Orthomeria*，アリの餌

図7-6　アリ植物オオバギ属の一種 *Macaranga bancana* の新葉を食べるムラサキシジミ属の一種 *Arhopala amphimuta* の幼虫．シジミチョウ幼虫は共生シリアゲアリ類の働きアリによって防衛される．

アリに学ぶ食と住まいの安全

である栄養体を盗みとるヒョウタンカスミカメ属 Pilophorus, オオバギの葉に虫こぶをつくるタマバエ類（属名未定）なども存在する（Itino and Itioka, 2001；市野・市岡, 2001；市岡, 2005；Nakatani et al., 2013；Shimizu-kaya and Itioka, 2014）．これらの寄生者は，やはりオオバギに特殊化しており，それぞれ複数の種で構成されると考えられている．

オオバギとアリとの共生の起源

　現在のところ，アリ植物オオバギの種分化の歴史を再現できるほど大きな変異をもった遺伝子が見つかっておらず，オオバギの起源年代は花粉化石の証拠から推定されている（Davies et al., 2001）．オオバギ属の分布は，東南アジア熱帯雨林のなかでも，とくに雨量が多く，雨期と乾期の季節性がない地域に厳密に限定されるが，この熱帯雨林を構成する樹種の起源は，花粉化石などの証拠から約2000万年前にさかのぼることがわかっている（Morly, 2000）．したがって，オオバギ属は，2000万年前以降に現れた可能性が高い．

　オオバギに共生するアリの起源年代は，分子系統解析によって推定された．Quekらは，東南アジア各地において22種のオオバギから435個体の共生アリを採集し，ミトコンドリア[23]のシトクロムc酸化酵素サブユニットI[24]（COI）遺伝子を用いて分子系統樹を作成した（Quek et al., 2004；Quek et al., 2007）．COI遺伝子はこれまでさまざまな分類群の昆虫で分析され，一座位あたり塩基置換速度はほぼ一定であり，100万年あたり1.5％であることと考えられている（Quek et al., 2004）．この分子時計をアリの分子系統樹に当てはめたところ，共生アリの起源は2000〜1600万年前（中新世[27]）と推定された．この年代はオオバギの起源年代である2000万年前以降と矛盾せず，信頼性が高い（図7-7；Quek et al., 2007；市岡ら, 2008）．よって，オオバギとアリの共生関係は，東南アジアにおける熱帯雨林の発達とともに形成されてきたと考えられる（Davies et al., 2001；Itino et al., 2001；Quek et al., 2004；Quek et al., 2007；市岡ら, 2008）．

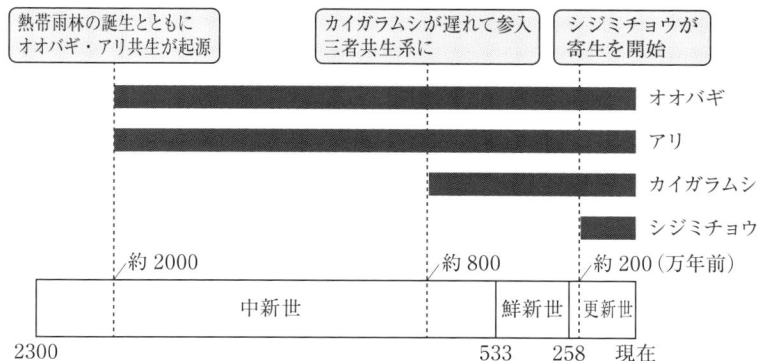

図7-7 アリ植物オオバギをめぐる生物群集の形成過程．約2,000万年前，熱帯雨林の起源とともにオオバギ・アリ共生が起源した．約800万年前，第三の共生者であるカイガラムシがオオバギ・アリ共生に参入した．約200万年前，オオバギの葉を食す寄生者であるシジミチョウがオオバギ系に参入した．

カイガラムシとの共生の起源

オオバギとアリとの共生の起源は2000～1600万年前までさかのぼることが明らかになった．では，その悠久ともいえる歴史のなかで，第三の共生者であるカイガラムシは，いつオオバギ属と関係をもつようになったのだろうか？ これまで，この質問に対して明確に答えた研究はないが，Wardはこのオオバギ・アリ・カイガラムシ三者の共生の起源について，一つの仮説を提唱している．彼は，アカシア属 *Acacia*, *Triplaris* 属および *Tachigali* 属など複数のアリ植物属と共生関係をもつクシフタフシアリ亜科 Pseudomyrmecinae のアリの生活史[25]を網羅的に調査し，アリ植物と共生するほぼすべてのアリがカイガラムシと共生関係を結んでいること，また，アリ植物に共生しない自由生活型[26]アリのなかにも，コウチュウ目やチョウ目幼虫などがあけた生きた植物の空洞に巣を作り，巣内でカイガラムシと共生している例があることを発見した（Ward, 1991）．これらの結果から，Wardは，アリ植物とアリの共生系の起源にはカイガラムシの存在が必須であるという仮説をたてた．アリはカイガラムシの虫体やその分泌物である甘露を好んで食べるので，アリが営巣できる植物の空洞に，アリの餌資源であるカイガラムシが加わることによって，寄主植物とアリの関係がより緊密になり，アリ植物が起源したというのである．つまり，アリ植物が起源するために

は，植物・アリ・カイガラムシの三者がいっしょになって共生関係を結ぶ必要があり，もし，このWardの仮説がオオバギ系にも当てはまるとすれば，三者の起源年代はほぼ同じになるはずである．

　私と共同研究者らは，オオバギに共生するカイガラムシの起源年代を推定するために，アリの場合と同じように，COI遺伝子を用いて分子系統樹を作成し，これに分子時計（1.5％／100万年）を当てはめることにした．熱帯アジアの計15地点からサンプリングをおこない，22種のオオバギ235株から253個体のカイガラムシを採集した．その結果，起源年代は880〜730万年前（中新世）と推定された（Ueda et al., 2008；Ueda et al., 2010）．オオバギとアリの共生の起源年代である2000〜1600万年前と比べて（Quek et al., 2007），カイガラムシの起源年代は約半分にしかすぎない新しいものだった（図7-7）．つまり，オオバギとシリアゲアリの共生はカイガラムシ不在で起こったことになり，Wardの説を支持しない．

　では，アリ植物とアリにみられるさまざまな絶対共生系のなかで，オオバギをめぐる三者の共生系にはどのような特徴があるのだろうか？世界中の熱帯雨林では，*Cyclolecanium*属，*Cryptostigma*属，*Myzolecanium*属およびヒラタカタカイガラムシ属のカイガラムシや，アステカアリ属 *Azteca*，エダアリ属 *Cladomyrma* およびシリアゲアリ属のアリが *Cecropia* 属，カキバチシャノキ属 *Cordia* および オオバギ属のアリ植物と共生関係を結んでいる（Gullan, 1997）．これらのうち，*Cyclolecanium* 属，*Cryptostigma* 属および *Myzolecanium* 属のカイガラムシや，アステカアリ属 および エダアリ属のアリは複数属のアリ植物と共生関係を結ぶジェネラリスト[28]であり（Gullan et al., 1993；Gullan, 1997），ヒラタカタカイガラムシ属とシリアゲアリ属のみが例外的にオオバギ属と特異的な関係を結んでいる（Gullan, 1997；Heckroth et al., 1998）．このように世界中のアリ植物のなかでは，地質学的な長期間にわたり維持されてきたオオバギの特異的な共生系はユニークであり，植物と動物の共生関係における多様化の過程を探るうえでよいモデルといえる．

寄生シジミチョウの起源

　私は，シジミチョウ類もカイガラムシと同様にオオバギとアリの共生

からおくれて寄生したと考えた.なぜなら,オオバギ・アリ共生系に寄生するシジミチョウはムラサキシジミ属のごく一部であり,しかも,それらはオオバギ属29種のうちわずか9種しか利用しないからである(Maschwitz et al., 1984 ; Okubo et al., 2009).もし,オオバギとアリの共生開始から間もなくムラサキシジミの寄生が始まったのであれば,ほぼ全種のオオバギが寄生されているはずだし,もっと多くのムラサキシジミ種が寄生しているはずだからである.しかし,ムラサキシジミ属は約200種知られているにもかかわらず,オオバギを食樹とするのは,*amphimuta*グループの*Arhopala amphimuta, A. dajagaka, A. major, A. moolaiana, A. zylda*の5種にすぎない.

すでに述べたように,オオバギはトウダイグサ科に属する.トウダイグサ科を食べるムラサキシジミ属の話をすると,蝶好きの方が驚かれることが多い.ムラサキシジミ属は英語名で「Oak Blues」と呼ばれるように,基本的にブナ科食であり,トウダイグサ科を専食するムラサキシジミ属は,世界広しといえども,オオバギに寄生する5種のみだからである(Megens et al., 2005).私と共同研究者は,東南アジアの3地点において16種のオオバギ属1000株以上を網羅的に調査し,7種のオオバギから5種のシジミチョウ計35個体を採集した.調査したオオバギの株数と採集数を比較するとわかるように,シジミチョウのオオバギに対する寄生率はひじょうに低い.アリとカイガラムシがすべてのオオバギに共生しているのとは対照的である.

シジミチョウの分子系統樹は,ミトコンドリアDNAのCOI遺伝子,核DNAのWG遺伝子とEF-1α遺伝子という三つの遺伝子の計2000 bpを用いて作成した.ただし,オオバギ共生系に関与する昆虫類のすべてについて体系的に分岐年代を比較するために,年代推定にはCOI分子時計(1.5%／100万年)のみを用いた.その結果,シジミチョウの起源年代は約200万年前(更新世[29])と推定された(Ueda et al., 2012).オオバギとアリの共生が始まった2000-1600万年前,カイガラムシが加わった880〜730万年前に比べると遙かに新しく(図7-7),ムラサキシジミ属*amphimuta*グループはオオバギをめぐる三者共生系が形成されたあとに加わった後乗り型の寄生者といえるだろう.

植食性昆虫がアリ植物の葉を食べるためには,「アリからの物理的な防衛」と「植物自身の化学防衛」という二つの壁を乗り越えなくてはな

らない．しかし，オオバギは，アリを利用した防衛に多くの投資をおこなう代償として二次代謝物質が少なく，化学防衛の壁は比較的低いと考えられている（Itioka et al., 2000；Nomura et al., 2000；市岡, 2005）．つまり，シジミチョウ幼虫がオオバギ属の葉を食べるためには，おもにアリの防衛を乗り越えればよいということになる．私は「氷河期の寒く乾燥した環境」と「シジミチョウのアリに対する前適応[30]」によって，現在オオバギを食樹としているシジミチョウの祖先がアリの防衛を乗り越え，オオバギに定着することができたと考えている．シジミチョウがオオバギ共生系に寄生を開始した更新世は氷河期と間氷期が繰り返し生じた時期であった（Medway, 1972；Morley, 2000）．氷河期の寒く乾燥した環境がアリの防衛能力を低下させ，シジミチョウがオオバギの共生系に加わるのを可能にしたのかもしれない（Ueda et al., 2012）．ムラサキシジミ属の A. kinabala は，野外ではオオバギに寄生していないが，実験的にアリを除去すると，複数種のオオバギを食べることが観察されており（市岡，私信），シジミチョウは，アリ防衛のみを乗り越えればよいという説を肯定している．さらに，オオバギを食樹とするシジミチョウの祖先は前適応として，アリを騙す能力をもっていた可能性が高い．実際，amphimuta グループの姉妹群である Cenaurus 属のシジミチョウの幼虫は，アジアからオーストラリアに広く分布する凶暴なツムギアリ Oecophylla smaragdina と緊密な共生関係にあり，甘露を与えることによってアリを手なずけ，外敵から身を守ってもらっている．さらに，この属のシジミチョウは広食性であり，トウダイグサ科の植物を稀に食べることも知られている（Megens et al., 2005）．

おわりに

　オオバギをめぐる共生系には，シジミチョウだけでなく，タマバエ，カメムシ，ナナフシなど複数の特殊化した寄生者も加わっている（Itioka et al., 2000；市岡, 2005；Shimizu-kaya and Itioka, 2014）．今後，オオバギをめぐる生物群集に参加するメンバーそれぞれの分子系統樹を作成し，起源年代を推定することによって，この生物群集がどのように種間関係を結び，多様化してきたかという問題に対して，さらなる洞察を加えることができるようになるだろう．

注

1) 共進化 coevolution：ある生物と他の生物が相互に淘汰圧をかけ影響を及ぼしながら進化する現象．
2) 二次代謝物質 secondary metabolite：限られた系統群だけが特異的に生産する代謝物質．植物の化学防衛に重要な役割をはたす場合が多い．これに対して，生物が生きるために必須な代謝（エネルギー代謝・アミノ酸・タンパク質・核酸の生合成など）で生産された物質を一次代謝物質という．
3) 適応 adaptation：ある生物の性質（形態，生態，行動など）が，ある環境で生活するのに有利であり，生存や繁殖の成功率が高まること．
4) 種分化 speciation：一つの種の集団間に生殖的な隔離が生じて，二つもしくはそれ以上の種に分かれること．
5) 対抗適応 counter adaptation：ある生物の適応に対して，他の生物の性質が発達し，生存や繁殖の成功率が高まること．
6) 分子系統解析 molecular phylogenetics：遺伝情報を担う DNA の塩基配列や，アミノ酸配列，タンパク質配列を比較することで生物間の系統関係を明らかにする解析手法．
7) タンパク質を構成するアミノ酸 proteinogenic amino acids：生物の重要な構成成分であるタンパク質をかたちづくる 20 種のアミノ酸．特に生物がその体内で合成できないものは必須アミノ酸と呼ばれ，ヒスチジン，イソロイシン，ロイシン，リシン，メチオニン，フェニルアラニン，トレオニン，トリプトファン，およびバリンがある．
8) DNA 塩基配列 nucleotide sequences：生物の遺伝情報の継承と発現を担う DNA（デオキシリボ核酸）を構成するヌクレオチドの並び方．ヌクレオチドは，デオキシリボースと呼ばれる糖と，4 種類の塩基（アデニン A，グアニン G，シトシン C，チミン T）のどれかとリン酸が結合したもの．
9) 分岐年代 divergence age：特定の種もしくは系統群が分岐した年代．たとえば，ヒトとチンパンジーの種が分岐した年代は 600～760 万年前と推定された．
10) 分子時計 molecular clock：近縁な 2 種間の塩基配列・アミノ酸配列の違いは，それらの 2 種が分岐してからの年数を反映するという説を利用して算出した特定遺伝子の年あたりの変化速度．
11) 系統樹 phylogeny：ノードと枝からなる図．生物の系統分化の歴史を可視化するために使用される．
12) アリ植物 myrmecophyte：体内にアリを棲まわせる性質をもつ植物．防衛共生型アリ植物（アリに餌や住居を提供する代わりに外敵を撃退してもらう），と栄養共生型アリ植物（アリに住居を与える代わりに，アリが集めてきた餌の残渣や糞などを無機栄養源として利用する）の二つがある．
13) 托葉 stipule：葉柄の基部や葉柄上にある葉のような器官．一般には，芽生えのときに葉身を保護する役割をもつ．
14) 新葉 new leaf：新しく出た葉．柔らかく植食性昆虫に食害されやすい．

15) 栄養体 food body：オオバギ属が托葉・針葉から分泌する脂質と炭水化物に富んだ白い粒．共生アリはこの白い粒を餌源とする．ベッカリアンボディとも呼ぶ．
16) カイガラムシ scale insect：昆虫綱・アブラムシ目・カイガラムシ亜目の中のカイガラムシ上科に属する昆虫．アブラムシ，コナジラミ，キジラミと近縁．多くのカイガラムシは寄主植物に長い口吻を差し込むことによって固着し，師管液を吸汁する寄生生活を営む．
17) 甘露 honydew：カイガラムシやアブラムシ等が分泌する糖分に富んだ排泄物．アリの重要な餌源となる．
18) 先駆植物 pioneer plant：植物が生育するのに困難な環境である荒れ地にいちばん先に侵入する植物．
19) 森林ギャップ forest gap：森林の高木層を形成している樹冠に隙間がある状態．林冠を形成する巨木の倒木や枯死，山火事などによって発生する．
20) 実生 sapling：種子から発芽した種子植物の芽生え．
21) 任意共生 facultative symbiosis：共生の区分の一つ．共生相手なしでも生存することが可能な関係．
22) 絶対共生 obligate symbiosis：共生の区分の一つ．共生相手なしでは生存できない．依存的な関係なので，特異性が発達しやすい．
23) ミトコンドリア DNA mitochondrial DNA：真核生物の細胞内にある呼吸をつかさどる細胞小器官であるミトコンドリアが独自にもっている DNA．核の DNA と比較して塩基配列が変化する速度が速いため，近縁系統間の遺伝的な違いを検出しやすい．母系遺伝するという性質をもつので，種間交雑が起こると種から種へと浸透する．
24) シトクロム c 酸化酵素サブユニット I cytochrome oxidase subunit I：生物が呼吸をするときにおこなう代謝系（電子伝達系）の酵素を構成するサブユニットの一つ．進化速度が速く，動物の属内種間の系統関係を検証するには優れた遺伝子マーカーである．
25) 生活史 life cycle：生物個体が産まれてから死ぬまでの過程．
26) 自由生活型 free-living：他の生物に依存せずに生活することができる型．絶対共生の対義語として使用される．
27) 中新世 Miocene：地質時代の一つ．約2300万年前から約533万年前までの期間．ほとんどが温暖な気候であった．
28) ジェネラリスト generalist：複数分類群の生物を食草や寄主として利用できる生物．一方，特定分類群の生物しか利用できない生物をスペシャリスト specialist という．
29) 更新世 Pleistocene：地質時代の一つ．約258万年前から約1万年前までの期間．ほとんどは氷河時代であった．
30) 前適応 preadaptation：ある生物が生活様式を変更したとき，祖先で獲得した性質が適応的な価値をあらわす現象．

引用文献

Benson, WW. (1985) Amazon ant-plants. In : Prance GT, Lovejoy TE, editors. *Key environments* : Amazonia. Oxford : Pergamon Press. pp. 239-266.

Davidson, DW. and D. McKey (1993) The evolutionary ecology of symbiotic ant-plant relationships. *Journal of Hymenoptera Reseach* 2 : 13-83.

Davies, S. J., SKY. Lum, R. Chan and L. K. Wang (2001) Evolution of myrmecophytism in western Malesian *Macaranga* (Euphorbiaceae). *Evolution* 55 : 1542-1559.

Ehrlich, P. R. and P. H. Raven (1964) Butterflies and plants : A study in coevolution. *Evolution* 18 : 586-608.

Farrell, B. D., A. S. Sequeira, B. C. O'Meara, B. B. Normark and J. H. Chung (2001) The evolution of agriculture in beetles (Curculionidae : Scolytinae and Platypodinae). *Evolution* 55 : 2011-2027.

Fiala, B. and. U. Maschwitz (1990) Studies on the South East-Asian ant-plant association *Crematogaster borneensis / Macaranga* : adaptations of the Ant Partner. *Insectes Socioux* 37 : 212-231.

Fiala, B. and U. Maschwitz (1992) Food bodies and their significance for obligate ant-association in the tree genus *Macaranga* (Euphorbiaceae). *Botanical Journal of the Linnean Scociety* 110 : 61-75.

Fiala, B., U. Maschwitz, T. Y. Pong and A. J. Helbig (1989) Studies of a Southeast Asian ant-plant association : protection of *Macaranga* trees by *Crematogaster borneensis*. *Oecologia* 79 : 463-470.

Fiala, B., H. Grunsky, U. Maschwitz and K. E. Linsenmair (1994) Diversity of ant-plant interactions - protective efficacy in *Macaranga* species with different degrees of ant association. *Oecologia* 97 : 186-192.

Fiala B, A. Jakob and U. Maschwitz (1999) Diversity, evolutionary specialization and geographic distribution of a mutualistic ant-plant complex : *Macaranga* and *Crematogaster* in South East Asia. *Biological Journal of Linnean Society* 66 : 305-331.

Fitch, W. M. and E. Margoliash (1967) Construction of phylogenetic trees. *Science* 155 : 279-284.

Futuyma, D. J. (2000) Some current approaches to the evolution of plant-herbivore interactions. *Plant Species Biology* 15 : 1-9.

Gaume, L., D. Matile-Ferero and D. MoKey (2000) Colony formation and acquisition of coccoid trophobionts by *Aphomomyrmex afer* (Formicinae) : co-dispersal of queens and phoretic mealybugs in an ant-plant-homopteran mutualism? *Insectes Sociaux* 47 : 84-91.

Gullan, P. J. (1997) Relationships with ants. In : Ben-Dov Y, Hodgson CJ, editors. *Soft scale insects: their biology, natural enemies and control* : Elsevier Science B. V. pp. 351-373.

Gullan, P. J., R. C. Buckley and P. S. Ward (1993) Ant-tended scale insects (Hemiptera, Coccidae, *Myzolecanium*) within lowland rain-forest trees in Papua-New-Guinea. *Journal of Tropical Ecology* 9 : 81-91.

Handa, C., S. Ueda, H. Tanaka, T. Itino and T. Itioka (2012) How do scale insects settle into the nests of plant-ants on *Macaranga* myrmecophytes? Dispersal by wind and selection by plant-ants. *Sociobiology* 59 : 435-446.

Hatada, A., T. Itioka, R. Yamaoka and T. Itino (2002) Carbon and nitrogen contents of food bodies in three myrmecophytic species of *Macaranga* : implications for antiherbivore defense mechanisms. *Journal of Plant Reserch* 115 : 179-184.

Heckroth, H. P., B. Fiala, P. J. Gullan, A. H. Idris and U. Maschwitz (1998) The soft scale

(Coccidae) associates of Malaysian ant-plants. *Journal of Tropical Ecology* 14: 427-443.

Heil, M., B. Fiala, K. E. Linsenmair, G. Zotz and P. Menke (1997) Food body production in *Macaranga triloba* (Euphorbiaceae): a plant investment in anti-herbivore defence via symbiotic ant partners. *Journal of Ecology* 85: 847-861.

Heil, M., B. Fiala, W. Kaiser and K. E. Linsenmair (1998) Chemical contents of *Macaranga* food bodies: adaptations to their role in ant attraction and nutrition. *Functional Ecology* 12: 117-122.

Heil, M., B. Fiala, U. Maschwitz and K. E. Linsenmair (2001) On benefits of indirect defence: short- and long-term studies of antiherbivore protection via mutualistic ants. *Oecologia* 126: 395-403.

Inui, Y. and T. Itioka (2007) Species-specific leaf volatile compounds of obligate *Macaranga* myrmecophytes and host-specific aggressiveness of symbiotic *Crematogaster* ants. *Journal of Chemical Ecology* 33: 2054-2063.

Inui, Y., T. Itioka, K. Murase, R. Yamaoka and T. Itino (2001) Chemical recognition of partner plant species by foundress ant queens in *Macaranga-Crematogaster* myrmecophytism. *Journal of Chemical Ecology* 27: 2029-2040.

Itino, T. and T. Itioka (2001) Interspecific variation and ontogenetichange in antiherbivore defense in myrmecophytic *Macaranga* species. *Ecological Research* 16: 765-774.

市野隆雄・市岡孝朗 (2001) 生物間相互作用の歴史的過程—アリ植物をめぐる生物群集の共進化. (佐藤宏明・安田弘法・山本智子, 編). 群集生態学の現在. 京都大学学術出版会. pp. 353-370.

Itino, T., S. J. Davies, H. Tada, O. Hieda and M. Inoguchi (2001) Cospeciation of ants and plants. *Ecological Research* 16: 787-793.

市野隆雄・Quek SP・上田昇平 (2008) アリ植物とアリ―共多様化の歴史を探る. (横山 潤. 堂囿いくみ・編) 共進化の生態学—生物間相互作用が織りなす多様性. 文一総合出版. pp. 151-188.

Itioka, T., M. Nomura, Y. Inui, T.Itino and T. Inoue (2000) Difference in intensity of ant defense among three species of *Macaranga* myrmecophytes in a southeast Asian dipterocarp forest. *Biotropica* 32: 318-326.

市岡孝朗 (2005) アリ―オオバギ共生系の多様性：生物群集への波及効果. 日本生態学会誌 55: 431-437.

Janzen, D. H. (1980) When is it Coevolution? *Evolution* 34: 611-612.

Kawakita, A. and M. Kato (2009) Repeated independent evolution of obligate pollination mutualism in the Phyllantheae-*Epicephala* association. *Proceeding of the Royal Society of London Series* B 276: 417-426.

Machado, C. A., E. Joysselin, F. kjellberg, S. G. Compton and E. A. Herre (2001) Phylogenetic relationships, historical biogeography and character evolution of fig-pollinating wasps. *Proceedings of the Royal Society of London Series* B-Biological Sciences 268: 685-694.

Maschwitz, U., M. Schroth, H. Hänel and T. Y. Pong (1984) Lycaenids parasitizing symbiotic plant-ant partnerships. *Oecologia* 64: 78-80.

Medway, G. (1972) The quaternary mammals of Malesia: a review. In: Ashton PS, Ashton M, editors. *The Quaternary Era in Malesia: being the transactions of the second Aberdeen-Hull Symposium on Malesian Ecology*. Hull: University of Hull Department of Geography Miscellaneous Series no. 13. pp. 63-83.

Megens, H. J., W. J. Van Nes, C. H. M. Van Moorsel, N. E. Pierce and R. De Jong (2004) Molecular phylogeny of the Oriental butterfly genus *Arhopala* (Lycaenidae, Theclinae) inferred

from mitochondrial and nuclear genes. *Systematic Entomology* 29：115-131.
Megens, H. J., R. De Jong and K. Fiedler (2005) Phylogenetic patterns in larval host plant and ant association of Indo-Australian Arhopalini butterflies (Lycaenidae：Theclinae). *Biological Journal of the Linnean Society* 84：225-241.
Morley, R. J. (2000) Origin and evolution of tropical rain forests. Chichester：John Wiley & Sons. 378 pp.
Mueller, U. G., T. R. Schultz, C. R. Currie, R. M. Adams and D. Malloch (2001) The origin of the attine ant-fungus mutualism. *The Quarterly Review of Biology* 76：169-197.
Murase, K., T. Itioka, Y. Inui and T. Itino (2002) Species specificity in settling-plant selection by foundress ant queens in *Macaranga-Crematogaster* myrmecophytism in a Bornean dipterocarp forest. *Journal of Ethology* 20：19-24.
Nakatani, Y., T. Komatsu, T. Itino, U. Shimizu-kaya and T. Itioka (2013) New *Pilophorus* species associated with myrmecophilous *Macaranga* trees from the Malay Peninsula and Borneo (Heteroptera：Miridae：Phylinae). *Tijdschriff voor entomologie* 156：113-126.
Nomura, M., T. Itioka and T. Itino (2000) Variations in abiotic defense within myrmecophytic and non-myrmecophytic species of *Macaranga* in a Bornean dipterocarp forest. *Ecological Research* 15：1-11.
Okubo, T., M. Yago and T. Itioka (2009) Immature stages and biology of Bornean *Arhopala* butterflies (Lepidoptera, Lycaenidae) feeding on myrmecophytic *Macaranga*. *Transactions of the Lepidopterological Society of Japan* 60：37-51.
Pellmyr, O. and J. Leebens-Mack J (1999) Forty million years of mutualism：Evidence for Eocene origin of the yucca-yucca moth association. *Procceding of the National Academy of Sciences of the United States of America* 96：9178-9183.
Quek, S. P., S. J. Davies, T. Itino and N. E. Pierce (2004) Codiversification in an ant-plant mutualism：stem texture and the evolution of host use in *Crematogaster* (Formicidae：Myrmicinae) inhabitants of *Macaranga* (Euphorbiaceae). *Evolution* 58：554-570.
Quek, S. P., S. J. Davies, P. S. Ashton, T. Itino and N. E. Pierce (2007) The geography of diversification in mutualistic ants：a gene's-eye view into the Neogene history of Sundaland rain forests. *Molecular Ecology* 16：2045-2062.
Rambaut, A. and L. Bromham (1998) Estimating divergence dates from molecular sequences. *Molecular Biology and Evolution* 15：442-448.
Rønsted, N., G. D. Weiblen, J. M. Cook, N. Salamin and C. A. Machado (2005) 60 million years of co-divergence in the fig-wasp symbiosis. *Poceedings of the Royal Society of london series* 272：2593-2599.
Shimizu-kaya, U.,T. Okubo, Y. Inui and T. Itioka (2013) Potential host range of myrmecophilous *Arhopala* butterflies (Lepidoptera：Lycaenidae) feeding on *Macaranga* myrmecophytes. *Journal of Natural History* 47(43-44)：2707-2717.
Shimizu-kaya, U. and T. Itioka (2015) Host-plant use by two *Orthomeria* (Phasmida：Aschiphasmatini) species feeding on *Macaranga* myrmecophytes. *Entomological Science*. 18(1)：113-122.
Ueda, S., S. P. Quek, T. Itioka, K. Inamori and Y. Sato (2008) An ancient tripartite symbiosis of plants, ants and scale insects. *Proceeding of the Royal Society of London Series* B 275：2319-2326.
Ueda, S., S. P. Quek and T. Itioka (2010) Phylogeography of the *Coccus* scale insects inhabiting myrmecophytic *Macaranga* plants in Southeast Asia. *Population Ecology* 52：137-146.
Ueda, S. T. Okubo, T. Itioka, U. Shimizu-kaya and M. Yago (2012) Timing of butterfly

parasitization of a plant-ant-scale symbiosis. *Ecological Research* 27 : 437-443.
Ward, P. (1991) Ant-Plant Interactions. In : Cutler D, Huxley, CR, editor. *Phylogenetic analysis of pseudomyrmecine ants associated with domatia-bearing plants*. Oxford : Oxford University Press. pp. 335-352.
Zuckerkandl, E. and L. Pauling (1965) Evolutionary divergence and convergence in proteins. *Evolving genes and proteins* 97 : 97-166.

8 アリ社会に見るおれおれ詐欺対策

坂本洋典

アリの社会に侵入を試みる生きものたち

　ここまでアリの社会のさまざまな魅力について紹介してきた．アリはひじょうに発達した社会を築き上げるが，それはけっして他の生物（多くの場合には，同種の別コロニーにも）に門戸を開いてはいない（Höllbober and Wilson, 1990）．アリの社会は，お腹が減った仲間には口移しで栄養を分けてあげる優しさをもつ反面，部外者にとってはひじょうに排他的な社会構造をとっている．往々にして，このような排他的な社会というのは内部に秘密の宝物が隠されている．それは，けっして目に見えるかたちの宝物だけではない．まず，門番の役割をする働きアリの目を逃れ，アリの社会に侵入するだけで，他の捕食者・寄生者からの「安全」を手にすることができる．そしてさらなる先には，餌となるさまざまな資源が待ち受けている．アリにとって価値が低い順に書くと，まずはアリのゴミ捨て場．ゴミ捨て場と侮ってはいけない，アリにこそゴミとはいえ，他の生きものにとっては十分なごちそうがたくさんある．ちなみにアリのゴミ捨て場は，致命傷を受けたアリたち自身が捨てられてしまうことすらある非情な世界だが，こうしたアリは侵入者の餌として狙われる．続いては，アリ自身の餌．アリはたとえば昆虫の死体や草の種子といったように，動物質・植物質を問わず，多くの餌を巣内へと運び込む．また，自分たちの家畜として，蜜を分泌するアブラムシやカイガラムシなどのカメムシ目昆虫を牧畜しているアリたちもいる．このようなアリの家畜の蜜は，他の昆虫にとっても好適な資源に他ならない．さらに，先に述べたように多くのアリは自分自身の消化管に入った餌を，同僚や幼虫に吐き戻して与える．こうした吐き戻し餌も当然栄養価が高く，重要な価値をもつ．さてお待たせした，アリの巣の中を見てみよう．ここからは本当に重要な宝だ．まず，アリ自身の若かりし幼虫や蛹，チョウらと同じく完全変態昆虫であるアリでは，どのステ

ージもひじょうに柔らかく，他者にとっては栄養価の高い貴重な餌となる．そして，コロニーの次世代の繁殖カーストである新女王アリの幼虫や蛹は働きアリに厳重に守られているが，その巨大さと栄養価の高さゆえに，侵入者にとってはとても価値のある資源である．そしてさらに，それらすべてを含んだ社会というスケールの巨大な資源が存在する．そう，アリ社会の排他的な空間を騙して奪えば，アリの利益すべてを持ち去ることすら可能なのだ．そして，これらすべての「宝」は実際に，常に狙われている．

では，アリの社会への侵入者たちの姿をお見せしよう（図8-1）．皆，奇想天外な姿をしている．初めて彼らを見つけた人は，さぞ驚いたことだろう．正体不明の（アリスアブの幼虫などは，発見当初はナメクジの一種と思われていた）どう見てもアリとは似ていない生きものたちが，アリの世界に入り込んで，アリたちに気づかれないうちに，思いのまま利益を貪っている．あたかも，人間の世界に忍び込んだ異星人，あるいは妖怪の姿にも見えるかもしれない．このように，アリの世界に入り込むことで積極的に利益を受けようという性質を「好蟻性」，好蟻性をもつ生物を「好蟻性生物」もしくは，古い言葉では蟻客（ぎきゃく）と言う．後者は，蟻の巣に入り込んだ客人という意味で，風流な言葉ではあるが，実際には押し込み強盗のような蟻客も数多い．アリから利益を得る魅力の巨大さを示すように，好蟻性生物のなかには昆虫は無論のこと，軟体動物から節足動物まで多岐にわたる分類群が含まれる（丸山

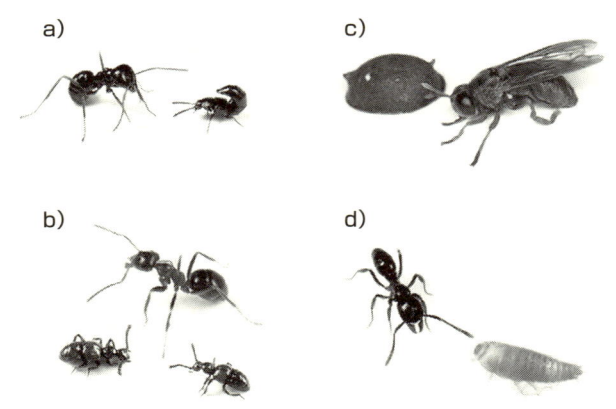

図8-1 多様な姿をした好蟻性生物たち．a) ハネカクシ，b) アリヅカムシ，c) アリスアブ，d) アリシミ（撮影：島田 拓）．

ら，2013）．また，アリ社会の利益を求める生きものにはアリすら含まれる．クロクサアリ *Lasius fuji* などのクサアリ類や，トゲアリ *Polyrhachis lamellidens* やサムライアリ *Polyergus samurai* などは，結婚飛行後に新女王が巣をみずから設立するかわりに，他のアリの巣へと侵入し，元々の女王を殺してしまう．そして女王の死後，残された働きアリと巣をまるごとわが物にする．みごとに「社会」そのもの，そう，まるごと巨大な宝を奪ってしまうのだ．このような習性は「一時的社会寄生」と呼ばれる．ちなみに，アメイロケアリ *Lasius umbratus* はクロクサアリに寄生されるが，被害者に見えるこの種自身がじつはトビイロケアリ *L. japonicus* の巣を乗っ取る一時的社会寄生種のアリである．因果応報・・・と一言で言えないほどにアリの世界はすさまじい．

　好蟻性がもたらす莫大な利益を考えると，一つの分類群全体が好蟻性を示すグループの存在が予想できる．アリと強い関係性をもつ分類群として，アリマキの異名をもつアブラムシを真っ先に思い浮かべる人が多いだろう（アリジゴクが好蟻性昆虫の最高傑作だと考えている人も，私の身近に数名いる）．たしかにアブラムシがアリに対する基本戦略に採用した，「糖分が多く含まれる蜜（しかもその蜜は，餌である植物の汁の余りものなのだ）をアリに与え，かわりにアリに守ってもらう栄養共生・相利共生戦略はたいへん成功している（Höllbober and Wilson, 1990）．そして，それと同様の方法をとるチョウのグループは，世界に約6000種，日本におよそ80種（日本のチョウの約2割）と繁栄している（Pierce et al., 2002）．それが「シジミチョウ」だと聞くと意外に感じる方も多いかもしれない．シジミチョウは漢字では「蜆蝶」，あるいは「小灰蝶」と書くように小さなチョウで，昆虫好きな人でなければなかなか注目されるチョウではない．生きもの好きな人からは「シジミチョウ？　ああ足元を飛んでいるあの青いチョウのことですね」と返事がかえってくることもあるが，その青いチョウが一種類のみでなく何種もが混ざっていると教えると驚かれることが多い．私も幼いときには，もっと大型のアゲハチョウやタテハチョウに惹かれる一方，弱々しく飛ぶ小さなシジミチョウには食指が動かなかったのだから，大きなことは言えないが．この仲間は，なかなかたいした進化をとげている．シジミチョウの幼虫期を見ると，体の表皮の厚さが他の鱗翅目昆虫の幼虫に比べて分厚く，弱点である頭を表皮の下に隠している姿が，あたかも戦車の

ような頼もしさを感じさせる．さらに，全身にアリの社会に侵入するための化学物質を分泌する「好蟻性器官」と呼ばれる特殊な器官を備えつけている（図8-2）．アブラムシが備える蜜腺はもちろん，多種多様な化学物質を必要に応じて分泌するシジミチョウの幼虫は，最新鋭の化学兵器を備えた化学戦車とでも呼ぶべきだろうか．機能がわかっていない好蟻性器官も数多いが，これらを用いてアリとの結びつきを強めることにより，シジミチョウ類がアリ社会に侵入し，大きく繁栄を遂げたことは間違いない（Pierce et al., 2002）．

　ここで日本国内を見てみると，幼虫期に特定のアリ社会に深く侵入するシジミチョウがなんと5種類もいる（山口，1988）．どの種もひじょうに美しく，海外にもファンが多い種なのだ．5種類の好蟻性シジミチョウをシジミチョウ−アリの順に列挙すると，ムモンアカシジミ *Shirozua jonasi*−クサアリ類 *Lasius* (*Debdorolasius*) spp.，キマダラルリツバメ *Spindasis takanonis*−ハリブトシリアゲアリ *Crematogaster matsumurai*，クロシジミ *Niphanda fusca*−クロオオアリ *Camponotus japonicus*，ゴマシジミ *Phengaris teleius*−シワクシケアリ *Myrmica kotokui*，オオゴマシジミ *P. arionides*−シワクシケアリとされている．これらのうち，ムモンアカシジミは幼虫期にアブラムシ・カイガラムシを捕食する肉食性のシジミチョウで，唯一アリの巣穴の外で生活するが，残りの4種はアリの巣穴の中で幼虫期をすごす．なかでも，最後に挙げた2種類，ゴマシジミとオオゴマシジミが属するゴマシジミ属のシジミチョウ

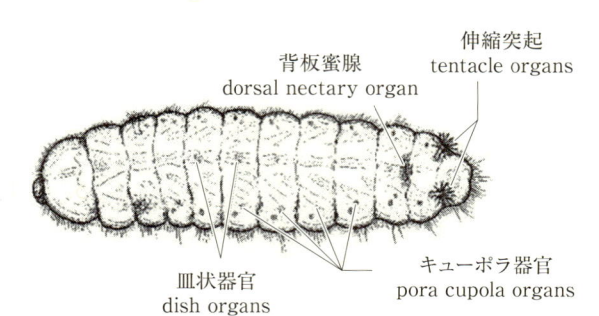

図8-2　シジミチョウ幼虫がもつおもな好蟻性器官（矢後，2003を改変）．背板蜜腺（dorsal nectary organ）よりアリに蜜を与え，その際に伸縮突起（tentacle organs）はシグナルとして機能すると考えられている．キューポラ器官（pora cupola organs）は，シジミチョウの幼虫が基本的に備えている化学物質の分泌腺である．それに対し，皿状器官（dish organs）はキマダラルリツバメの仲間に特異的に進化した好蟻性器官であり，化学物質の分泌腺と予想される．

(国内では,属名として *Maculinea* を使う人が多いが,国際的にはゴマダラシジミ類をくわえた広義の *Phengaris* をゴマシジミ属とすることが一般的となっており(Fric et al., 2007),ここでもそれに従う)は,おそらくもっとも研究が進んだ好蟻性生物のグループだろう.ここからは,これらゴマシジミ類についての話をしていく.

おそるべきゴマシジミの「おれおれ詐欺」

シジミチョウは,英語で「○○ Blue」と呼ばれる.多くの種が,(とくにオスでは)青い翅をもつためにこのように名づけられたのであろうが,そのなかでゴマシジミ類は "Large Blue" と特別に呼ばれる.この "Large" の感覚は,シジミチョウというチョウの平均的な大きさに馴

図 8-3 ゴマシジミ(上)と,ヤマトシジミ(下)の大きさ比較.いずれも平均的な大きさのメス個体.ヤマトシジミはもっともふつうな大きさのシジミチョウ(標本提供:斎藤秀昭).

染んでいないと伝わることがないだろう．何しろ，最大サイズのゴマシジミの個体でさえも，身近な「小さい」モンシロチョウにすら及ばない程度なのだ．しかし，ヤマトシジミやツバメシジミといった「よく見る青いシジミチョウ」と比較したならば，ゴマシジミがシジミチョウとしていかに「大きい」かわかるだろう（図8-3）．この「大きさ」こそゴマシジミの特徴である．なぜならば，ゴマシジミ類に共通する「アリの巣で幼虫時代の後半期をすごすこと」という習性により，アリの巣の資源を奪ってゴマシジミ類は大きくなるのだ．

　では，ゴマシジミ類のこうした生態は，どのように進化してきたのだろう．その鍵として，Alsらが描いたゴマシジミの系統樹を眺めてみよう（Als et al., 2004）．まず，シジミチョウのなかでゴマシジミ類は，単

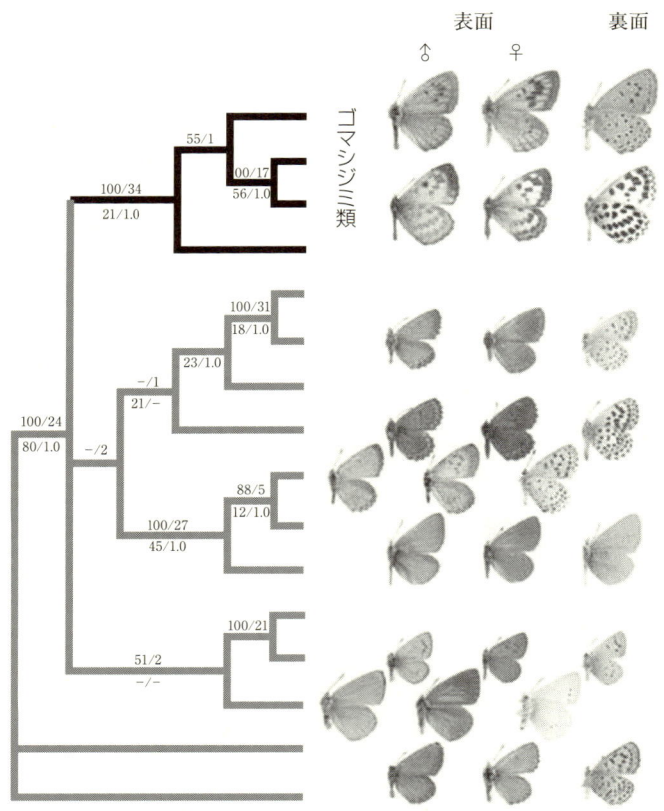

図8-4　アリと関わりをもつシジミチョウの系統樹（Als et al., 2004を改変）．系統樹の灰色の線はさまざまなアリと弱い共生関係の種．黒い線は特定の宿主アリと深い関わりをもつ種を示す．

一のグループとして存在する．近縁のシジミチョウは，蜜を分泌することによってさまざまなアリと関わりをもつが，特定のアリと深い関係をもつわけではない（図8-4）．さらに細かくゴマシジミの系統樹を見ると，まずは成虫が産卵する植物によって大きく三つの集団に分けられる（図8-5）．ゴマシジミを含むバラ科植物産卵集団，オオゴマシジミを含むシソ科植物産卵集団，そして日本にはいないリンドウ科植物産卵集団だ．ゴマシジミ類は，特定の植物の蕾にしか卵を産まず，アリの巣に運ばれる終令幼虫までの期間，その蕾や花を餌として育つ．こうした，特異性が強い食草との関係が種分化に大きく影響してきたと考えられる．一方で，宿主となるアリのグループはクシケアリ属 *Myrmica* に定まっており，お互いが共進化してきたことが予測できる．さて，そのなかで注目すべきは巣の中でゴマシジミ類がとる行動である．広く見られるの

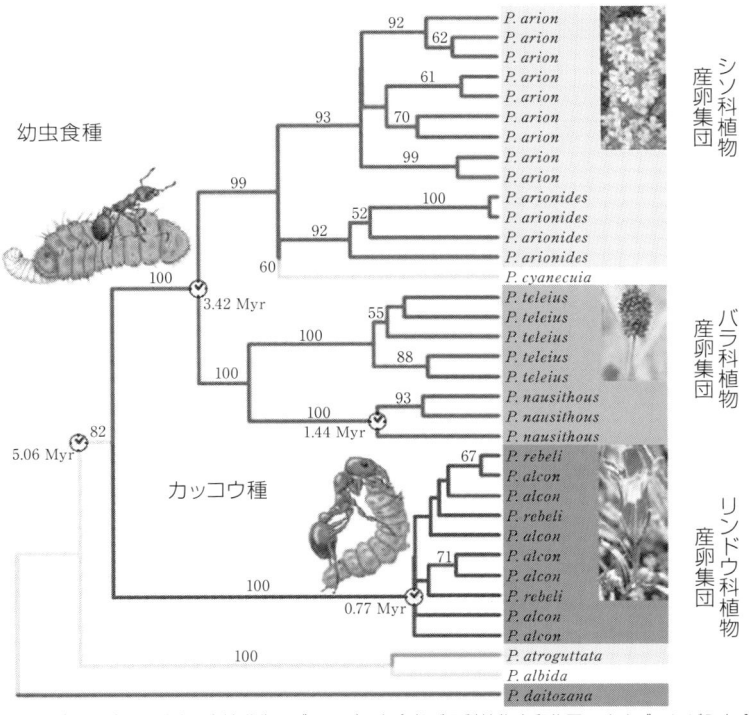

図8-5 ゴマシジミの系統と食性進化．ゴマシジミを含むバラ科植物産卵集団，オオゴマシジミを含むシソ科植物産卵集団，そして日本にはいないリンドウ科植物産卵集団に大きくわけられ，カッコウ種はリンドウ科植物産卵集団で一回のみ進化した．Myr：100万年前の分岐．（Als et al. 2004を改変）．

が「幼虫食い」，宿主となるクシケアリ類の幼虫を直接的に食べる暮らしだ．当然ながら，巣に与えるダメージは大きい．ゴマシジミ1匹が成虫になるまでに，約600匹もの宿主アリ幼虫を餌にすると見積もられている（Elmes et al., 1998）．これは，一つのアリの巣の存続に深刻なダメージを与えうる幼虫数である．さらに，ゴマシジミ類は宿主の新女王アリとなる幼虫を積極的に食べる（Thomas and Wardlaw, 1990）．これは，ゴマシジミの幼虫が宿主アリに手厚い保護を受けるため，同様に手厚い保護を受ける新女王候補の幼虫が邪魔な存在だからだと考えられている．また実際に，宿主アリの巣から何匹のゴマシジミが羽化するかを観察したElmesら（1998）によると，アリの巣のほとんどからゴマシジミが羽化せず，さらにゴマシジミが羽化した巣でもその大半が，1匹のみの羽化に留まっていた．さらには，餌として食べた宿主アリ幼虫の数が基準の数に達さないと，その年に成虫になることを諦めて，休眠して次の年に羽化してくる例すら知られている（Thomas et al., 1998）．このような幼虫食いに比べて効率がいいのが「カッコウ」と呼ばれる戦略だ．鳥のカッコウをご存じだろうか．カッコウの親鳥は，他の鳥の巣に卵を産み落とす．そして孵化したヒナは，元々いる鳥の卵をせっせと巣から突き落とす．たった1羽巣に残ったカッコウのヒナは，親鳥による献身的な給仕を受けて，大きく育って巣から立ち去るのだ．ゴマシジミ類でも，「幼虫食い種」の代わりに，働きアリから口移しに餌を貰うカッコウ種がレベリゴマシジミ *P. rebeli*，アルコンゴマシジミ *P. alcon* が含まれるリンドウ科植物食で1回だけ（ただし，ゴマダラシジミ類には生態不明種が含まれている）進化している（Als et al., 2004）．残念ながら日本には分布していないが，このようなカッコウ種では宿主アリの巣一つから数十個体のチョウが羽化してくるという．これは一見，宿主アリに大きなダメージは与えないように見える．ところが，ゴマシジミ類の幼虫の数に比例して，巣内で育つアリの幼虫数が減っていることがわかった（図8-6）．これは，アリ幼虫に比べて，ゴマシジミ類の幼虫はあまりにも大きいサイズであるため，その差によるものだと考えられる．やはり，カッコウと同じだ…と言わざるを得ない．なお，日本に棲む好蟻性シジミチョウのうちクロシジミ，キマダラルリツバメの2種もアリから口移しで餌を貰う．これらの種は，蜜と引き換えに餌を貰う相利共生と捉えられる場合もあるが（山口，1988），いずれのシジミチョ

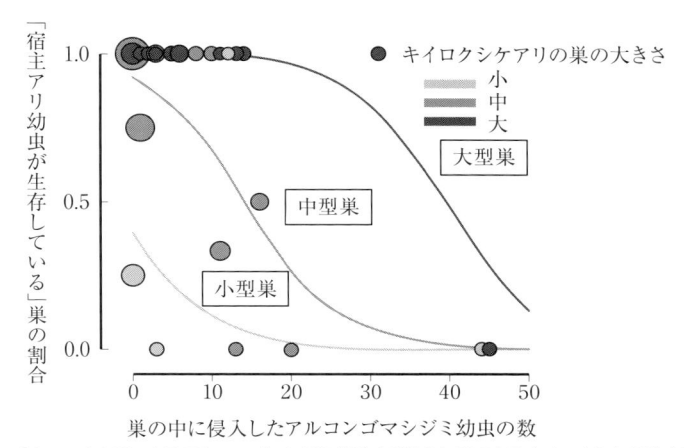

図 8-6 「カッコウ」種であるアルコンゴマシジミ類幼虫が宿主アリであるキイロクシケアリ *Myrmica rubra* の巣に与える負の影響(Nash et al., 2008 を改変).縦軸は,「アリの幼虫が生存している」巣の割合で,巣が大きくても小さくても,巣内に侵入したゴマシジミ類の幼虫の数が一定の数を越えると,巣内でアリの幼虫が生き残れないことがわかる.

ウ幼虫も宿主アリの幼虫より著しく大きく,アリの巣に甚大な負担を与えている可能性も大いに考えられる.では,これだけ甚大な被害を与えるゴマシジミ類の幼虫の侵入を,宿主アリはなぜ許してしまうのだろうか.古くから,ゴマシジミ類の分泌する蜜の「味」に注意を向けた人は多く,「麻薬のような蜜に酔っぱらって,自分の妹弟がゴマシジミの幼虫に食べられている姿をぼぉっと見守り続ける働きアリ」のイメージが絵本を含めた多くの本で紹介されている.事実,同じようにアリの巣に入るクロシジミでは,蜜が宿主アリであるクロオオアリの好みに合わせたスペシャルな糖とアミノ酸の配合になっており,特定の宿主に快楽を感じさせる魔法の蜜は存在する(Wada et al., 2001;Hojo et al., 2009).しかし,まったく違うアプローチから,いかにゴマシジミ類がアリの巣に連れられていくかを見つけだした日本人がいる.京都工芸繊維大学の秋野順治博士らは,ゴマシジミ類の幼虫の「匂い」に着目した.アリは地中性の昆虫であるため,一般に視覚は退化して,嗅覚への依存度が高くなっている.そのなかでも,体表を覆う体表炭化水素は,自分たちの巣の仲間を認識するために重要な役割を担うことが知られている(「3. アリのメガコロニーが世界を乗っとる」,「5. 新規参入者の選択」,「6. 世界を驚かせた巨大シェアハウスプロジェクト」参照).ゴマシジミ類は,これを真似るのだ.秋野ら(1999)はガスクロマトグラフ質量分析

アリ社会に見るおれおれ詐欺対策

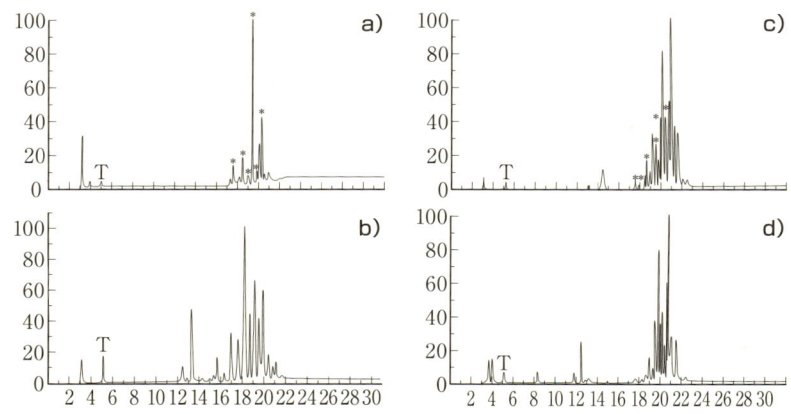

図8-7 アリの巣の中に侵入するレベリゴマシジミと,宿主アリのヘキサン抽出物のガスクロマトグラム.グラフの形の類似は,体表炭化水素組成の類似を示す. a) ゴマシジミ幼虫(植物食), b) ゴマシジミ幼虫(アリ巣に侵入後), c) 宿主アリ幼虫, d) 宿主アリ働きアリ. a)とc)のアスタリスクは共通の炭化水素. Tはテルペノイド(リモネン)のピーク(Akino et al. 1999を改変).

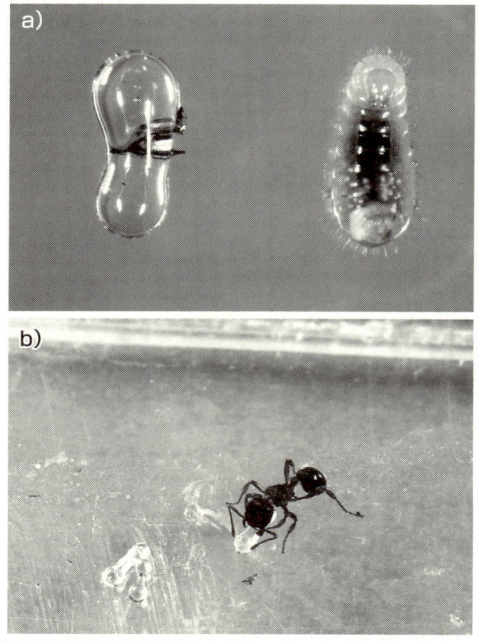

図8-8 ゴマシジミ類の体表炭化水素が塗られたガラスビーズの持ち帰り実験. a) 実験に用いたガラスビーズ(左).固有の匂いがなく,さまざまな物質を塗りつけることができる.宿主アリの幼虫(右)とほぼ同じ大きさに作られ,働きアリが持ち運びやすいようにくびれがつけられている. b) 体表炭化水素が塗られたガラスビーズを巣へと運ぼうとする宿主アリの働きアリ(写真提供 秋野順治).

図 8-9 クロオオアリのドラミング．足を固定し，大あごを開いて頭と腹部を地面へと叩きつける（写真提供：NHK「ダーウィンが来た!! 生きもの新伝説 不思議いっぱい！身近なアリ大研究」より）．

計（GC-MS）を用いて，ゴマシジミ類の幼虫が，宿主となるアリの体表炭化水素比と近い体表炭化水素組成をもつことをレベリゴマシジミとクシケアリの一種 *M. schenchi* の系で明らかにした（「コラム 2 わずかな匂いの謎を解く微量分析」参照；図 8-7）．さらに，秋野らは，この体表炭化水素が実際にゴマシジミ類幼虫が巣に運ばれるための化学的刺激になっているかを明らかにするため，ガラスで作った模型にゴマシジミ類幼虫の体表炭化水素を塗り付け，体表炭化水素を塗った模型が巣に持ち帰られることを実証した（図 8-8）．じつは，このような「匂い」による擬態（視覚による擬態と対比させ，化学擬態と呼ばれる）をしていると考えられる事例のうち，「化学物質が引き起こす行動」までを示して，擬態の効果を実証した研究は数少ない．多くの事例は，「似た匂いをもっている」ことから擬態を推測するのに留まるなか，困難な再現実験を組み入れた，日本人による誇るべき研究である．さて，アリがおもにコミュニケーションに利用する感覚は，視覚ではなく嗅覚だと述べてきた．それでは，聴覚に代表される他の感覚器官を利用したコミュニケーションは存在しないのだろうか．結論を先に言うと，存在する．アリの多くはドラミングと呼ばれる，自分の身体の一部を地面に叩きつける行動によって警戒のメッセージを発するし（図 8-9），身体の腹柄節（胸部と腹部をつなぐ，アリに特異的なジョイント器官，「1. アリに学ぶ」参照）が二つあるいわゆるフタフシアリ類では，そこにやすり状の発音器官をもち，擦りあわせてギリギリという音を立ててコミュニケーションに用いる（坂本・緒方，2011，図 8-10）．なお便宜上，音という言葉

アリ社会に見るおれおれ詐欺対策　185

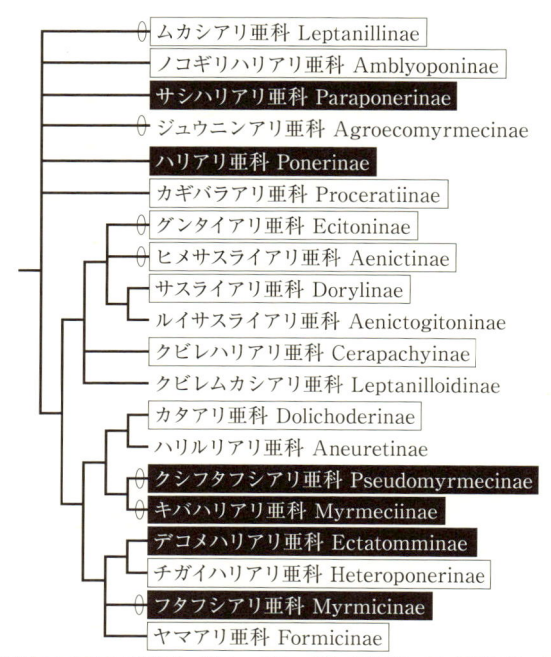

```
            ┌─ ムカシアリ亜科 Leptanillinae
            ├─ ノコギリハリアリ亜科 Amblyoponinae
            ├─ サシハリアリ亜科 Paraponerinae
            ├─ ジュウニンアリ亜科 Agroecomyrmecinae
            ├─ ハリアリ亜科 Ponerinae
            ├─ カギバラアリ亜科 Proceratiinae
            ├─┬─ グンタイアリ亜科 Ecitoninae
            │ ├─ ヒメサスライアリ亜科 Aenictinae
            │ ├─ サスライアリ亜科 Dorylinae
            │ ├─ ルイサスライアリ亜科 Aenictogitoninae
            │ ├─ クビレハリアリ亜科 Cerapachyinae
            │ └─ クビレムカシアリ亜科 Leptanilloidinae
            ├─ カタアリ亜科 Dolichoderinae
            ├─ ハリルリアリ亜科 Aneuretinae
            ├─ クシフタフシアリ亜科 Pseudomyrmecinae
            ├─ キバハリアリ亜科 Myrmeciinae
            ├─ デコメハリアリ亜科 Ectatomminae
            ├─ チガイハリアリ亜科 Heteroponerinae
            ├─ フタフシアリ亜科 Myrmicinae
            └─ ヤマアリ亜科 Formicinae
```

図 8-10　発音器官をもつアリの系統樹　(坂本・緒方, 2011 を転載). 系統樹は Ward, 2007 を一部改変. 和名は緒方ら, 2005 に基づく. 白抜きは発音器を有する亜科, 囲みは発音器をもたない亜科, その他は情報なし. 発音器の有無の知見は Markl (1973) に基づく. 楕円を付した亜科は腹部第三節が後腹柄節として発達するアリ.

を使うが，より正確に表現すると，空気中を伝わる音はアリには聞き取れず，地面を伝わってくる振動をアリは感知している．しかしこれまで，発音・振動を用いたコミュニケーションは，化学物質によるコミュニケーションに比べると単純なものであり，重要な情報伝達には用いられていないと考えられていた．そのため，ゴマシジミ類が宿主アリときわめて似通った音を発することが 1990 年代に発見されたにもかかわらず (DeVries et al., 1993)，宿主との収斂なのだろうと扱いは比較的小さかった．ところが 2009 年，Barbaro らは女王アリと働きアリでは発音器官の大きさが異なり，女王アリは働きアリに護衛を促す特別な音を奏でることを明らかにした．そして驚くべきことに，ゴマシジミ類の幼虫・蛹も女王アリの音と同様の効果を発する音を発するのだ．このことは当初，カッコウ種であるレベリゴマシジミで発見されたが，のちの研究において，幼虫食い種が発する音も同様の機能をもつ音を発すること

が判明し，ゴマシジミ類全体で進化してきたと考えられている．つまり，ゴマシジミ類は化学物質のみならず，聴覚についてもアリを欺いている．しかも女王アリに似せるという鮮やかな方法で．ゴマシジミ類の寄生率が，女王アリがいない巣では上昇するということは知られていたが，比較対象となる真の女王アリがいなければより擬態が完璧になると納得がいく．しかし，家族であるアリたちに警戒されずにアリのコロニーに忍び込むゴマシジミは恐るべき「オレオレ詐欺」の詐欺師であると言わざるを得ない．

宿主アリ社会なしでは暮らせない

ゴマシジミ類の中でも，アリオンゴマシジミ，またはゴウザンゴマシジミと呼ばれる種 P. arion は，保全生態学においてメジャーな存在である．この種は1979年，奇遇にも著者が生まれた年にイギリスから絶滅した（Thomas, 1980）．イギリスに分布する，唯一の"Large blue"の絶滅は，ふるさとの自然を愛する彼の国の人々には耐え難かったのだろう．さまざまな労苦の末に同じヨーロッパであるスウェーデンからの再導入が踏み切られた（Thomas et al., 1999）．この際，ゴマシジミが絶滅した産地にただ放しても上手くいくはずがない．徹底的に，アリオンゴマシジミがいなくなった理由が調査された結果，最大の原因は宿主アリの激減だとわかった（Thomas et al., 1989）．生息地の草丈が人為的な刈り込みにより短くなったことで，本来の宿主アリが他のアリに淘汰されてしまったのだ．このことは，ゴマシジミ類の保全のためには，宿主アリが好む生態系を保全する必要があることを示している．

ここで，国内のゴマシジミへと話題を戻そう．日本のチョウの愛好家の中でゴマシジミの人気は，昔からとても高い．そのおかげで，各地域における色や大きさの変異といった情報が古くから集積している．ゴマシジミの翅表面の色は，いうまでもなく"青"だが，地域によってその色が黒みを帯びたり，高山帯では小型化が進むといった変異が見られる．そのような形態的変異を元に，日本国内のゴマシジミは複数の亜種に分けられてきた．細分化が進みすぎだとして，4亜種ぐらいにまとめる研究者が近年は多いが（Shibatani et al., 1994），一時は10近くもの亜種に分類されたことすらあった（Fujioka, 1975）．特筆すべきは，産卵

する植物が，地域によって異なる．本州および九州の低地帯ではワレモコウ，東北・北海道ではナガボノシロワレモコウ，そして本州の高山ではカライトソウ，いずれも同じバラ科植物の蕾に産卵し，初期幼虫期は植物を食べてすごすのだ．

さて，ゴマシジミの形態情報がこれだけ収集され，細分化した亜種に分けられている反面，ゴマシジミの宿主アリについて興味をもつ蝶愛好家は意外なほどに少ない．ゴマシジミの宿主アリは，山梨県と青森県の個体群においてはシワクシケアリであることを山口（1988）が示したものの，その他の地域における調査は皆無である．視点を国外に広げると，ゴマシジミ類はいずれも複数のクシケアリ類を宿主としている（Pech et al., 2007）．多くの例では，メインとなる宿主と，寄生可能であるがサブ的に扱われる宿主をもつケースが多い．ゴマシジミについても例に漏れず，世界では14種類もの宿主アリが記載されている（Pech et al., 2007）．調査もしないうちから，日本ではゴマシジミの宿主アリが一種類であるなどと言ってしまうのはずさんな話であり，アリオンゴマシジミのようなケースを招く元になってしまう危険性すらある．

2010年，私は北海道大学の東 正剛教授の博士研究員として北の大地を踏んだが，ひそかに興味があったのは北海道ではゴマシジミが本州ほど稀ではなく，多くの個体が観察できるという話だった．しかし一方で，それだけ有名であるのにもかかわらず，宿主アリを誰も確かめていない，記録の空白地帯であった．蝶愛好家は数多いが，飼育の難物であるゴマシジミの幼虫に手を出す人はきわめて少ない．何しろ，アリの巣一つを大事に1年間飼育して，わずか1個体の成虫が得られれば幸運なのだから，標本に価値を求める人からすれば「わりに合わない」行為であるのだろう．さて，北海道のゴマシジミ生息地に赴いたのは2010年の9月だった．北海道大学で出会ったチョウ好きの学生に，札幌郊外，定山渓付近の好ポイントを紹介されたのだ．クマに恐れつつも，林道を歩んでいくと空き地に多数のナガボノシロワレモコウの花が咲き，群れ飛ぶゴマシジミを見ることができた．まずは環境調査．砂糖水や粉チーズといったアリの餌を置いてみたり，草をかき分けた目視で周辺のアリ相を調べていくと，おもに見られるアリは3種．クシケアリとは分類的に大きく離れたケアリ属 Lasius のトビイロケアリとキイロケアリ L. flavus，そしてシワクシケアリであった．これはシワクシケアリが宿主

であろうと考えた私は，ナガボノシロワレモコウの花が枯れて，ゴマシジミの幼虫が宿主アリの巣内に運び込まれていることが予測される翌月，臼井 平くん（修士課程．当時）と深谷肇一くん（博士課程．当時）を伴い調査に赴いた．シワクシケアリの巣は，ススキの株の根元に作られており，その根を剪定ばさみで刈りこみながら巣をブロックに切り分け探していく．二人は熱心に手伝ってくれたが，土の中から幼虫を探すのは難易度が高い作業である．「ゴマシジミの幼虫ってどんな虫なんですか？」 その質問に対して，「それはピンク色で・・・」と説明しようとした矢先，第1号の幼虫が育児室から見つかった．北海道のゴマシジミも，シワクシケアリを宿主にするのである（Sakamoto et al., submitted）．予想どおりの結果となったとはいえ，長い間誰も確かめてこなかった結果であり，感慨深い発見であった．そして，この発見は後にゴマシジミをつうじて北海道でさまざまな人と繋がる縁ともなった．

「イタクシケ」と「カユクシケ」

　さて，アリはハチのなかまだ．その証拠として，一部のアリには刺すためのハリが残っている．じつは，シワクシケアリにもハリがある．とはいえ，刺されたことがある人はごくわずかだろう．通常はとても動きがのろく，温厚なアリなのだ．しかし，ゴマシジミの幼虫を探そうと，コロニーを掘り返すときだけはまったく話が別だ．何十ものアリが一度に手に噛みつき，刺す．採集が終わるたびに，熱く疼く紅い痕が両手首に残されていく．その痕の痛みに，違いがあることに気づいたのは，2008年に青森県のゴマシジミの生息地でだ．湿性草原のススキの根元に巣を作るシワクシケアリの抵抗は激しく，手に残った紅い痕は数日経っても消えず，じとじと熱をもって苦しめる．それまでシワクシケアリに刺されることは，長野県の森の中でオオゴマシジミの幼虫を探しながら経験していたが，それとはまったく違った感覚だった．森の中で，朽ち木に巣を作るシワクシケアリは，巣を壊されたときの抵抗がそこまで激しくなく，痛いというよりむずがゆい程度のダメージ．刺された痕も，数日でおさまってくれる程度のものだ．生息する環境が，草原と森林の違いもある．シワクシケアリという種の中に，刺されたときの痛みが異なる「イタクシケアリ」と「カユクシケアリ」という2種類のアリ

がじつは存在しているのではないかという閃きが，私の中に生まれた．
　このとき同時に，信州大学の上田昇平氏らも，長野県の山岳部のシワクシケアリの多様性に興味をもっていた．長野県では，シワクシケアリは標高900 m以上に生息する高地性種で，低地には分布しない．このような生態をもっている生物は，山岳の地誌にそって分化している可能性がある．自然史的に興味深い研究材料となる．このアリの種分化を研究するにあたり，ゴマシジミとの共生・共種分化というのは別の見方からとても興味深い．上田氏と話すうちに，「ゴマシジミの真の宿主アリを探りだそう」という情熱に私たちは囚われていった．お互いがシワクシケアリを集め，確実にゴマシジミの幼虫が入っている巣のシワクシケアリはとくに重要な証拠として扱う．そのうえで，ミトコンドリア

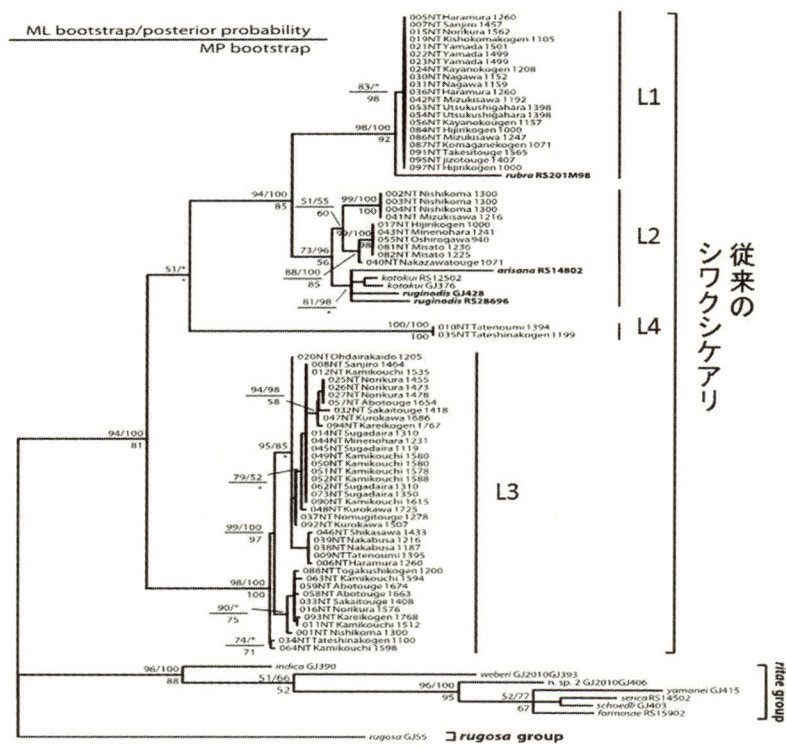

図8-11　国内におけるシワクシケアリ M. kotokui のミトコンドリアCOI遺伝子による系統樹（Ueda et al., 2012より改変）遺伝情報から，従来シワクシケアリと呼ばれていた種の中に便宜上L1をアレチクシケアリ，L2をハラクシケアリ，L3をモリクシケアリ，L4をヒラクチクシケアリとする．L1〜L4の四つの隠蔽種が存在することがわかる．

DNAによる分子系統解析をおこなった．結果は，予想を超えて複雑なものだった．すなわち，ゴマシジミの棲む草原に「イタクシケアリ」，オオゴマシジミの暮らす森林に「カユクシケアリ」がいることは予想どおりだった．しかし，さらに新たに三つも種として取り扱うべきグループが発見されたのだ（Ueda et al., 2012, 2013；図8-11，図8-12）．のちに，九州にはまた異なったグループが存在することがわかり，シワクシケアリは少なくとも5種類に分けるのが妥当だということになった．ただし，私たちには外見的には区別ができない，一番ややこしく困ってしまうパターンとなった．そこで，形態分類の専門家である東京大学の寺山　守先生に状況を説明し，区別点を探索していただくことにした．これらの中で，従来シワクシケアリと呼ばれていた種の中から，分子系統

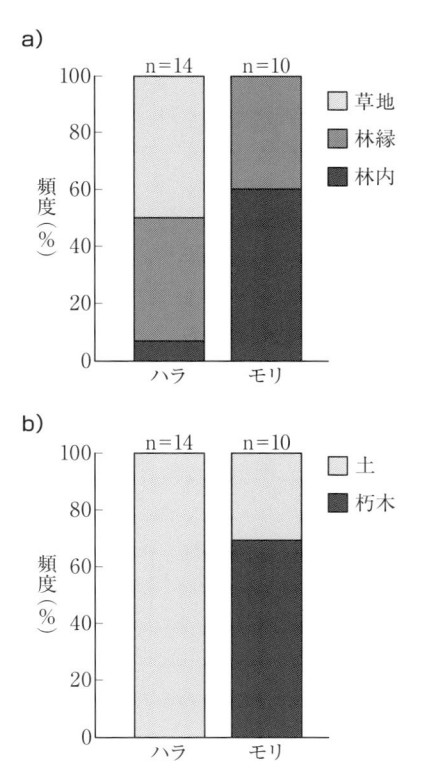

図8-12　ハラクシケアリとモリクシケアリの生態的相違点（Ueda et al., 2013より改変）．a) 生息環境の好み．b) 営巣場所の好み．ハラクシケアリは草原で暮らし土の中に，モリクシケアリは森林で暮らし，おもに朽木に営巣する．

解析の結果，欧州の *M. ruginodis* と同一と考えられる種をみいだし，草原を好む生息環境からハラクシケアリという和名とし，他の4種類を，好みの生息環境からモリクシケアリ，アレチクシケアリ，そして一部地域でしか得られていないヒラクチクシケアリ，キュウシュウクシケアリとして，合わせてハラクシケアリ隠蔽種群として取り扱ってもらうことにした（Ueda et al., 2013；寺山ら，2014）．個人的には，外見での特徴よりも生態面の個性の方が強いと考えられるこのグループにふさわしい，良い名前をつけることができたと思う．

では，ハラクシケアリ隠蔽種群のうち，どの種がゴマシジミの宿主アリなのだろうか．この疑問については，今まさに調査を進めているところだ．何しろ，ゴマシジミの幼虫をクシケアリの巣内から掘り当てることはかなり至難なのである．小さい幼虫は，意外と巣の中央部から少しずれたところにいることが多く，見逃し気味になってしまう．それでも見つかれば良いが，巣内にゴマシジミがいるにもかかわらず，見つけ損ねた巣もかなり多いはずだ．はっきり言って，ゴマシジミとオオゴマシジミは，日本でもっとも幼虫探しが難しいチョウであろう．そのため，「ゴマシジミの産地」で見つけたハラクシケアリ隠蔽種と，ゴマシジミが巣内で見つかったハラクシケアリ隠蔽種の間には，大きな価値の開きがある．実際，ゴマシジミの産地である森の中の間伐地にはハラクシケアリが，それを取り囲む森林にはモリクシケアリが生息しているような例も私たちはみつけている．さて，これまで私たちがゴマシジミを掘り出したハラクシケアリ隠蔽種はすべてがハラクシケアリと同定された．これは，ハラクシケアリが一般的にゴマシジミの食草であるワレモコウ類の生える湿性草原を好むこととも一致する．では，ハラクシケアリのみがゴマシジミの生存に重要なのだろうか．答えはそう単純でないかもしれない．モリクシケアリがゴマシジミの生息地に姿を見せることがあると先に書いたが，飼育下でモリクシケアリにゴマシジミの幼虫を与えると，ゴマシジミの幼虫は巣内に侵入してモリクシケアリの幼虫を貪り食うのだ．実際にモリクシケアリを用いて，ゴマシジミの羽化にいたるまで飼育可能であるということを私は確認している．この事実が意味することは何だろうか．ヨーロッパでは，キイロクシケアリとハラクシケアリの2種を宿主とするアルコンゴマシジミがどのように宿主アリと共進化したかの研究がなされている（Nash et al., 2008）．このとき，巣内

での資源が多く，生存に適したキイロクシケアリがメインの宿主となっているのだが，キイロクシケアリは恐るべき侵入者であるアルコンゴマシジミの侵入に備えて，体表炭化水素の組成を地域ごとに大きく変化させていく．つまり，オレオレ詐欺が多い地域では，これいじょうだまされないようにと対策が練られているのだ．これに合わせて，アルコンゴマシジミも自分たちの体表炭化水素の比率を変えていく．詐欺師と警察の，はてしない鬼ごっこがおこなわれているわけである．この際，詐欺師対策にキイロクシケアリが一歩先行することがある．この際に，アルコンゴマシジミは避難所としてハラクシケアリに一時的に侵入することで，絶滅を免れている．国内においても，複数種のクシケアリ類がゴマシジミ類の生存に，それぞれ異なる役割を担っているのかもしれない．

詐欺師も環境問題には敵わない？

これまでゴマシジミ類を，「もっとも研究された好蟻性生物」という観点から取りあげてきた．それは言い換えれば，もっとも数多くの研究者の興味を集めた好蟻性生物といえる．これまで描いてきたように，大詐欺師，ゴマシジミ類はクシケアリの社会に忍び込むために，ドラえもんの如く，体の匂いや音といった秘密の道具をいっぱい入れた箱をもっている．魔法のような秘密の道具に興味を抱いた研究者たちは，その正体をたんねんに解き明かしてきた．そこから解明された秘密の道具の正体は，宿主であるクシケアリ類の警察との戦いのもとで磨きあげられた，進化の宝石箱のような美しい精緻な機構であった．現在，動物の形態や生態を人間生活に応用するバイオミメティックスという研究分野が盛んであるが，ゴマシジミのような「社会」への大胆な侵入をおこなう詐欺師の戦略と，それに対する防衛法の研究は，人間社会におけるセキュリティシステムの発見にも大きく貢献するだろう．これは他の好蟻性生物にも当てはまるが，アリの巣の中の生態系はたいへん魅惑的な進化の宝といってもよい．逆に，アリ社会とその侵入者達の暮らしが抱える弱点を学び，その対処法を考えることは，私たちの社会の問題点を考えるうえで重要な教材である．じつは，ゴマシジミ類とクシケアリ類の例のように，宿主アリと共に進化してきた生態系は，宿主アリの巣を取り巻く環境の変化に大変脆弱なのだ．これは，環境問題に揺れる人間社会

にも類似する．では，社会を立て直すため，宿主アリとゴマシジミがどうすれば元気に暮らしていけるのか考えてみよう．

現在，日本国内の多くの地域でゴマシジミはレッドデータブック種に指定されている．私が見てきた本州の生息地の中には，周りに生えるススキの陰に隠れる数本のワレモコウに依存して細々とゴマシジミが生育するが，絶滅が秒読みだというところも多くあった．また，本州中部の産地では，ワレモコウが花咲く時期にテレビで「ワレモコウによるフラワーアレンジメント」が放映され，近隣に住む人々の手でワレモコウの花が摘まれた結果，ゴマシジミが姿を消したという笑えない話もある．では，ゴマシジミが産卵するワレモコウの本数を増やせば，ゴマシジミは数を増やすのだろうか？　いや，大詐欺師であるゴマシジミが暮らしていくには，養うのに充分な数だけの宿主であるハラクシケアリ隠蔽種が必要である．宿主アリの密度が低下している産地において，ワレモコウの数が増えて，天敵であるゴマシジミの幼虫の数のみが増えれば，次に起こることは，ゴマシジミの増加による宿主アリの絶滅，そして共倒れであると簡単に予測できる．私が観察した，本州中部の多くのゴマシジミ生息地では，宿主である可能性が高いハラクシケアリ隠蔽種群の密度はとても低かった．ハラクシケアリ隠蔽種群の密度が高い地域と比較しての直感だが，密度が低い地域では草原の乾燥化が進んでいる．乾燥した草原は，すべてのハラクシケアリ隠蔽種にとって住みにくいだけでなく，トビイロケアリやクロヤマアリといった他の競合種を養う場となっている．結果として，ハラクシケアリ隠蔽種群の数は減ってしまう．乾燥化という環境問題が，アリ社会に影響を与えているのだ．そしてアリ社会に巧妙に侵入したゴマシジミは，この問題に対しては無力である．じつは，こうしたアリ社会の環境問題は，私たちが感じとれる自然の姿にも影響をおよぼす．なぜなら，綺麗な花を咲かせるスミレのなかまなど，多くの植物はその種子をアリの力を借りて分散させ，また多くの植物は，害虫からのガードをアリに任せるが，このような相互作用はアリ種によって異なるため，アリ相が変化するとこれまで身近に見られた花の姿が見えなくなるかもしれないからだ．それはさらなる環境問題の発端ともなりうる．油断すれば，人間社会にも影響を及ぼす危機を脱するためにも，元々棲んでいたハラクシケアリ隠蔽種群を増殖させることには大きな意義がある．しかし，これまでアリの増殖に取り組んで来

た前例は，国内に存在しない．

　2012年に，東先生から「北広島市にある森の倶楽部という草花好きの集まりのなかで，ゴマシジミの生態に興味をもっている人たちがいるから，お前ちょっと案内してやってくれ」という連絡をいただいた．当時私は東京にいたのだが，一も二もなく北海道に向かうことになった．その理由は，「お前の好きなキノコ採りに連れてってくれるよう，頼んでおいたから…」と先生に言われたからではけっしてなく，草花好きの人々，すなわちチョウにもアリにもニュートラルな人たちに一からこの奇妙なチョウの生態を伝え，アリ社会を含めた生態系の価値を感じてもらいたいと思ったからだ．森の倶楽部の加藤和子さん，河野潤さんはとても積極的な活動家で，同じ北広島にある札幌日大高校ともコネクションを設けていた．同校は，スーパーサイエンスハイスクールという科学教育の特定高校に指定されているが，実際に生徒たちも科学に熱意がある子が多く，熱心にゴマシジミに興味を示してくれた．ゴマシジミの美しさのみでなく，その怖さをも含めた話をして，それでもゴマシジミに魅力を感じて貰えたことはたいへん嬉しいことだった．同校は，担当教諭である小林輝雄先生の指導のもと，2013年・2014年の2回にわたり，生徒自身がゴマシジミ生息地で採取したデータを元に，日本昆虫学会において研究発表するに至った．そして森の倶楽部では，2012年にゴマシジミ部を発足させて，現在「クシケアリが棲み，ゴマシジミを養える自然」を作るための活動に勤しんでいる．ゴマシジミ，クシケアリ，食草の三者が揃うことがいかに重要であるかを示したリーフレットを作成し，関係する市民の方々に配ったりという地道な作業の実行力にはいつも頭が下がる．このような活動をしているなかでアリ社会の環境問題対策として私が考え出したのが，クシケアリのための「巣箱」という新たなアイディアである．乾燥化によってクシケアリが減っているならば，せめてクシケアリが営巣可能なスペースを人工的においてあげればいい．保水性が高く，アリが巣を作りやすい材料としては，シイタケのほだ木の廃材が良いとみずからの経験をもとに考えた．ほだ木材を地中に埋め，クシケアリに巣を作らせる巣箱にする．このアイディアを発案してから，実行に移せるようになるまでの時間は思いのほかに長かったが，2014年春に，北大の大原先生らによる協力もあり，初めてこのクシケアリの巣箱を地中に埋めた．9月はその結果観察のため，ほだ木を

図 8-13　クシケアリが巣を作ったシイタケのほだ木．表面にも多くのクシケアリが見られる．
（撮影：河野　潤）．

掘り返さねばならない．この日は朝からドキドキだった．森の倶楽部の方々が見守り，緊張感を感じながら，土中からほだ木を掘り起こす…．1本目，2本目は残念ながら別のアリであるトビイロケアリの巣になっていた．しかし，アリの巣になっていることは間違いない…そして3本目にして，多数のクシケアリが蠢くほだ木が見つかった！（図8-13）自分たちの考えが間違っていなかったことが実証され，心の内側から出てくる感激を抑え「予想どおりですね」と平常どおりの顔で答えることには相応の努力を要したことは言うまでもない．現在，こうしたクシケアリの数を増やすための活動は続行中である．こうした手法はもっとデータを積み上げて，アリ社会の環境問題対策として，新たなメソッドとして提供したい．ゴマシジミの数が多い北海道ならではの，自由にやれること，他でできないことは多いのである．

　身近な自然，アリの姿を学ぶことは，副産物として，身近な自然に侵入した異物を細かく判別できる目を育てる．森の倶楽部の方々は，最初はアリの種類をみんな同じだと思っていた（念のため，札幌近辺には50種類近くのアリが分布する）が，現在は完璧にクシケアリを理解し，見分けてくれる頼もしい存在となっている．この間，他のいろいろな昆虫についても識別力が向上したと思っている．現在，外来生物と呼ばれる，本来そこにいなかった生きものが侵入して在来の生物や生態系に甚大な負の影響を及ぼすことが，汎世界的な問題となっている．じつはアリは，侵略的外来生物としてもおおいに猛威を振るうグループであり，国際自然保護連合（IUCN）が指定した外来生物ワースト100において

最多の種数を占めている（http://www.iucn.jp/species/376-worst100.html）．日本国内においても，環境省がとくに警戒を要する外来生物として指定した特定外来生物にヒアリ *Solenopsis invicta*，アカカミアリ *S. geminata*，コカミアリ *Wasmannia auropunctata*（なお，アカカミアリはヒアリと同じ *Solenopsis* 属であるが，コカミアリは *Wasmannia* 属であり分類的には大きく異なるアリである），そしてアルゼンチンアリ *Linepithema humile* が含まれている．アルゼンチンアリについては（「3．アリのメガコロニーが世界を乗っとる」）に詳しいが，日本に複数回侵入し，現在も侵入地は広がる一方である（田付，2014）．このような侵略的外来生物は，生態系にひとたび定着してしまうと駆除することがひじょうに難しくなってしまい，早期に発見することが一番重要となる．そのために必要なのが，ヒトの目だ．事実，ヒアリを唯一退けることができたニュージーランドでは，一般市民による迅速な発見が侵入者から生態系を救った（東，2008）．ゴマシジミから始まり，アリの生態を学んでいく人が増えれば，こうした侵入者を迅速に見いだせる社会のガードマンとなっていくであろう．

引用文献

Akino, T., J. J. Knapp, J. A. Thomas and G. W. Elmes (1999) Chemical mimicry and host specificity in the butterfly *Maculinea rebeli*, a social parasite of *Myrmica* ant colonies. *Proceedings of the Royal Society of London. Series B: Biological Sciences* 266：1419-1426.

Als, T. D., R. Vila, N. P.Kandul, D. R. Nash, S. H. Yen, Y. F. Hsu and N. E. Pierce (2004) The evolution of alternative parasitic life histories in large blue butterflies. *Nature* 432：386-390.

Barbero, F., J. A. Thomas, S. Bonelli, E. Balletto and K. Schönrogge (2009) Queen ants make distinctive sounds that are mimicked by a butterfly social parasite. *Science* 323：782-785.

DeVries, P. J., R. B. Cocroft and J. Thomas (1993) Comparison of acoustical signals in *Maculinea* butterfly caterpillars and their obligate host *Myrmica* ants. *Biological Journal of the Linnean Society* 49：229-238.

Elmes, G. W., J. A. Thomas, J. C. Wardlaw, M. E. Hochberg, R. T. Clarke and D. J. Simcox (1998) The ecology of *Myrmica* ants in relation to the conservation of *Maculinea* butterflies. *Journal of Insect Conservation* 2：67-78.

Fric, Z., N. Wahlberg, P. Pech and J. A. N. Zrzavý (2007) Phylogeny and classification of the *Phengaris-Maculinea* clade (Lepidoptera：Lycaenidae)：total evidence and phylogenetic species concepts. *Systematic Entomology* 32：558-567.

Fujioka, F. (1975) *Butterflies of Japan*. Kodansha, Tokyo. 312pp. (in Japanese).

東 正剛 (2008) ヒアリの生物学．海遊舎，東京．206pp.

Hojo, M. K., A. Wada-Katsumata, T. Akino, S. Yamaguchi, M. Ozaki and R. Yamaoka (2009) Chemical disguise as particular caste of host ants in the ant inquiline parasite *Niphanda fusca* (Lepidoptera：Lycaenidae). *Proceedings of the Royal Society of London. Series B: Biological Sciences* 276：551-558.

Höllbober B., and E. O. Wilson (1990) *The Ants*. Belknap Press of Harvard University Press, Cambridge, Massachusetts, 746pp.

丸山宗利・工藤誠也・島田 拓・木野村恭一・小松 貴 (2013) アリの巣の生き物図鑑，東海大学出版会，神奈川，208pp.

Nash, D. R., T. D. Als, R. Maile, G. R. Jones and J. J. Boomsma (2008) A mosaic of chemical coevolution in a large blue butterfly. *Science* 319：88-90.

Pech, P., Z. Fric and M. Konvicka (2007) Species-Specificity of the *Phengaris* (*Maculinea*) --*Myrmica* Host System：Fact or Myth? (Lepidoptera：Lycaenidae；Hymenoptera：Formicidae). *Sociobiology* 50：983-1004.

Pierce, N. E., M. F. Braby, A. Heath, D. J. Lohman, J. Mathew, D. B. R. and M. A. Travassos (2002) The ecology and evolution of ant association in the Lycaenidae (Lepidoptera). *Annual Review of Entomology* 47：733-771.

坂本洋典・緒方一夫 (2011) アリの発音コミュニケーション in 昆虫の発音によるコミュニケーション (宮武頼夫 編)，北隆館，東京，285pp.

Sibatani, A., T. Saigusa and T. Hirowatari (1994) The genus *Maculinea* van Eecke, 1915 (Lepidoptera：Lycaenidae) from the east Palaearctic region. *Transactions of the Lepidopterological Society of Japan* 44：157-220.

田付貞洋 (2014) アルゼンチンアリ：史上最強の侵略的外来種，東京大学出版会，東京，331pp.

寺山 守，久保田 敏，江口克之 (2014) 日本産アリ類図鑑，朝倉書店，東京，278pp.

Thomas, J. (1980) Why did the large blue become extinct in Britain?. *Oryx* 15：243-247.

Thomas, J. A. (1989) The return of the large blue butterfly. *British Wildlife* 1：2-13.

Thomas, J. A. and J. C. Wardlaw (1990) The effect of queen ants on the survival of *Maculinea arion* larvae in *Myrmica* ant nests. *Oecologia* 85：87-91.

Thomas, J. A., G. W. Elmes, J. C. Wardlaw and M. Woyciechowski (1989) Host specificity among *Maculinea* butterflies in *Myrmica* ant nests. *Oecologia* 79：452-457.

Thomas, J. A., G. W. Elmes and J. C. Wardlaw (1998) Polymorphic growth in larvae of the butterfly *Maculinea rebeli*, a social parasite of *Myrmica* ant colonies. *Proceedings of the Royal Society of London. Series B: Biological Sciences* 265：1895-1901.

Ueda S, T. Nozawa, T. Matsuzuki, R. Seki, S. Shimamoto and T. Itino (2012) Phylogeny and phylogeography of *Myrmica rubra* complex (Myrmicinae) in the Japanese Alps, *Psyche*, vol. 2012, Article ID 319097.

Ueda S, T. Ando, H. Sakamoto, T. Yamamoto, T. Matsuzuki and Itino T (2013) Ecological and morphological differentiation between two cryptic DNA clades in the red ant *Myrmica kotokui* Forel 1911 (Myrmicinae) *New Entomologist* 62 (1, 2)：1-10

Wada, A., Y. Isobe, S. Yamaguchi, R. Yamaoka and M. Ozaki (2001) Taste-enhancing Effects of Glycine on the Sweetness of Glucose a Gustatory Aspect of Symbiosis between the Ant, *Camponotus japonicus*, and the Larvae of the Lycaenid Butterfly, *Niphanda fusca*. *Chemical Senses* 26：983-992.

矢後勝也 (2003) シジミチョウ科幼虫の好蟻性器官．昆虫と自然，38 (5)：15-20.

山口 進 (1988) 五麗蝶譜，講談社，東京，262pp.

●コラム 4●

元始のアリ社会を探しに

坂本洋典

暁と曙

　「元始，女性は太陽であった」平塚らいてうの，有名な言葉がある．人間とは別の，高度な社会を作り上げている社会性昆虫，アリの世界ではどうだったのだろう．ハチからアリが分かれたのは白亜紀，恐竜の時代とされるが，幸運にもこの頃の琥珀から原始のアリが得られている．その名を「アケボノアリ」と言う．女王も働きアリもメスからなるアリの社会の，元始の太陽である．

　その元始の姿に，もっとも似かよった特徴をもつ，生きた化石のようなアリが1930年代にオーストラリア西部で発見された．当時最も原始的なアリといわれたキバハリアリの特徴であるキバが短くなり，腹柄節もキバハリアリの2節ではなく1節の，さらに原始的な形をしたアリ．英名では恐竜のアリ「Dinosaur ant」，和名は「アカツキアリ」と名づけられた．深い，良い名前だと思う．曙から暁へ，太陽が昇る意味に加えて，この名前にはもう一つの意味がある．このアリをたくさんの研究者が探すも，1970年代まで再発見できなかった理由，それはこのアリが活動する時間帯が，未明から日の出まで，まさに暁の時間にしか巣を出ないからだ．他の時間には，アカツキアリよりも進化した他のアリたちが，地上を占拠している．他のアリが活動しない暁にのみ姿を見せる，古代の姿を保つ社会性昆虫．追いやられた者の悲哀をも感じさせるその名前のみが轟く一方，いまだにその野外での生態はほとんど解っておらず，広い大陸のごく狭い地域のみでしか見出されていない．プーチェラという，聞きなれない地名のみが聖地の名前として伝えられる．オーストラリアの社会性昆虫学者たちに話を聞くも，実際に野外で見たことがある人は皆無．かつ，南半球では冬のこの時期に，アカツキアリを見に行った人間はいないと言う．

いざプーチェラへ！

　これは，自分の目で見てみたい．そう思うのは社会性昆虫を研究するものとして当然の本能であろう．幸いにして，2014年の夏の国際社会性昆虫学会議はオーストラリアで開催された．そこで発表する予定の村上貴弘博士にプーチェラ行きを打診してみたところ，一も二もなく応じてくれた．何しろ，オーストラリアと言えば東 正剛先生が長期間滞在して研究をおこなった聖地なのだ．そして，アカツキアリを日本人で唯一見ているのが東チームなのである．ちなみに、一見してベストなタイミングの旅であるように思えるが，じつは学会開催地は大陸北東のケアンズ，プーチェラは大陸の中央部であり，アデレードまで飛行機で飛び，さらにそこから片道700 kmを車で行かねば辿りつけない場所なのだ．とても「ついで」ではないのだが，そこはパワーエコロジー魂である．そして，もう一人頼もしくも巨大な方が支援してくれた．同じ研究室出身の宮田弘樹博士である．こちらはなんと，プーチェラ行きの数日前に村上先生が「これからプーチェラに行くけれど…」と話したら，俺も行く！と，アデレードまでの航空券を即断で手配したのである．このメンバーがアデレードで合流，さあ，半日以上のドライブが始まる．

　夕方に空港を出発し，あっという間に夜になる．オーストラリアの何もない道は，それでも法定速度（110 km）をオーバーすると無人カメラで判別され，罰金刑になるという怖い町だ．夜，アカツキアリが活動する時間…わくわくしつつも，つい眠ってしまい運転をお任せする村上先生には申し訳ない．途中で休憩のために車が止まる時に空を眺めると，なんとも言えない全面の星空．大陸の広さは言葉では伝えきれない．そして，深夜0時がすぎ，気温7度．ついに伝説の地，プーチェラへと辿り着いた．まずは，東チームが過去にアカツキアリを観察した場所へと興奮を抑えきれずに向かう．…辿り着かない…辿り着かない．宮田さんが叫ぶ「このサイロの下だ！」．そう，アカツキアリの聖地の上には巨大なサイロが建てられてしまっていたのだ．その近辺のユーカリの疎林でアリを探すが，当然アカツキアリは見当たらない．代わりに，気温が低いと動かないと聞いていたオオアリやシリアゲアリなどの姿を見つけることはできた．季節のせいなのか，環境のせいなのか，何にせよ寒い空気がさらに身にしみる．

珍種を探すコツ

　日が登り，朝となる．サイロの側のガソリンスタンドに立ち寄ると，何とパイプでできた巨大なアカツキアリが！　どうやら，プーチェラの町の人はアカツキアリのことを知っているらしい（図1）．しかし，村上先生が「ここもいい場所だったはずなんだけど」と言う場所に建てられているのは皮肉な話だ．ガソリンスタンドのオーナーに話を聞くと，やはりアカツキアリのことは知っていた「Very very rare…」たくさんの調査隊が訪れたが，3年前に見つかったのが最後らしい．しかし，そう聞くとやたら闘争心が沸き返る．今回滞在できるのは2日間のみ．この日の夜にアカツキアリを見つけるには，今日の日中のうちにポイントを絞りこまなければならない．アカツキアリが活動しない日中のうちに…．圧倒的不利な条件のなか，車を走らせながら，アカツキアリを見た経験のあるお二人が，こんな環境，あんな環境と喋りながら林を選んでいく．その中，観察経験のない私としては，狙いを一つに絞った．アカツキアリは樹上性だと聞くが，ユーカリ林には木の皮の間に網を張るクモが多い．アリの体の硬い部分は食べられずに残されるから，運が良ければそれが見つかるのではないか．木の皮を剥いでいくと，アカツキアリの競合種と聞くオオアリのクモにやられた死体が残されている．この仮説は当たっているのではないかと実感が進む．珍種を探すコツは，自分の考えを信じきることだ．幾多のハズレの皮を剥ぎ，剥ぎ，そして見つけたオオアリとまったく違うアリの死体（図2）．大顎が長い，他の

図1　パイプで出来た巨大アカツキアリと筆者．アカツキアリ観察に成功した後なので，上機嫌である．右端に見えるのがサイロ．

図2 アカツキアリの死体．死体には見えない，綺麗な個体だった．

アリと違い明るい色の夜行性アリの姿をしている．風で落ちないように，慎重に手の内に移す．文献では何度も姿を見ているのに，自分自身ではどうしても信じきれない．先生方に示して，アカツキアリだと確認してもらい，心の中で大きく拳を振り上げた．ついに，アカツキアリの新たな生息地を見つけたのだ．

元始なるアリ社会

こんなにも夜が来るのが待ち遠しかったことはこれまでの人生でなかった．日が陰るにつれ，冷え込んでいくアカツキアリ登場のオープニングを感じつつ，死体を見つけた林の中へと分け入る．ひとつひとつ，木の幹を懐中電灯で照らしていく．やがて，さっきまで何もいなかったはずの木に，大きなアリの姿が見える（図3）．アカツキアリの生きた姿に，ついに出会うことができたのだ．抑えきれずに声を出して，先生方を呼び集める．そのまま，光を弱めて，ずっと原始的なアリの姿を追う．冷え込む大気の中，動けなくなった小昆虫を狙うというこのアリは，予想よりもずっと敏感だ．少しでも人の気配を感じると，死んだふりをして地面に落下する（図4）．そのまま動かない時間が5分，10分と続き，20分を越えたときについに堪らなくなって指で摘んだら…刺された．アリはハチのなかまであるが，原始的なアカツキアリもみごとな毒針をもっているのである．しかし，その進化した種と言われるキバハリアリに刺された痛みに比べれば全然痛くなく，やはり原始的な種だと体感して興奮してしまう．気づけば，みんな刺されていた様子．ちな

図3 ユーカリの幹を歩くアカツキアリ（働きアリ）．地上約1.5m．幹を歩きながら，そこにとまっている昆虫を捕らえる．

図4 アカツキアリ（働きアリ）の擬死．この姿で20分以上静止する．

みに，先のアカツキアリ像の横に立てられていた解説板によれば，これまでにアカツキアリに刺された人間はわずか3名とのこと．一晩のうちに，その数は倍に増えたわけだ．懐中電灯の光を当ててしまうと死んだふりが始まるので，うまくシルエットでアカツキアリの動きを追いながら見ていくと，一回り大きなアカツキアリが行動しているのを発見した．とくに他のアリに囲まれるでもなく，餌を貰っているわけでもない．狩りに特化したカーストであるかにも見える．しかし，アカツキアリではまだそんなカーストは発達していない．まさか…と思いながら，ずっとそのアリの姿を目で追い，確信に至った．元始のアリ，わずかな数の働きアリしかもたないこのアリは，女王も巣の外で狩りをおこなう

元始のアリ社会を探しに

図5 アカツキアリの女王アリ（左奥）と働きアリ．女王アリは働きアリより一回り大きい．

のだ（図5）．まさに，アマゾネスの女王と重なる猛々しき太陽の女王．ずっとずっとその姿を目で追い続け，眠気は微塵も感じることなかったが，世が白みかかると本当に一瞬でアリたちの姿が消えていく．「暁」の伝説は真実だった……．

　もう一晩の観察のあと，アカツキアリが巣へと帰るのを見届け，空港へと車で向かう．なんと，3日間でのレンタカーの走行距離は 2,100 km．日本でだったら，レンタカー屋さんに呆れられる距離だろう．しかし，オーストラリアという大陸の地図と比較して，私たちが見ることができた距離のあまりの短さに驚く．そして，その一箇所にしか棲まないというアカツキアリがいかに希少な種であるかと思いを馳せる．現代を生きるアリたちの社会とまるで異なる元始のアリ社会の片鱗を垣間見，それに惹かれている自分に気づく．いつか，あの社会を心ゆくまで調べてみたい．

9 アリ社会の最新男女事情

大河原恭祐

はじめに

　利他行動や協力関係によって構築される社会性の進化の解明は社会生物学の主題である．代表的な社会性動物であるハチ目昆虫についても，その基盤となった血縁選択や利他行動についての検証が重ねられてきている．とくに90年代からは分子生物学的な実験手法が導入されはじめ，これにより個体間の遺伝子共有頻度や交尾回数の定量的な評価がおこなわれるようになり，それまで推定の域を出なかった個体間や集団の血縁構造の検証も可能になった．また，化学成分分析や安定同位体解析など新たな実験手法も次々と取り入れられ，これら多様なアプローチ法は社会性の研究に飛躍的な進歩をもたらした．そして，これまで知られていなかった社会性の特徴が明らかにされつつある．

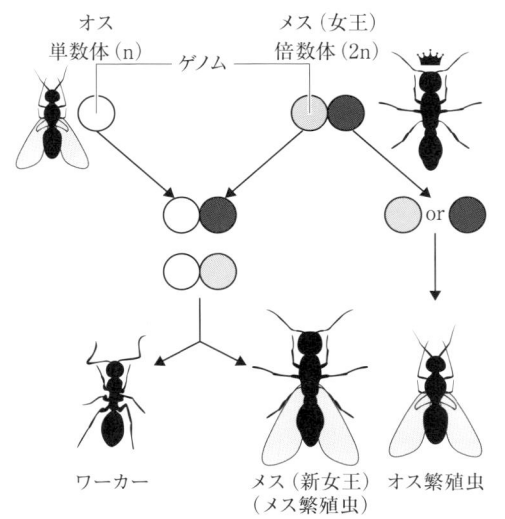

図9-1　ハチ目にみられる単数倍数性性決定機構とカースト分化の概要図．

代表的な社会性昆虫のグループであるハチ目では単数倍数性の性決定機構に基づく発生機構によって，受精卵（二倍体卵）からメスが，未受精卵（単数体卵）からオスが発生し，メスは養育条件によってワーカーか女王に成長する（図9-1）．しかし，一部の種群では社会構造や生活史の多様化に伴い，これに当てはまらない繁殖様式が進化してきた．近年，社会性昆虫では特殊なかたちの無性生殖が相次いで発見されており，オスだけでなく，女王やワーカーが無性的に生産されている種が数多くみつかっている．これら特殊な繁殖様式については，いくつかの優れたレビューも出されており（Wenseleers and Oystaeyen, 2011；Rabeling and Kronauer, 2013），エドワード O. ウィルソンやウィリアム D. ハミルトンによって創始された社会生物学は新たな局面をむかえている．本章では，とくにアリ類を中心にその特殊な繁殖様式を解説し，それから提出される新たな社会生物学上の問題について紹介する．

社会性昆虫における無性生殖とその発生機構 ――減数分裂が子の遺伝子構成を変える

　無性生殖と有性生殖の進化は生物学上の大きな問題の一つである．地球上の生物の大部分は有性生殖をおこなっているが，二つの生殖法にはそれぞれメリットとデメリットがある．有性生殖と比較して無性生殖は1個体あたり2倍の子を残せるし，子1個体に親の遺伝子をすべて受け継がせることができる．また，繁殖に他個体を必要としないので，交配相手を探すコストもかからない．そのため，有性生殖は子孫を残すのに無性生殖より2倍のコスト「two-fold cost」がかかり，増殖の効率と遺伝子の受け継ぎという点では無性生殖の方が有利といえる．しかし，有性生殖では他個体との交雑と配偶子形成に伴う遺伝子の連鎖と組みかえによって，子孫集団に遺伝的変異が恒常的に生まれる．このメリットはひじょうに大きい．赤の女王仮説（Van Valen, 1973）などで主張されているように，遺伝的多様性が維持されている集団は，有害遺伝子の除去や予測不可能な環境変化への迅速な反応を可能にするからである．社会性昆虫でも，遺伝的多様性の高い集団やコロニーほど，コロニー恒常性や分業制の効率（Anderson et al., 2008；Schwander et al., 2010），病原菌への抵抗性（Oldroyd and Fewell, 2007；Hughes et al., 2008）が高くなっている．

集団中の遺伝的多様性の維持・増加という点では，無性生殖は有性生殖よりもどうしても劣る．だが，無性生殖の発生機構は有性生殖より複雑であり，その機構によっては親から子へ受け継がれる遺伝子構成にある程度の多様性をもたせることができる．無性生殖（単為生殖）の過程は，減数分裂や相同染色体の融合を伴わない無融合分裂（アポミクシス）と，それらを伴う融合分裂（オートミクシス）に分類される．アポミクシスは原生動物の分裂や植物類の栄養繁殖などでみられる機構で，生産された子は親と同一の遺伝子構成となる．それに対してオートミクシスは，一度減数分裂によって単数体となった細胞が再度融合，あるいは倍化する過程を経るため，その融合や倍化のパターンによっては子の遺伝子構成が変化し，とくに各遺伝子座で生じるヘテロ接合体の頻度に違いが生じる．また，第一分裂時に相同染色体の間で連鎖が生じ，遺伝子の組みかえが起きることもあり，アポミクシスよりは子に伝わる遺伝子構成にバリエーションが生まれやすい．融合や倍化のパターンは四つが知られており（図9-2），昆虫類で多くみられるのは図9-2a, bのターミナルフュージョン（terminal fusion）とセントラルフュージョン（central fusion）である（Pearcy et al., 2006b）．ターミナルフュージョンは単独性のハチ目昆虫やシロアリ類でみられる機構で，第二減数分裂後に，減数第一分裂時の同じ細胞由来の細胞どうしが融合して2倍体となる．相同染色体間で組みかえが起きない場合，子はほぼ同型接合（ホ

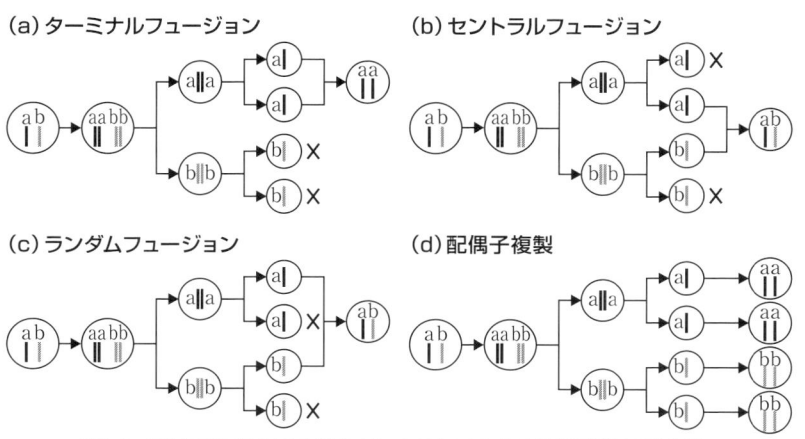

図9-2　無性生殖における融合分裂（オートミクシス）による生殖細胞の発生過程．

表9-1 無性生殖による特殊な繁殖様式が報告されている社会性昆虫。無性生殖の特徴、特に繁殖者とその生産対象により類別

種名	繁殖者			無性生殖の生産対象			有性生殖によるワーカー生産あり	カースト性の消失		引用文献
	ワーカー	女王 未受精	女王 受精	女王	オス	ワーカー		女王	オス	
Hymenoptera										
Apidae										
Apis mellifera capensis	○				△	○				Verma and Ruttner, 1983;Baudry et al., 2004
Apis mellifera	○				△	?				Koeniger et al. 1989
Formicidae										
Pristomyrmex punctatus	○				△	○				Itow et al. 1984;Tsuji, 1988
Cerapachys biroi	○				△	○				Tsuji and Yamauchi, 1995
Platythyrea punctata	○				△	○				Heinze and Hölldobler, 1995;Kellner and Heinze, 2010
Messor capitatus		○		○	?					Grasso et al., 2000
Monomorium triviale		○		○	?					Gotoh et al., 2012
Pyramica membranifera		○		○	△	?				Ito et al. 2010
Strumigenys hexamera		○		○	△	?				Masuko, 2013
Myrmecina nipponica		○		○	△	?				Masuko, 2014
Mycoceprus smithii			○	○	△	○			○	Himler et al. 2009, Labeling et al. 2009
Cataglyphis cursor			○	○	△		○			Pearcy et al. 2004
Cataglyphis hispanica			○	○	*		○			Leniaud et al. 2012
Cataglyphis mauritania			○	○	*		○			Eyer et al. 2013
Cataglyphis valox			○	○	*		○			Eyer et al. 2013
Wasmannia auropunctata			○	○	*		○			Fournier et al. 2005a;b;Foucaud et al. 2006
Vollenhovia emeryi			○	○			○			Ohkawara et al. 2006;Kobayashi et al. 2009
Anoplolepis gracilipes			○	○			○			Drescher et al. 2007;Gruber et al. 2010
Paratrechina longicornis			○	○			○			Pearcy et al. 2010
Isoptera										
Reticulitermes speratus			○	○			○			Matsura et al. 2009
Reticulitermes virginicus			○	○			○			Vargo et al. 2012
Reticulitermes lucifugus			○	○			○			Luchetti et al. 2013

* 受精卵から単数体として生産

モ接合）の遺伝子構成となる．一方，セントラルフュージョンは，第一分裂時の異なる細胞同士が融合して起きる（図 9-1c）．そのため，組みかえが起きない場合，子は親と同一の遺伝子構成となる．このパターンはミツバチや数種のアリ，寄生蜂などで見つかっている．ターミナルフュージョンによる繁殖は集団中のヘテロ接合体の頻度を急速に減少させるため，有害な劣性遺伝子のホモ接合体が集団中に蓄積する危険性がある．また，セントラルフュージョンでも突然変異で有害遺伝子が生じるとそれは集団中に維持されてしまう．これらのデメリットは相同染色体間の組みかえによって世代間で解消されることがあるものの，それでも有性生殖と比較すれば近交配の負の効果を避けることは難しい．これらは無性生殖におけるコストとされている．

社会性昆虫，とくにハチ目昆虫では未受精卵からオスが発生するため，そもそも無性的に発生する潜在力は高い．また多くのハチ類や，アリの一部の系統群ではワーカーカーストにも卵巣があり，無性的な繁殖が恒常的におこなわれている．これまでに 22 種の社会性昆虫で無性生殖による繁殖様式があることが報告されている（表 9-1）．これら種間の系統的関係は低く，各種，各系統群で特殊繁殖様式は独立に進化してきたと考えられるが，繁殖者と生産する対象，さらにそれに依存して発達した特徴によって，それらは四つに大別することができる．

①ワーカーによる無性生殖——特殊な生活史から生まれたワーカーの戦略

アリでは不妊のワーカーカーストも産卵をおこなう場合がある．単女王性の数種のアリではコロニーの女王が死亡すると，一部のワーカーが卵巣を発達させ産卵を開始する．これらの卵は未受精卵なのでオスに発生するが，このような孤児化したコロニーでのオス卵生産はワーカーに卵巣が残っている種群ではわりとふつうに起きており，少なくとも 39 種で確認されている（Rabeling and Kronauer, 2013）．そのためコロニーから女王の消失や排除が頻繁に起きるような場合，ワーカーによる産卵が恒常的に行われ，それは特殊な繁殖行動や社会性の進化につながる．アミメアリ *Pristomyrmex punctatus* はワーカーが無性生殖をおこなう代表的な種である（Itow et al., 1984；Tsuji, 1988）．この種は別名「Japaneses army ant」と呼ばれ，そのコロニーは定住的な巣をもたず長い蟻道を作って移動を繰り返す，放浪性と呼ばれる生活史をもってい

る．コロニーは移動中に小さな集団に孤立しやすく，女王アリのいる集団と分断してしまうことも多い．そうした高頻度のコロニー分断化がワーカーによる無性生殖と産卵を促し，その結果，本種では本来の繁殖カーストであった女王アリが消失してしまっている．アミメアリではすべてのワーカーが産卵可能であるが，個体間で産卵の頻度には差がみられ，労働をとくにしないのに抜け駆け的に繁殖のみをおこなう大型ワーカー［チーター（cheater/ごまかし屋）個体］もいる（Dobata et al., 2009）．アミメアリのワーカーによる無性生殖が放浪性という特殊な生活史によって進化したことは，同様の生活史をもつクビレハリアリ *Cerapachys biroi* でもワーカー繁殖と女王消失が起きていることからも支持される．クビレハリアリ属は他種のアリの巣を襲撃し，そのブルード（幼虫や蛹）を餌とするグループであるが，クビレハリアリは地中の坑道を移動しながら放浪する生活史をもち，やはりワーカーが無性的にワーカーを生産している（Tsuji and Yamauchi, 1995；Ravary and Jaisson, 2004；Kronauer et al., 2012）．

また，こうしたワーカーの無性生殖によって多様な社会構造が発達した例もある．中米に分布するヒラバナハリアリ *Platythyrea punctata* では，コロニー内の女王アリが不在になるとワーカー間で闘争が起こり，優位となった1個体が卵巣を発達させ，無性生殖を開始してワーカーを生産する（Heinze and Hölldobler, 1995）．こうしたコロニーでは，それを構成するワーカーメンバーは，ほぼ同じ遺伝子構成をもったクローン個体となっている．もともとハリアリ亜科は女王カーストとワーカーカーストの形態差が少ない分類群で，*P. punctata* ではワーカーにも卵巣や受精嚢がある．その特徴はこの種の社会構造のタイプを増やし，女王アリが繁殖するコロニーや交尾，受精したワーカー（ガマゲイト）が有性生殖をするコロニーもある．しかし，南フロリダからプエルトリコにかけて分布する個体群では，未交尾ワーカーが無性生殖をしているコロニーがもっとも多く，女王カーストはむしろ消失しつつある（Hartman et al., 2005；Kellner et al., 2010；Kellner and Heinze, 2013）．だが，不思議なことに無用に近いオスは，どの個体群でも多く生産されており，このオス生産の意義にはまだ何か謎が隠されているようである．

ワーカーの無性生殖はアリ以外の社会性昆虫，たとえばセイヨウミツバチ *Apis mellifera* でも知られている．アフリカに分布するケープミツ

バチ *A. m. capensis* では，通常ワーカーは卵巣を発達させないが，一部のワーカーはアフリカミツバチ *A. m. scutellata* のコロニーに単独で侵入し，そこで卵巣を発達させて産卵し，ワーカーを生産する（Baudry et al., 2004；Oldroyd, 2002；Beekman and Oldroyd, 2008；Oldroyd et al., 2011）．この侵入種のワーカーはアフリカミツバチのコロニー内で増え続けるが，労働せずにアフリカミツバチの貯めた餌を消費し続けるので，そのコロニーは死滅してしまうことも多い．こうしたワーカーは社会寄生生活に特殊化した個体と考えられ，無性生殖以外にも宿主であるアフリカミツバチのワーカーから排除されないための化学擬態的特徴や，宿主女王の産卵抑制を回避する特徴も備えている（Dietemann et al., 2006；2007）．またこの種の無性生殖もアポミクシスによっておこなわれているが，その連鎖の頻度は低い（Baudry et al., 2004）．これは遺伝子の組みかえによってホモ接合体が増えると二倍体オスの発生につながってしまうため，ヘテロ接合体を維持するためとされている．このように，アリやハチのワーカーによる無性生殖は，放浪性や社会寄生という特殊な生活史の進化とリンクして起きやすい．しかし，女王のみが繁殖することへのワーカーの対抗戦略として進化してきた可能性も挙げられている（Crespi and Yanega, 1995；Gadagkar, 1997）．

②未交尾女王による無性生殖——父親はどこへ消えた？

　2009年，衝撃的なアリが発見された．この発見は二人の研究者，Himler et al.（2009）と Rabeling et al.（2009）によってほぼ同時に発表されている．菌食アリの一種，イバラキノコアリ *Mycocepurus smithii* は中南米に分布する菌食性のアリで，地下に菌園を作ってそれを餌として生活している．一つのコロニーで複数の女王アリが産卵しているが，それら女王アリを解剖したところ，すべての個体の受精嚢は空で，未交尾であった．また，ワーカーの遺伝的構成を調べても，女王アリとワーカー個体はほぼ同一の遺伝子型構成を示した．すなわち，この種では女王アリは交尾することなく，無性的にワーカー，そして新女王も生産しており，コロニーメンバーもすべてクローン個体で構成されていたのである．また女王アリは「mussel organ（オスの交尾器を受け入れる鍵穴器官）」と呼ばれる菌食アリ女王に特有の生殖器官が退化しており，交尾の機能も失われていた．さらに，200個以上の巣を採取して調べて

もオスが発見されず，過去に M. smithii のオスとされていた標本も確認し直したところ，別の近縁種のオスであることもわかった．この種ではオスの性はすでに消失してしまっていたのである．こうした未受精の女王による無性生殖は日本に生息するキイロヒメアリ Monomorium triviale（Gotoh et al., 2012）やトカラウロコアリ Pyramica membranifera（Ito et al., 2010）でも見つかっており，これらの種でも，オスが消失している可能性がある．さらに，セダカウロコアリ Pyramica（Strumigenys）hexamera（Masuko, 2013）やカドフシアリ Myrmecina nipponica（Masuko, 2014）でも未交尾女王による繁殖が確認されており，こうした未交尾の女王による繁殖は，じつはアリ類では広くみられる女王の繁殖戦略の一つなのかもしれない．

ワーカーによる無性生殖もそうであるが，オスまで失った未交尾女王による繁殖は，ほぼ同一の遺伝子構成をもったメンバーのコロニーを形成する．理論上はメンバー間血縁度がほぼ1.0の集団となるため，メンバー間の血縁度不均衡によって何かと対立が生まれやすいアリのコロニーとしては，ある意味，理想的なコロニーと言えなくもない（Hartman et al., 2003）．しかし，このようなクローンワーカーの集団では無性生殖のコストが高くなり，遺伝的多様性も低下し，有害遺伝子や予測不可能な環境変化に対して脆弱になることが予想される．これらのアリではその問題は解決されているのだろうか？　実際にはワーカー繁殖をするアミメアリでも受精したワーカーが見つかっており，それはオスが時々生産されていることを意味している．またクビレハリアリでも有性生殖能力が残されていることが示唆されている（Kronauer et al., 2012）．さらに Rabeling et al.（2011）は中米から南米にかけての39地点の M. smithii の個体群を調べ，4地点で有性生殖がおこなわれていることを確認した．しかし，系統解析の結果，これらは祖先的な形質ではなく，無性生殖個体群の中で細々と維持されている集団であることが示唆された．このようにワーカーや未交尾女王によって無性生殖がおこなわれている種でも有性生殖は完全に消失しているわけではなく，低頻度でも有性繁殖の他集団と交配することによって，無性生殖のコストは効果的に排除されているのだと考えられる（Doums et al., 2013）．これらの種ではオスはメスが必要な時だけ"時々"存在を許されるようである．

③交尾女王による無性生殖と有性生殖——奥の深すぎるウマアリとシロアリの世界

　無性生殖と有性生殖のメリットとデメリットを比較すると，繁殖個体にとって，もっとも理想的な繁殖法とは，集団（この場合はコロニーの大多数を構成するワーカー集団）の遺伝的多様性を維持しつつ，世代間の遺伝子の受け継ぎを効率的におこなう，といった一見矛盾した方法となる．だが，この理想的な繁殖法を可能にしたアリがいる．ヨーロッパ南部から北アフリカ，中央アジアにかけて，砂漠や乾燥地帯に生息するウマアリ属 *Cataglyphis* というアリのグループが分布している．日本人にはややなじみの薄いアリではあるが，視覚情報や方向定位などの神経生理学分野では多くの研究がおこなわれている．Pearcy et al. (2004) は，ウマアリ属の一種，*C. cursor* で四つの遺伝子座の遺伝子型を女王とワーカー間で比較した．その結果，その女王アリは高頻度でホモ接合型を示し，ワーカーは母型と父型の対立遺伝子をもつヘテロ接合型を示した．一方，新女王アリは母親の女王アリとほぼ同一の遺伝子型をもっていた．これらのことは，このアリではワーカーは受精卵から発生するのに対して，新女王は未受精卵から発生することを意味しており（図9-3），女王アリは無性生殖で新女王アリを生産し，自身のゲノムを100％受け継がせており，またワーカーを有性生殖で生産し，コロニーの遺伝的多様性を上げることを可能にしていたのである．

　しかし，この繁殖様式ではオスの繁殖が問題となる．ウマアリでも通常のアリと同様，未受精卵からは単数体のオスアリも発生する．新女王アリとオスアリが無性生殖によって生産されると，オスのゲノムは受精卵，つまりワーカーの生産にしか使われないことになり，これではオスアリが次世代に遺伝子を残すことができない．しかし，この種では意外な方法でこの問題が解決されていた．*C. cursor* は単女王性で，巣の規模が拡大すると女王アリが不在の巣室が増え，そこでワーカーが高頻度で産卵をおこなうようになる．ワーカーによる無性生殖の例のように，それらからはワーカーだけでなく新女王アリも生産されており，これによってオスゲノムを受け継ぐ新女王アリが生産されていた（図9-3）．Pearcy et al. (2006) はコロニーを形成している女王アリの約60％はこうしたワーカー由来の女王アリであることを示した．また少数ではあるが，有性生産されている女王アリもおり，それもまたオスの遺伝子の次世代への受け継ぎに貢献していると思われる．Doums et al. (2013) は，

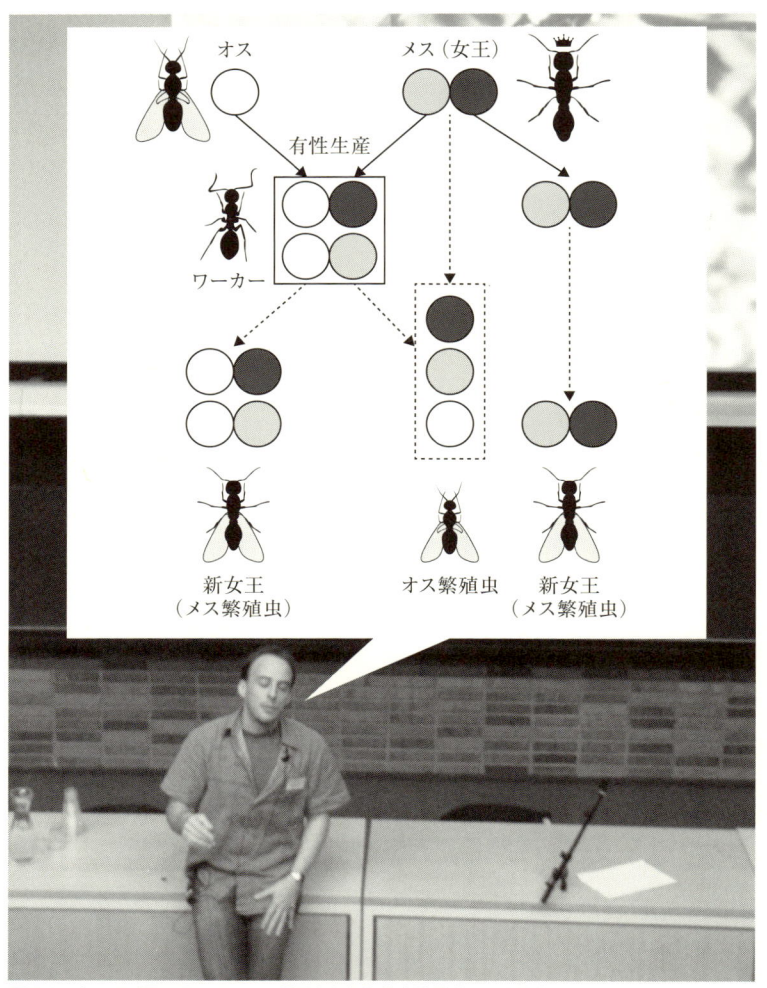

図9-3 ウマアリ属の C. cursor で発見された無性生殖様式と国際社会性昆虫学会で講演中のM. Pearcy 博士．実線は有性生殖，点線は無性生殖過程を示す．

　これら有性型女王（sexual gyne）は，無性生殖による女王（asexual gyne）の増加によって起きる近交配の影響を除去するのに効果的であることを，シミュレーションから示唆している．

　C. cursor ではオスが自身の遺伝子を残す過程は，ワーカーや女王アリの繁殖に強く依存している．端的な言い方をすれば，オスの適応度獲得の運命はけっきょくのところ，メスやワーカーに握られているような

ものだ．それを支持するかのような発見が同じウマアリ属で見つかっている．Leniaud et al.（2012）はスペインのアンダルシア州の *C. hispanica* の四つの個体群の繁殖様式を調べて，女王アリは新女王アリを無性生殖で生産しているだけでなくオスも無性生殖で，つまり本来のアリと同様にオスが未受精卵から生産されていることを発見した．ワーカーはやはり有性生産されていたが，この繁殖様式だと母親も父親も同一の遺伝系統となるため，ワーカーをいくら有性生産しても遺伝的多様化の向上は望めない．ところが，調査した個体群には二つの系統集団があり，これら集団間のオスとメスの交配によって恒常的にワーカーは生産され，それによって遺伝的多様性をもったワーカーが生産されていたのである（図9-4）．このアリの女王はワーカー生産のため，自分とは別の系統集団のオスと必ず交尾をしなくてはならないが，この繁殖様式はシュウカクアリ属 *Pogonomyrmex* で見つかっている遺伝的カースト決定機構の系統集団間の交雑機構とよく似ている（Volny and Gordon, 2002；Julian et al., 2002；Helms Calhan et al., 2002）．この他の系統集団との交雑が必須な繁殖機構（symmetrical social hybridogenesis）は，同じウマアリ属の *C. mauritanica* と *C. valox* でも見つかっている（Eyer et al., 2013）．この繁殖様式では，進化学的にオスは個体の性としての機能を消失しており，メスが他集団と交雑するためにあるだけに

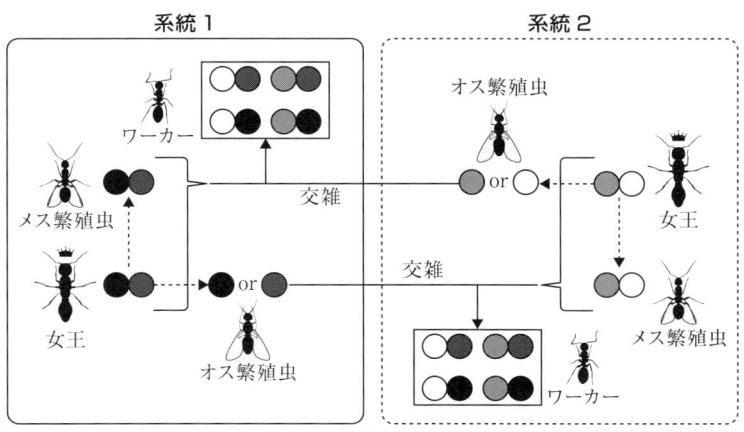

図9-4 ウマアリ属の *C. hispanica* などで発見された系統間交雑を通じた繁殖様式．個体群中に二つの遺伝系統があり，女王アリは自身とは異なる系統由来のオスアリと交尾してワーカーを有性生産する．

アリ社会の最新男女事情　215

すぎない．ウマアリ属のこれらの種ではオスはとうとうただの交雑用ツールにされてしまったようだ．

アリ以外にも繁殖女王が無性生殖と有性生殖を使い分けて，自己に有利な社会構造と集団を形成している社会性昆虫がいる．2009年に日本に生息するヤマトシロアリ *Reticulitermes speratus* で驚くべき繁殖様式が発見された．シロアリの社会はアリやハチと異なり，通常の生物のようにオス・メスとも倍数体で発生し，コロニーには女王アリと王アリがいる．そのコロニーはメス繁殖虫（新女王）とオス繁殖虫（新王）が交尾飛行をおこない，ペアを形成して創設されるが，ヤマトシロアリでは，このコロニー創設期に創設女王（初期女王）が補充生殖虫としてメス繁殖虫（二次女王）を多く生産する．この二次女王たちは創設王（初期王）と交尾し，繁殖者としてコロニーを拡大していくが，初期女王が死亡してもコロニー内には数百個体に達する二次女王たちが残るため，初期王を中心としたハーレム制によってコロニーが維持される．Matsuura et al. (2009) は，この二次女王が創設女王から無性生殖によって生産され，すべてが創設女王のクローンであることを発見した．二次女王達は初期女王と遺伝的に同一な個体であるため，全ワーカーは同じ父母由来となる．それによってコロニーメンバー間血縁度はほぼ1.0で維持され続け，しかも初期女王の遺伝子型がずっと反映され続けていた．この発見はシロアリの社会性にも血縁性に依存した性質があることを指摘しただけでなく，コロニーの長期的拡大と血縁性維持の問題を解消するのに無性生殖が機能していることを示した．また，ヤマトシロアリでは，新たなコロニーを形成するための交尾飛行と分散をおこなう新生殖虫の女王と王も生産されるが，これら新生殖虫は有性生殖によって生産されている．これは新たな生息地へ分散する生殖虫は予測不可能な環境条件にさらされることが多いので，個体やその後のコロニーメンバーに遺伝的多様性をもたせるためであると考えられる．この無性生殖による二次女王の生産は，北米東部に生息するシロアリの *P. virginicus* (Vargo et al., 2012) やイタリア半島に分布する *R. lucifugus* (Luchetti et al., 2013) でも発見されており，いずれもコロニーメンバー間の血縁度は比較的高い．シロアリではこうした無性生殖による二次生殖虫生産は一般的な社会性の特徴であることが推測される．また，*R. virginicus* では創設女王から生産された補充オス生殖虫（二次王）も一部いることが示唆

されており，無性生殖が伴う繁殖様式にはアリの例と似たようなオス・メス間の複雑な関係性があることがうかがわれる．

④交尾女王とオスの無性生殖——父親は逆襲できたのか？

2005年，学術雑誌『Nature』に"Males from Mars, Females from Venus（火星から来た男，金星から来た女）"というタイトルの論文が掲載された．ついに異星人の存在が確認されたのか？　と思いそうなタイトルであるが，そうではない．コカミアリ *Wasmannia auropunctata* という種でひじょうに変わった繁殖様式が発見された．このアリは南米が本来の生息地であるが，流木や輸入材に混ざって世界的に分布を拡大した，いわゆる侵入種である．Fournier et al.（2005）は南米の仏領ギアナでその繁殖様式を遺伝子型解析によって調べたところ，ウマアリのように女王アリは未受精卵から発生し，ワーカーが受精卵から有性的に発生していた．ところがオスアリは父親の遺伝子しか受け継いでおらず，このことからオスアリは受精卵からオスゲノムのみで無性的に発生することが示された（図9-5）．このダブルクローニング機構（double cloning）と呼ばれる繁殖様式はひじょうに奇妙である．なぜなら有性生殖でありながら，オス・メス間で遺伝的交流が失われ，その遺伝子プール

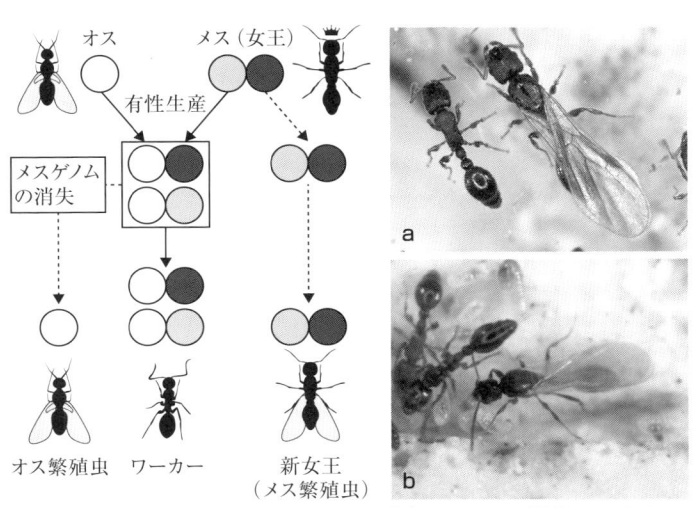

図9-5　コカミアリやウメマツアリで発見されたダブルクローニング機構．メスとオスの新繁殖虫はそれぞれ母親（女王）と父親の遺伝子しか受け継がない．（a）はウメマツアリの女王アリ，（b）はオスアリ．

アリ社会の最新男女事情　217

は独立しており，同種の各性が別種のようである．その交配はまるで異星人間の交流のようであったため，上記のようなタイトルで紹介されたのである（Queller, 2005）．また日本に生息するウメマツアリ *Vollenhovia emeryi* でも同様の繁殖様式がみつかっている．この種には女王の翅形態に多型があり，翅の長い長翅型と短い短翅型の女王が，それぞれ独立したコロニーを形成する（Kubota, 1984）．これらは遺伝的にもほぼ別種であるが，両グループとも女王アリやオスアリ，ワーカーの遺伝子型のパターンはコカミアリとひじょうに類似しており（Ohkawara et al., 2006），オスとメスの各集団が遺伝的に隔離された集団であることも検証された（Kobayashi et al., 2008）．さらにヒゲナガアメイロアリ *Paratrechina longicornis* でもこの繁殖様式が発見されており（Pearcy et al., 2011），さらにアシナガキアリ *Anoplolepis gracilipes* の集団でもこの様式に近い遺伝子構成がみつかっている（Drecher et al., 2007 ; Gruber et al., 2010）．

　この繁殖様式には特異な点が多いが，とくにオス・メス間のコンフリクト（闘争）の存在を予測させる．ウマアリ属のように女王，メスが自己の適応度を最大化するために無性生殖による繁殖虫生産を進化させると，オス側は自己の遺伝子を次世代に受け継がせることすら難しくなってくる．そのためオス側にも自己適応度を増加させる戦略が進化することは十分ありえる．それがこのダブルクローニング機構を進化させたことが仮説として挙げられている（Queller, 2005）．また，こうしたオス・メス間の遺伝子プールの隔離は，兄弟姉妹（と呼べるかはもはや微妙であるが）間で近親交配をしても，母系と父系の遺伝系統が完全に独立しているため，その子孫，とくにワーカーは遺伝的多様性を維持したまま生産できるメリットも挙げられている（Pearcy et al., 2011）．オスとメスの間に遺伝的交流が無ければ，他の無性生殖の例と同じようにオス・メスの各集団の遺伝的多様性の低下が予想されるが，Foucaud et al.（2007）はコカミアリの原産地であるブラジルの個体群の繁殖様式を調べ，コカミアリにも通常のアリと同様の繁殖をおこなっている有性生殖の個体群がいることを見つけた．菌食アリの場合と同じようにオス・メス集団の分離は完全ではなく，稀に有性生殖の機会があると考えられる．とくに原産地から離れた侵入地では新たなクローン系統が稀に起るオスとの交配によって生じており（Foucaud et al., 2006 ; Mikheyev et al., 2009；Foucaud et al., 2010）．ニューカレドニア島の個体群では女王では少なくとも三つ，オスでは一つの新たな無性生殖系統が侵入後に生じていた．このことはダブルクローニング機構でも稀にオスとメスとの間に交配が起こり，それが繁殖虫集団のクローン系統の増加，さらには遺伝的多様性の増加に貢献していることを示している．さらに Rey et al. (2011) はコカミアリでは卵細胞が生産される際の減数分裂時に対立遺伝子の組換え率がひじょうに低い（0-2.8％）ことを見いだし，ヘテロ型の組み合わせが維持されることによって集団の遺伝的多様性が保たれていることを示唆している．

コカミアリの稀な有性生殖個体群の発見はもう一つの重要な示唆を与えた．ダブルクローニング機構では，受精卵から単数体で生まれてくるオスの発生様式も大きな謎の一つである．その進化の背景にはオス・メス間のコンフリクトがあると推測されたことから，Fouriner et al. (2005) は卵細胞に精子が受精したあと，メスゲノムが除去，あるいは機能的に消失することによって単為的にオスゲノムのみでオスが受精卵から発生する説（ゲノム除去仮説：図 9-6）を主張した．こうした受精後のメスゲノムの消失は昆虫のナナフシや軟体動物（貝類）のシジミでも観察されている．しかし，Foucaud et al. (2007) はコカミアリの有性

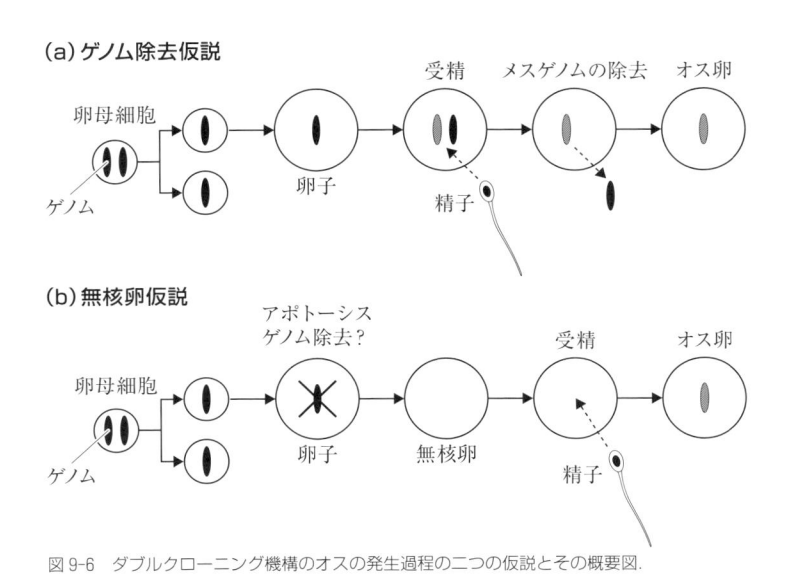

図 9-6　ダブルクローニング機構のオスの発生過程の二つの仮説とその概要図．

生殖個体群と無性生殖個体群との系統関係を解析し，ダブルクローニング機構の進化過程を調べたところ，無性生殖による新女王生産は，系統内で数回進化し，受精卵からのオス生産の進化はそれと強くリンクしていた．この結果から Foucaud らはオスの無性生産はむしろ女王側の戦略として進化した可能性を示唆し，卵細胞が形成される過程で核のない卵が形成され，その無核卵に精子を受精させることによって単為発生するという説を提出した（無核卵仮説；図 9-6）．ゲノム除去仮説がオス生産はオス側の戦略であると主張するのに対して，無核卵仮説はメス側の戦略であるという解釈の違いがある．

　ダブルクローニング機構は母親の仕業か，あるいは父親の反撃なのだろうか？　しかし，ウメマツアリでは繁殖虫卵の生産時の一次性比が著しくメスに偏っており，とくに女王の生産性が高い場合にメス卵に偏った生産がされていた（Okamoto and Ohkawara, 2010）．この機構ではメス繁殖虫（新女王）は母親の女王の，オス繁殖虫は父親のオスの遺伝子しか受け継がない．そのため女王が卵の性比を調節し，自身にとって最適な性投資比を実現させていたのである．また，長翅型と短翅型女王のいずれの個体群でもコロニーの資源量の増加とともに，生産されるオスの生産比は一定に近づく傾向がみられた．これらの観察は女王による繁殖虫生産の操作性が強いことを示し，ダブルクローニング機構が女王側の戦略であることをうかがわせる．そして，Rey et al.(2013) によってコカミアリで画期的な検証が成された．コカミアリのダブルクローニングをおこなう無性生殖の個体群と通常の有性生殖をしている個体群から，それぞれ女王アリとオスアリを採集し，実験室内で交配，繁殖させた．そして，それらから生産された繁殖虫，とくにオス繁殖虫の遺伝子型を詳しく調べたところ，母親が有性生殖個体群由来の場合，生産されたオスはすべて母親と共通の遺伝子をもっており，通常のアリと同じ様式で生産されていた．しかし，母親が無性生殖個体群由来のときは，交配相手の由来に関係なく，生産されたオスは母親と共通の遺伝子をもっておらず，受精卵から無性的に生産されていた．これらのことは，オスが受精卵から無性的に発生する機構は女王アリのもつ性質であることを明確に示している．実際のオス卵の発生過程で起きているオスとメスのゲノムの挙動はまだ不明であり，無核卵説が立証されたわけではないが，ダブルクローニング機構そのものは女王側の特徴として進化したら

しい．やはりこの機構も主導権はメス側にあり，父親の逆襲は夢とついえそうである．

特殊繁殖様式の進化要因と今後の展望

このように社会性昆虫では無性生殖を伴う多様な繁殖様式があることが解明されてきたが，なぜこのような様式が進化したのだろうか？ ハチ目では本来オスは未受精卵から無性的に発生するが，この特徴はそもそも未受精卵からメスが発生する特徴の前適応であるという説が挙げられている (Engelstädter, 2008)．祖先的にすでにメスを無性的に生産できる潜在性が備わっていたため，女王アリやワーカーを無性的に生産する性質が進化しやすかったと思われる．また，生活史上の適応はこの特殊な繁殖様式の進化を促してきた．ワーカーによる無性生殖は，社会寄生や放浪性といった生活史の特徴や，女王アリが高頻度で不在になるような状況に対するワーカーの生活史戦略として進化してきたし，アリのいくつかの研究例では，新天地への侵入と分布拡大がその進化を促したことが示されている (Foucaud et al., 2006；Mikheyev et al., 2009；Foucaud et al., 2009；Kronauer et al., 2012)．無性生殖による女王やワーカーの生産は生態的優位性をもつことにも有利であったようだ．こうした生活史戦略に対する無性生殖のメリットは今後も掘り下げて調べられていくだろう．

無性生殖による特殊繁殖様式は性の意義と機能についても新たな視点を与える．ウマアリやコカミアリの例から考えて，女王アリによる無性生殖は生活史上の利点にくわえ，個体が自己の遺伝子の子孫への受け継ぎを最大化する戦略として進化してきたと推測される．しかし，極端な無性生殖への依存は集団，とくにコロニーを支えるワーカー集団の遺伝的多様性を低下させ，無性生殖のコストを被りやすい．そのため，ワーカーの遺伝的多様性を維持する機構も同時に進化し，それはオスの特徴によく現れていた．オス性には (1) 消失化：集団中でほぼ消失するが，稀な頻度で生じ，集団の遺伝的構成を変える役割をになう，(2) メスのツール化：他個体群あるいは遺伝的多様性を維持するための交雑用対象として集団中に維持される，といった二つの進化の方向性がみられた．女王の無性生殖の進化に対して，オスは誇り(?)とともに消える

か,メスの奴隷となるかの二尺択一しかないのかもしれない.こうした観点からも性の機能と意義についても再検証と検討が進められていくだろう.

また,特殊な繁殖様式は,同時にコロニーや集団に例外的ともいえる血縁構造や社会構造を作り,これまで主張されてきた社会生物学上の現象や仮説に対して,新たな検証を可能にしている.ヒラバナハリアリではコロニー内のワーカー間血縁度が1.0である点を利用し,ワーカーがワーカーどうしオス卵生産を抑制するポリシング機構の要因が検証されているし(Hartman et al., 2003),ウマアリではコロニーの女王間の血縁度がほぼ1.0という特徴から,繁殖虫性投資比に与える局所的配偶競争(Local Mate Competition)の効果も検証されている(Pearcy and Aron, 2006).さらに,このような例外的な血縁構造は個体にもそれに依存した特殊な性質を進化させていることも考えられる.無性生殖の個体の発生機構など生理的機構にもまだ不明な部分が多く,無性生殖時のカースト決定機構や性の決定システムなども注目されている.このように無性生殖を伴う特殊な繁殖様式に関する研究テーマはひじょうに幅広く,奥が深い.今後も新たな発見があることが大いに期待される.

引用文献

Anderson, K. E., Linksvayer, T. A., and T. A. Smith (2008) The causes and consequences of genetic caste determination in ants (Hymenoptera：Formicidae). *Myrmecological News* 11：119-132.

Baudry, E., P. Kryger, M. Allsopp and N. Koeniger (2004) Whole-genome scan in thelytokous-laying workers of the cape honeybee (*Apis mellifera capensis*)：central fusion, reduced recombination rates and centromere mapping using half-tetrad analysis. *Genetics* 167：243-252.

Beekman, M. and B. P. Oldroyd (2008) When workers disunite：intraspecific parasitism by eusocial bees. *Annual Review of Entomology* 53：19-37.

Crespi, B. J. and D. Yanega (1995) The definition of eusociality. *Behavoral Ecology* 6：109-115.

Dietemann, V., J. Pflugfelder, S. Härtel and P. Neumann (2006) Social parasitism by honeybee workers (*Apis mellifera capensis* Esch.)：evidence for pheromonal resistance to host queen's signals. *Behavoral Ecology and Sociobiology* 60：785-793.

Dietemann, V., P. Neumann, S. Hartel and C. W. W. Pirk (2007) Pheromonal dominance and the selection of a socially parasitic honeybee worker lineage (*Apis mellifera capensis* Esch.). *Journal of Evolutionary Biology* 20：997-100.

Dobata, S., Sasaki, H., Mori, H., Hasegawa E., Shimada, M., and Tsuji, K. (2009) Cheater genotypes in the parthenogenetic ant *Pristomyrmex punctatus*. *Proceeding of the Royal society in London* Siries B, Biological Science 276：567-574.

Doums, C., A. L. Cronin, C. Ruel, P. Fédérici, C. Haussy, C. Tirard and T. Monnin (2013)

Facultative use of thelytokous parthenogenesis for queen production in the polyandrous and *Cataglyphis cursor. Journal of Evolutionary Biology* 26: 1431-1444.

Drescher, J., N. Blüthgen and H. Feldhaar (2007) Population structure and intraspecific aggression in the invasive ant species *Anoplolepis gracilipes* in Malaysian Borneo. *Molecular Ecology* 16: 1453-1456.

Engelstädter, J. (2008) Constraints on the evolution of asexual reproduction. *BioEssays* 30: 1138-1150.

Eyer, P. A., L. Leniaud, H. Darras and S. Aron (2013) Hybridogenesis through thelytokous parthenogenesis in two *Cataglyphis* desert ants. *Molecular Ecology* 22: 947-955.

Foucaud, J., D. Fournier, J. Orivel, J. H. C.Delabie, A. Loiseau, J. Le Breton, G. J. Kergoat and A. Estoup (2007) Sex and clonality in the little fire ant. *Molecular Biology and Evolution* 24: 2465-2473.

Foucaud, J., H. Jourdan, S. L. E. Breton, A. Loiseau, D. Konghouleux and A. Estoup (2006) Rare sexual reproduction events in the clonal reproduction system of introduced populations of the little fire ant. *Evolution* 60: 1646-1657.

Foucaud, J., J. Orivel, D. Fournier, J. H. C. Delabie, A. Loiseau, J. Le Breton, P. Cerdan and A. Estoup (2009) Reproductive system, social organization, human disturbance and ecological dominance in native populations of the little fire ant, *Wasmannia auropunctata. Molecular Ecology* 18: 5059-5073.

Foucaud, J., A. Estoup, A. Loiseau and O. Rey (2010) Thelytokous parthenogenesis, male clonality and genetic caste determination in the little fire ant: new evidence and insights from the lab. *Heredity* 105: 205-212.

Fournier, D., A. Estoup, J. Orivel, J. Foucaud, H. Jourdan, J. Le Breton and L. Keller (2005) Clonal reproduction by males and females in the little fire ant. *Nature* 435: 1230-1234.

Gadagkar R (1997) Social evolution - has nature ever rewound the tape? *Current Science* 72: 950-956.

Gotoh, A., J. Billen, K. Tsuji, T. Sasaki and F. Ito (2012) Histological study of the spermatheca in three thelytokous parthenogenetic ant species, *Pristomyrmexpunctatus, Pyramica membranifera,* and *Monomorium triviale* (Hymenoptera: Formicidae). *Acta Zoologica* 93: 309-314.

Gruber, M., B. Hoffmann, P. Ritchie and P. Lester (2010) Crazy ant sex: genetic caste determination, clonality, and inbreeding in a population of invasive yellow crazy ants. *Abstracts for the XVI Congress of the International Union for the Study of Social Insects*: 93.

Hartmann, A., J. Wantia, J. A. Torres and J. Heinze (2003) Worker policing without genetic conflicts in a clonal ant. *Proceedings of the National Academy of the United States of America* 100: 12836-12840.

Hartmann, A., J. Wantia and J. Heinze (2005) Facultative sexual reproduction in the parthenogenetic ant *Platythyrea punctata. Insectes Sociaux* 52: 155-162.

Heinze, J. and B. Hölldobler (1995) Thelytokous parthenogenesis and dominance hierarchies in the ponerine ant, *Platythyrea punctata. Naturwissenschaften* 82: 40-41.

Helms Calhan, S., J. D. Parker, S. W. Rissing, R. A. Johnson, T. S. Polony, M. D. Weiser and D. R. Smith (2002) Extreme genetic differences between queens and workers in hybridizing *Pogonomyrmex* harvester ants. *Proceeding of the Royal Society in London* B, Biological Science 269: 1871-1877.

Himler, A. G., E. J. Caldera, B. C. Baer, H. Fernández-Marín and U. G. Mueller (2009) No sex in fungus-farming ants or their crops. *Proceedings of the Royal Society of London* Series

B : Biological Science 276 : 2611-2616.
Hughes, W. O. H., F. L. W. Ratnieks and B. P. Oldroyd (2008) Multiple paternity or multiple queens : two routes to greater intracolonial genetic diversity in the eusocial Hymenoptera. *Journal of Evolutionary Biology* 21 : 1090-1095.
Ito, F., Y. Touyama, A. Gotoh, S. Kitahiro and J. Billen (2010) Thelytokous parthenogenesis by queens in the dacetine ant. *Pyramica membranifera* (Hymenoptera : Formicidae). *Naturwissenschaften* 97 : 725-728.
Itow, T., K. Kobayashi, M. Kubota, K. Ogata, T. Imai and R. H. Crozier (1984) The reproductive cycle of the queenless ant *Pristomyrmex pungens*. *Insectes Sociaux* 31 : 87-102.
Julian, G. E., J. H. Fewell, J. Gadau, R. A. Johnson and D. Larrabee (2002) Genetic determination of the queen caste in an ant. *Proceeding of the National Academy of Science of the United Statex of America* 99 : 8157-8160.
Kellner, K. and J. Heinze (2011) Mechanism of facultative parthenogenesis in the ant *Platythyrea punctata*. *Evolutionary Ecology* 25 : 77-89.
Kellner, K., J. N. Seal and J. Heinze (2013) Sex at the margins : parthenogenesis vs. facultative and obligate sex in a Neotropical ant. *Journal of Evolutionary Biology* 26 : 108-117.
Kobayashi, K., E. Hasegawa and K. Ohkawara (2008) Clonal reproduction by males of the ant *Vollenhovia emeryi* (Wheeler). *Entomological Science* 11 : 167-172.
Koeniger, N., C. Hemmling and T. Yoshida (1989) Drones as sons of drones in *Apis mellifera*. *Apidologie* 20 : 391-394.
Kronauer, D. J. C., N. E. Pierce and L. Keller (2012) Asexual reproduction in introduced and native populations of the ant *Cerapachys biroi*. *Molecular Ecology* 21 : 5221-5235.
Leniaud, L., H. Darras, R. Boulay and S. Aron (2012) Social hybridogenesis in the clonal ant *Cataglyphis hispanica*. *Current Biology* 22 : 1188-1193.
Luchetti, A., A. Velonà, B. Mueller and B. Mantovani (2013) Breeding systems and reproductive strategies in Italian *Reticulitermes* colonies (Isoptera : Rhinotermitidae). *Insectes Sociaux* 60 : 203-211.
Masuko, K. (2013) Thelytokous parthenogenesis in the ant Strumigenys hexamera (Hymenoptera : Formicidae). *Arthropod Biology* 106 : 479-484.
Masuko, K. (2014) Thelytokous Parthenogenesis in the Ant *Myrmecina nipponica* (Hymenoptera : Formicidae). *Zoological Science* 31 : 582-586.
Matsuura, K., E. L. Vargo, K. Kawatsu, P. E. Labadie, H. Nakano, T. Yashiro and H. Tsuji (2009) Queen succession through asexual reproduction in termites. *Science* 323 : 1687.
Mikheyev A. S., S. Bresson and P. Conant (2009) Single-queen introductions characterize regional and local invasions by the facultatively clonal little fire ant *Wasmannia auropunctata*. *Molecular Ecology* 18 : 2937-2944.
Ohkawara, K., M. Nakayama, A. Satoh, A. Trindl and J. Heinze (2006) Clonal reproduction and genetic caste differences in a queen-polymorphic ant, *Vollenhovia emeryi*. *Biology Letters* 2 : 359-363.
Okamoto, M. and K. Ohkawara (2010) Egg production and caste allocation in the clonally reproductive ant *Vollenhovia emeryi*. *Behavioral Ecology* 21 : 1005-1010.
Oldroyd, B. P. (2002) The Cape honeybee : an example of a social cancer. *Trends Ecology and Evolution* 17 : 249-251.
Oldroyd, B. P. and J. H. Fewell (2007) Genetic diversity promotes homeostasis in insect colonies. *Trends Ecology and Evolution* 22 : 408-413.
Oldroyd, B. P., M. H. Allsopp, J. Lim and M. Beekman (2011) A thelytokous lineage of socially parasitic honey bees has retained heterozygosity despite at least 10 years of

inbreeding. *Evolution* 65：860-868.
Pearcy, M., S. Aron, C. Doums and L. Keller (2004) Conditional use of sex and parthenogenesis for worker and queen production in ants. *Science* 306：1780-1783.
Pearcy, M., and S. Aron (2006) Local resource competition and sex ratio in the ant *Cataglyphis cursor*. *Behavioral Ecology* 17：569-574.
Pearcy, M., O. Hardy and S. Aron (2006) Thelytokous parthenogenesis and its consequences on inbreeding in an ant. *Heredity* 96：377-382.
Pearcy, M., M. Goodisman and L. Keller (2011) Sib mating without inbreeding in the longhorn crazy ant. *Proceedings of the Royal Society in London* B：Biological Science 278：2677-2681.
Queller, D. (2005) Evolutionary biology：Males from Mars. *Nature* 435：1167-1168.
Rabeling, C., J. LinoNeto, S. C. Cappellari, I. A. Santos, U. G. Mueller and M. Bacci (2009) Thelytokous parthenogenesis in the fungus-gardening ant *Mycocepurus smithii* (Hymenoptera：Formicidae). *PLoS ONE 4*：e6781.
Rabeling, C. and D, J. C. Kronauer. (2013) Thelytokous parthenogenesis in Eusocial Hymenoptera. *Annual Review of Entomology* 58：273-292.
Ravary F. and P. Jaisson (2004) Absence of individual sterility in thelytokous colonies of the ant *Cerapachys biroi* Forel (Formicidae, Cerapachyinae). *Insectes Sociaux* 51：67-73.
Rey, O., A. Loiseau, B. Facon and J. Foucaud (2011) Meiotic recombi- nation dramatically decreased in thelytokous queens of the little fire ant and their sexually produced workers. *Molecular Biology and Evolution* 28：2591-2601.
Rey, O., B. Facon, J. Foucaud, A. Loiseau and A. Estop (2013) Androgenesis is a maternal trait in the invasive ant *Wasmannia auropunctata*. *Proceedings of the Royal Society* B 280 (1766). 20131181.
Schwander, T., N. Lo. Beekman, B. P. Oldroyd and L. Keller (2010) Nature versus nurture in social insect caste differentiation. *Trends in Ecology and Evolution* 25：275-282.
Tsuji, K. (1988) Obligate parthenogenesis and reproductive division of labor in the Japanese ant *Pristomyrmex pungens*：comparison of intranidal and extranidal workers. *Behavioral Ecology and Sociobiology* 23：247- 255.
Tsuji, K. and K. Yamauchi (1995) Production of females by parthenogenesis in the ant, *Cerapachys biroi*. *Insectes Sociaux* 42：333-336.
Vargo, E. L., P. E. Labadie and K. Matsuura (2012) Asexual queen succession in the subterranean termite *Reticulitermes virginicus*. *Proceedings of the Royal Society* B 279：813-819.
Volny, V. P. and D. M. Gordon (2002) Genetic basis for queen-worker dimorphism in a social insect. *Proceedings of the National Academiy of Sciences of the United States of America*. 99：6108-6111.
Van Valen, L. (1973) A new evolutionary law. *Evolutionary Theory* 1：1-30.
Wenseleers, T. and A. V. Oystaeyen (2011) Unusual modes of reproduction in social insects：Shedding light on the evolutionary paradox of sex. *Bioessays* 33：927-937.

10 遺伝子からみたアリの社会

宮崎智史

ハチ目でみられる社会性とカースト

　昆虫の中には，複数の個体が集合してコロニーを形成し，社会生活を営むものがいる（図10-1）．それらは社会性昆虫とよばれ，アリやミツバチ，スズメバチなどを含むハチ目に多い．それらのコロニーでは，形態や行動（表現型）の異なる複数の階級（カースト）がみられ，分業している．1個体ないしは数個体の女王カーストが繁殖を担い，その他の多数の個体はワーカーカーストとして巣仲間の世話や採餌，巣の防衛をおこなっている．ただし，アリ類では，ワーカーカーストの中，あるいは女王カーストの中に複数のサブカーストがみられ，より複雑な社会構造になっている種も珍しくない（図10-1d, e）．このような表現型の違いは，遺伝的要因によるという例もわずかながら報告されているが（土畑，2009），ほとんどの種では，生育環境の違いによって生じると考えられている．このように，多くの社会性昆虫では，同じ遺伝子型の個体が異なる表現型を示しながらも機能的に統合されており，コロニー全体を一つの生命体とみることもでき，しばしば「超個体」と呼ばれている（Hölldobler and Wilson, 2008）．

　社会性昆虫にみられるカーストやサブカーストのように，同じ遺伝的背景をもつ個体が状況に応じて発生過程を変化させ，異なる表現型を生じる現象は表現型多型と呼ばれている．昆虫が陸上で繁栄できたおもな要因の一つとして，チョウのなかまでみられる季節多型や，バッタの相変異，完全変態昆虫でみられる変態といった表現型多型の獲得が挙げられる（Simpson et al., 2011）．そして，社会性昆虫の繁栄にも，カースト分化という表現型多型の獲得が重要だったと思われる（Simpson et al., 2011；Hölldobler and Wilson, 1990）．たとえば，菌類を栽培するハキリアリのワーカーでは，形態の異なる四つのワーカーサブカースト[1]]がみられ，それらが29もの仕事を効率的に分担することで，キノコの

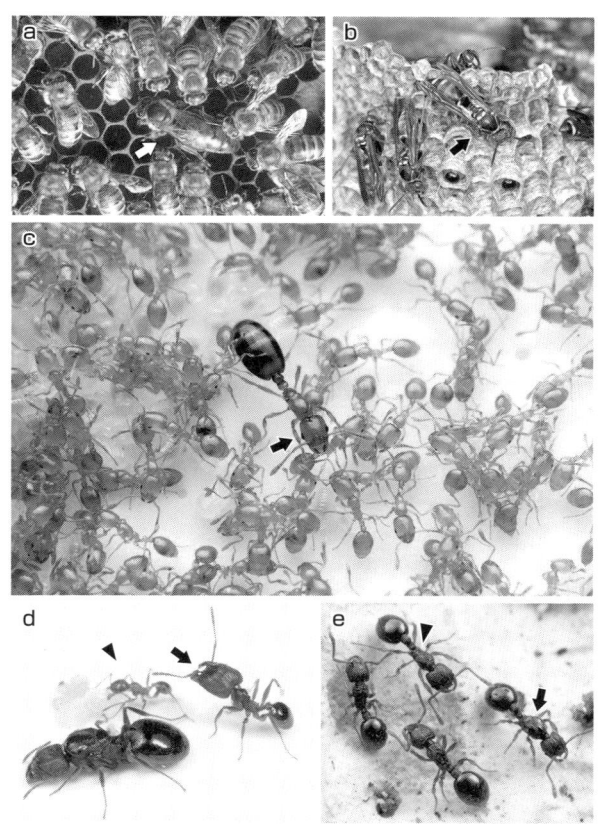

図10-1 ハチ目昆虫にみられる社会の様式.a) セイヨウミツバチのコロニーには女王バチ1個体(白の矢印)に対して数千個体のワーカーが存在する.b) コアシナガバチ Polistes snelleni Saussure のコロニーも女王バチは1個体(黒の矢印).c) イエヒメアリ Monomorium pharaonis は女王アリ(黒の矢印)とワーカーの形態差が著しい.ワーカーは単型.d) ミナミオオズアリ Pheidole fervens のワーカーは不連続な多型を示す.大型ワーカー(黒の矢印)は巣の防衛や種子の粉砕を専門的に行い,小型ワーカー(黒の矢じり)はその他の労働を担う.e) カドフシアリ Myrmecina nipponica の女王アリには有翅型(黒の矢印)と無翅型(黒の矢じり)の多型がみられる(a, Robinson, 2011を改変;撮影:b, 山崎和久;c, d, 島田 拓;e, Richard Cornette).

栽培を伴う複雑な社会生活を可能にしている(Wilson, 1980).このような表現型多型をもたらす発生の機構は複雑で,その解明は困難だったが,1980年代から始まった生物学の革命的な進歩により,その機構の理解が急速に進んできた.もっとも理解が進んでいるのはセイヨウミツバチ Apis mellifera のカースト分化の機構であるが,近年になって,それと比較しながらアリ類のカースト分化機構についての興味深い研究も

始まった．さらに，複数種のアリ類において全ゲノム配列が解読されたことによって，カースト分化機構や複雑な社会生活を理解するためのヒントが得られてきている．ここでは，はじめにセイヨウミツバチのカースト分化機構を解説し，続いてアリ類のカースト分化機構やゲノム情報を紹介し，アリの社会がいかにして多様化してきたのかを考える．

ミツバチのカースト分化の機構

　セイヨウミツバチは数千もの個体からなる巨大なコロニーをつくる（Wintston, 1987）．その中では数千のワーカーが育児や採餌をおこなうのに対して，繁殖を担うのはわずか1個体の女王バチである．女王バチはワーカーに比べて，卵巣が著しく発達し，体サイズは1.5倍ほど大きく，寿命は約20倍も長い．この女王バチとワーカーはどちらも受精卵から生じるメスだが，幼虫の時期に異なる条件下で育てられることで，どちらのカーストに発生（分化）するのかが決まる．ワーカーへと発生する個体は，孵化後3日間，若齢のワーカーからロイヤルゼリーと呼ばれる高栄養の餌を与えられ，その後花粉やハチミツを与えられる．巣房に産出される多くの卵はこうして育てられる（図10-2a）．一方で，王台という特殊な部屋に産み落とされた一部の卵は，幼虫期間を通してロイヤルゼリーを与えられ，女王バチへと分化する（図10-2a）．女王バチの分化にかかる時間はワーカーの分化にかかる時間よりも短い．このようにミツバチのカースト決定は，ワーカーによるロイヤルゼリーの給餌によって制御されている（Wintston, 1987）．また，羽化したワーカーは最初の1〜2週間は安全な巣内で育児などを担うが，続く2〜3週間は巣の防衛や採餌など巣外での危険な労働に従事する．このように齢に応じて仕事の内容を変化させる行動上の多型を齢差分業という．

ロイヤルゼリーとロイヤラクチン

　ロイヤルゼリーは，育児を担当する若齢ワーカーの下咽頭腺および大顎腺から分泌され（図10-2b），豊富なタンパク質にくわえ，フルクトースやグルコース等の糖質，ビタミン，脂肪酸類を含んでいる．タンパク質のうち約90%を占めるのは，類似したアミノ酸配列を示す数種類の主要ロイヤルゼリータンパク質（Major Royal Jelly Protein：MRJP）

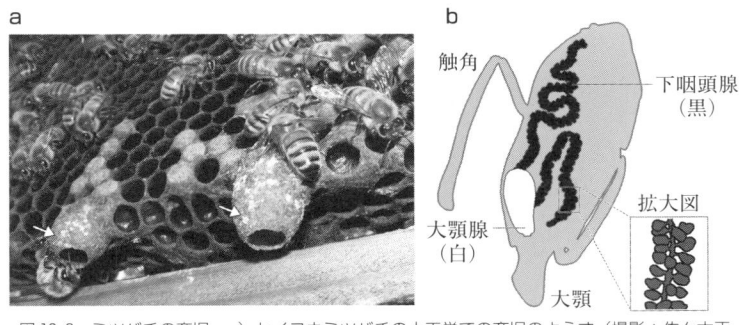

図10-2 ミツバチの育児．a）セイヨウミツバチの人工巣での育児のようす（撮影：佐々木正己）．多くの幼虫は巣房とよばれる部屋で育てられてワーカーに分化するが，王台（白の矢印）で育てられた幼虫は女王バチに分化する．b）ミツバチのワーカーは頭部（灰色）の内部に下咽頭腺（黒）と大顎腺（白）を備えている．ロイヤルゼリーはこれらの分泌腺で合成され，幼虫に与えられる．

である（Schmitzová et al., 1998）．それらのタンパク質群をコードする遺伝子群はMRJP遺伝子ファミリーといわれ，同一の染色体上に位置する10遺伝子（一つの偽遺伝子を含む）からなる（Drapeau et al., 2006）．昆虫は遺伝子重複によって生じた *yellow* 遺伝子ファミリーという遺伝子群を普遍的にもつが，ミツバチを含む特定のハチ目グループでは，そのうちの遺伝子の一つがさらに重複・多重化をくり返したことでMRJPファミリーが生じたと考えられている（Drapeau et al., 2006；Ferguson et al., 2011；Smith et al., 2011a）．一般に，遺伝子の重複や多重化を起こした遺伝子群ではその機能がさまざまに変化しやすいことが知られており（Carroll, 2005），ミツバチのMRJPファミリーでも多くの機能が報告されてきた（Drapeau et al., 2006；Kucharski et al., 1998；Peiren et al., 2005）．そして近年，MRJPファミリーに属する *mrjp1* の遺伝子の産物であるロイヤラクチン（royalactin）がカースト決定に関わることが示された（Kamakura, 2011）．

　ミツバチの幼虫は人工培養が可能であり，ロイヤルゼリーを含む培地で，女王の分化を誘導することができる．Kamakura（2011）はそのような女王分化の誘導効果が40℃の熱処理で低下することを見出した．そして，ロイヤルゼリーに含まれるタンパク質のうち，同じく40℃で分解されるロイヤラクチンに注目し，これを添加した培地で培養実験をおこなったところ，体サイズと卵巣サイズの増加，発生期間の短縮がみられた（図10-3）．この結果は，ロイヤラクチンこそが女王分化を引き

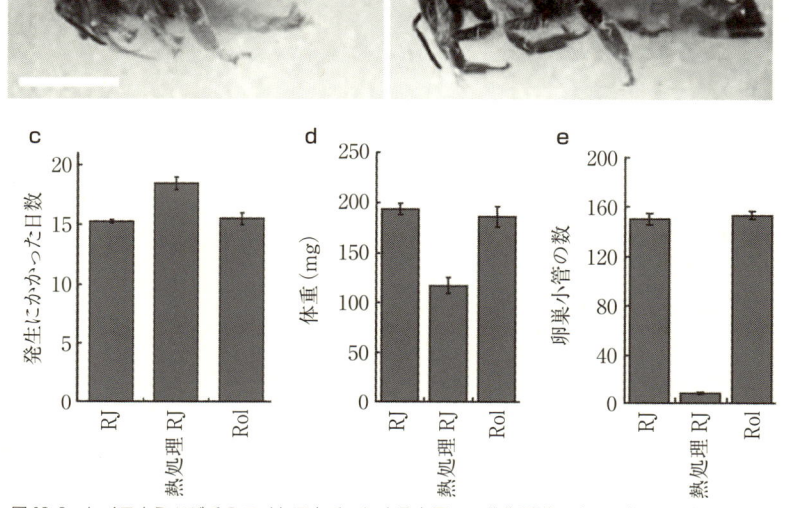

図 10-3 セイヨウミツバチのロイヤラクチンによる女王への分化誘導. a) カゼインを含有する培地で培養した対照実験個体. b) ロイヤラクチンを含有する培地で培養された個体. c-e) ロイヤルゼリー (RJ), 熱処理を施したロイヤルゼリー (熱処理 RJ), ロイヤラクチン (Rol) を含有した培地で培養した個体の体重, 発生日数, 卵巣小管の数. スケールバーは 5 mm (Kamakura, 2011 を改変).

起こす因子であることを示している.

さらに興味深いことに, モデル生物であるキイロショウジョウバエ *Drosophila melanogaster* に本来備っていない *mrjp1* 遺伝子を組み込み, 強制的に発現させると, ミツバチの女王バチと同様に発生期間が短縮され, 体サイズ, 卵巣サイズ, 寿命が増加した (図 10-4a). この効果は, ロイヤラクチンを含む培地で飼育した個体でも確認された. これらの結果は, 一部のハチ目昆虫しかもたない *mrjp1* の機能が, 昆虫に普遍的な因子によって仲介されていることを示している. そして, 普遍的な因子の一つである上皮増殖因子受容体 (*epidermal growth factor receptor*: *Egfr*) 遺伝子に突然変異[2]が生じたショウジョウバエの系統では, ロイヤラクチンの効果がみられなかったことから, EGFR がその機能を仲介していると考えられた. さらに, ショウジョウバエではロイヤラクチンが EGFR を活性化させたのち, 幼若ホルモン (juvenile hormone: JH)

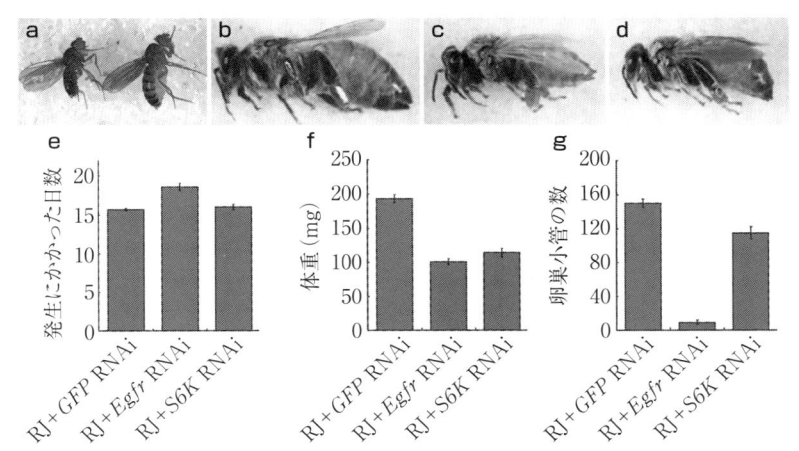

図10-4 ロイヤラクチン機能の普遍性と,その受容や情報(シグナル)伝達に関わる因子.(a) 脂肪体で mrjp1 を発現するショウジョウバエ(右)と発現しない個体(左).(b-d) ロイヤルゼリー(RJ)寒天培地で培養されると同時に,RNAi により GFP (b, 対照区) と Egfr (c),S6K (d) の機能を抑制されたセイヨウミツバチ.(e-g) 上記の3処理が発生期間(e),体重(f),卵巣小管数(g)に及ぼす影響(Kamakura, 2011を改変).

を介して卵巣の発達が促され,S6キナーゼ(S6K)を介して体サイズが増加し,脱皮を制御するホルモンであるエクジソン(ecdysone)を介して発生期間が短縮されることも明らかにされた.

Kamakura(2011)は,このような機構がミツバチでも働いているのかどうかも検証している.その結果,ミツバチの体内においても,ロイヤラクチンは EGFR に仲介されて女王分化を促進すること,そして S6 キナーゼを介して体サイズを増加させることが確かめられた(図10-4b, c, d, e, f, g).発生期間の制御や卵巣の発達も,ショウジョウバエを用いた実験結果と同様に,それぞれエクジソンと JH の介入が示唆された.これまでは JH が女王分化を引き起こすスイッチと考えられていたが,このホルモンも EGFR の働きを介して活性化されるのである.

カースト分化にかかわるシグナル伝達系

ロイヤラクチンが EGFR に作用すると,そのシグナルがさまざまな因子を介して伝達され,カースト分化が進行する.JH はそのようなシグナル伝達の一つとして古くから注目されてきた.JH は昆虫の変態を抑制するホルモンとして有名だが,休眠や器官発生,卵巣発達,表現型多型等の制御も担う多機能性のホルモンである(Nijhout, 1994).ミツ

バチではそのJHの体内濃度がワーカーの幼虫よりも女王バチの幼虫でより高く（Rembold, 1987），ワーカーの幼虫にJHを塗布して体内JH濃度を上げると，女王分化を誘導できる（Wirtz and Beetsma, 1972）．このように，JHはミツバチのカースト分化においても重要な役割を果たしている．近年，発現している遺伝子を網羅的に解析できるマイクロアレイ法を用い，JHを塗布されたワーカーの幼虫では代謝生理機能を有する遺伝子の発現が上昇することが示された（Barchuk et al., 2007）．このことから，JHによるシグナル伝達は幼虫の代謝生理を活性化させることで，女王バチへの発生を調節していることがわかった．

また，栄養条件に応じて生物の成長を制御するTOR（target of rapamycin）シグナル伝達系とインスリン・シグナル伝達系も注目され，カースト分化における役割が検証された．これらは相互に作用し合うことがキイロショウジョウバエなどで知られている．女王バチになる運命の幼虫に対して tor 遺伝子のRNA干渉（RNA interference：RNAi[3]）をおこない遺伝子機能を低下させると，女王分化が中断されてワーカーへと分化することから，TORシグナル伝達は女王分化に重要な機能を果たすことが示された（Patel et al., 2007）．また，インスリン・シグナル伝達に関わる複数の因子が女王バチの幼虫で多く発現することや（Wheeler et al., 2006），インスリン・シグナルの伝達に重要なインスリン受容体基質（*insulin receptor substrate*：IRS）遺伝子のRNAiにより女王分化が抑制されることから（Wolschin et al., 2011），インスリン・シグナル伝達系による女王分化制御機能も支持されていた．しかし，Kamakura（2011）の研究では否定的な結果が得られ，現在では，インスリン・シグナル伝達系の役割は限定的かもしれないと考えられている（Mutti et al., 2011）．

齢差分業の制御

日齢に応じた行動の多型である齢差分業の制御には，卵黄タンパク質前駆体であるビテロジェニンvitellogenin（Vg）が関わっており，興味深い．Vgは本来，昆虫の卵形成過程の後期に脂肪体で多量に合成され，卵母細胞に取り込まれて卵黄形成を促進する．ミツバチの女王バチにおいても，卵巣やその周辺の脂肪体で多く合成されている（Guidugli et al., 2005b）．しかしながら，羽化数日後から2週間程度の若齢ワーカ

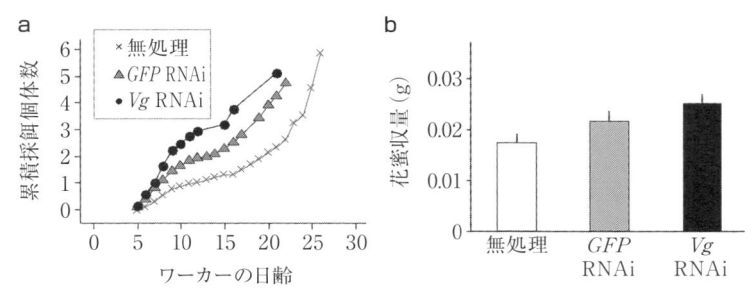

図10-5 ビテロジェニン（Vg）と齢差分業. a）*Vg* RNAiにより外役へのシフトが早まった. b）*Vg* RNAi処理を受けた採餌ワーカーは花粉よりも花蜜収集への選好性が高いため，他の処理よりも多くの花蜜を集めた（Nelson et al., 2007を改変）.

ーでもVgが合成されることから，齢差分業との関係が示唆されていた（Engels and Fahrenhorst, 1974）．Gro V. Amdamが率いる研究グループはこの関係に注目し，育児役のワーカーは合成したVgを利用して幼虫の餌とすること，Vgが内役から外役への移行時期を決定すること，そして外役のうち花粉採集と花蜜採集のいずれかに従事するかを制御することを明らかにした（図10-5）（Amdam et al., 2003；Nelson et al., 2007）．Vgが栄養貯蔵タンパク質として機能することはいくつかの昆虫で知られていたが，このような社会性と関連した多様な機能はミツバチのグループで独立に獲得されたものだと考えられた．

多くの昆虫では，Vgの発現はJHによって調節されるが，すくなくともミツバチの齢差分業ではそうではない．齢差分業の過程でJHの体内濃度は上昇するが，それはむしろVgの発現量の低下によって引き起こされる（Guidugli et al., 2005a）．また，外役のワーカーではインスリン・シグナル伝達系が活性化されることからVg発現との関係について検証されたが，今のところ明瞭な関係は示されていない（Nilsen et al., 2011）．齢差分業を制御するVgについて，発現調節の機構を解明することが今後の課題となる．

また，他の生物種で摂食行動への関与が知られる遺伝子が，齢差分業の制御に重要な役割を果たしていることもわかっている（Robinson et al., 2005）．たとえば，ショウジョウバエのcGMP依存性プロテインキナーゼ遺伝子*foraging*は摂食行動への寄与が知られていたが，その相同遺伝子[4]*Amfor*はミツバチのワーカーの脳で多く発現し，内役から外役への移行を制御している（Ben-Shahar et al., 2002）．Vgの発現上

昇とJH受容が同時に起こることで*Amfor*発現が促進されるとする説が提唱されており，今後の検証が期待される（Wang et al., 2012）．

エピジェネティック制御

　エピジェネティック制御とは，ゲノムDNAの配列の変化を伴わずに遺伝子発現のパターンを変えることで，細胞や個体の形質を変化させる機構である．これまでは脊椎動物を中心に研究が進められ，DNAやヒストンへの化学的な修飾（メチル基やアセチル基といった化学修飾の付加や除去）によってもたらされるエピジェネティック制御は環境条件に応じて迅速に変化すること，そして次世代にも継承されうることが示されてきた．昆虫にはこれらの制御がないとされてきたが，2006年にセイヨウミツバチの全ゲノム配列が解読され，ミツバチにはDNAメチル化に関わるDNAメチル基転移酵素（DNA methyltransferase：DNMT）が備わっていることが示され（Wang et al., 2006），現在では昆虫でも普遍的に存在する機構であることがわかってきた（Glastad et al., 2011）．さらに，RNAiによってDNMTの一つであるDNMT3の機能を抑制された個体が女王へ分化することが示され（図10-6），ワーカーの分化制御にDNAメチル化が寄与することも明らかになった（Kucharski et al., 2008）．このようなDNAのメチル化は，脊椎動物でみられるように遺伝子の転写量を制御しているというよりは，転写産物のスプライシングを制御する機能を果たしているようである（Lyko et al., 2010）．また，ロイヤルゼリーからはエピジェネティック制御に関わるヒストン脱アセチル化抑制物質が見つかっており，ヒストンへの脱アセチル化を抑制するとともに，DNAのメチル化にも補助的な役割を果たすことも示された（Spannhoff et al., 2011）．したがって，ロイヤルゼリーがエピジェネティック制御を介して，女王バチとワーカー間の分化を調節していることはまちがいないようだ．そして，ワーカーの齢差分業の過程でもDNAメチル化のパターンが変化していることから（Herb et al., 2012），形態カーストの分化だけでなく，行動カーストの分化にもDNAメチル化が寄与することが示されている．ミツバチの社会においては各個体が一生の間に何度も発生や行動の様式を変化させる必要があるが，この複雑な生活史の制御にはエピジェネティック制御が重要な役割を果たしているのかもしれない．

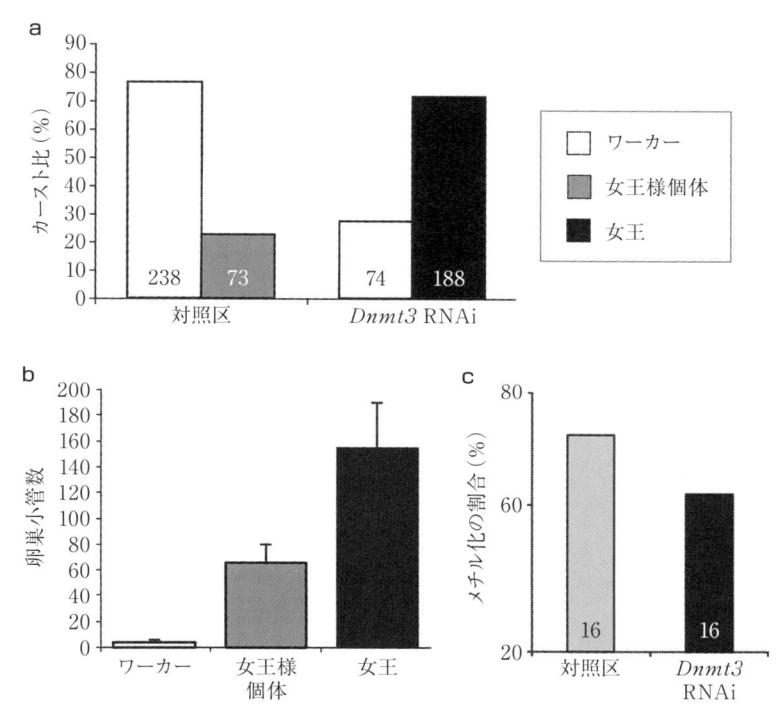

図 10-6 DNA メチル化によるセイヨウミツバチの女王分化の制御. a) *Dnmt3* の RNAi によって女王が分化した. b) 誘導された女王の卵巣は，ワーカーや女王様個体（女王に類似の形態的特徴を示す個体）のそれと比べて十分に発達していた. c) *dynactin p62* 遺伝子の CpG サイトにおけるメチル化の割合は *Dnmt3* RNAi により有意に低下した (Kucharski et al., 2008 を改変).

アリのカースト分化機構

　アリの基本的な生活史は次のように考えられてきた．羽化後，母巣から結婚飛行に飛び立った新女王アリは1匹のオスと交尾し，単独で営巣し，産卵を開始する．最初のワーカーを育てあげたあとは産卵に専念し，ワーカーが他の労働に従事する．コロニーが成長するとやがて次世代のオスや新女王アリが生産され，ふたたび結婚飛行と分散が起こる．ワーカーや女王アリはそれぞれ形態の決まった単型で，両カーストの違いは餌条件など環境の違いによると考えられてきた．しかし，この約20年間に例外も多く報告され，巣内の女王アリの数や交尾の回数は種間で大きく異なること，ワーカーカーストや繁殖カーストの多型（図

10-1d, e），遺伝的要因によるカースト決定，単為生殖によるメス生産さえ起こりうることなどが明らかになり，アリの社会はきわめて多様であると考えられるようになった（Heinze, 2008）．これほど多様な社会構造を示す分類群はハチ目の中ではもちろんアリの他におらず，ハチ目以外の昆虫でもほとんどみられない．そこで近年，アリの系統で起こった社会性の高度化や多様化がどのようにしてもたらされたのかを理解するために，それらの現象に関する発生学的な機構の解明，遺伝子発現の種間比較やミツバチとの比較が多く試みられている．ここでは，最近十年程度で急速に発展してきたアリのカースト分化に関する研究をおもに紹介し，アリにおける社会性進化の分子基盤について考える．

アリのカースト決定要因

アリでは，ミツバチのロイヤルゼリーのように，女王カーストの決定を担う特定の物質は発見されていないが，幼虫期の餌等の環境条件によりカーストが決定されると古くから考えられてきた（Wheeler, 1986；図 10-7）．たとえば，キイロクシケアリ Myrmica rubra では越冬を経験した幼虫のうち，多く給餌された幼虫が女王アリへと分化する（Brian, 1956）．このとき，頭部を上げる「おねだり」行動をする幼虫が優先的に給餌を受ける（Creemers et al., 2003）．また，数種のアリでは卵や幼虫に JH 類似体[5]を塗布すると女王アリの分化が誘導される（Brian, 1974；Penick et al., 2012；Vinson and Robeau, 1974）．これらのことから，栄養状態の良い個体では JH 分泌などが活性化され，女王アリに分化すると考えられる（Wheeler, 1986）．分化の生じる発生ステージは種間で違うが，早い段階で女王の分化が開始される種ほど，女王アリとワーカーの形態差が著しくなる傾向がある．カースト分化を引き起こす分子は共通だが，分泌時期など，その使い方を変えることで異なるカースト分化のパターンを実現しているのかもしれない．

しかし，カースト決定に遺伝的要因が関与するとの報告も近年になって相次いでいる．ある遺伝子型が新女王アリになりやすい（Hughes and Boomsma, 2008），特定のサブカーストになりやすい（Hughes et al., 2003），利己的に産卵する大型ワーカーになりやすい（Dobata et al., 2009）などの報告，さらには新女王アリとワーカーが雌性単為生殖と有性生殖という異なる繁殖様式で生産される（Pearcy et al., 2004）などの

a) 受精卵（二倍体）の発生

環境条件に応じた
カースト決定

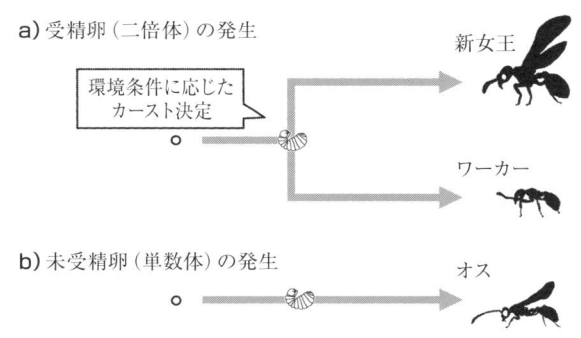

新女王

ワーカー

b) 未受精卵（単数体）の発生

オス

図10-7 アリのカースト分化．単数倍数性の遺伝システムを備えるアリでは，受精卵がメスに（a），未受精卵がオスになる（b）．メスの発生過程では，環境条件に応じた発生プログラムの切替えが起こり，女王—ワーカー間のカースト分化が起こる．分化のタイミングは種間で異なり，卵のステージで起こる種と幼虫のステージで起こる種がいる．

報告である．しかし，いずれの場合でも遺伝的要因のみがカースト決定要因になっているのではなく，必ず環境要因の影響も受けているという（Schwander et al., 2010；Smith et al., 2008）．したがって，カースト決定において環境要因と遺伝的要因は排他的に作用するものではない．Wheeler（2003）が以前から提唱しているように「環境に対する応答性（この場合はカースト決定）が遺伝的要因によって制限されている」のではないだろうか．

ワーカーの無翅化を司る発生の機構

社会性を示すハチ目昆虫種の中でも，アリは女王アリとワーカーの形態差が著しい．ハナバチやカリバチに比べて，アリでは体サイズに明瞭な二型がみられるだけでなく，胸部構造にみられるような部位特異的な発達の違いなども多くみられる（図10-1c）．このような顕著なカースト多型を可能にした主要因の一つが，ワーカーの無翅化であり，アリの進化史で一度だけ起こったと考えられている．無翅化したワーカーは飛翔という生態学的制約[6]から開放され，体サイズの小型化や頭部サイズの増大を可能にすることで，地上での採餌やワーカー間の分業の効率化を実現したと考えられている（Robinson, 2002；東, 1995）．

Ehab Abouheifらのグループは，キイロショウジョウバエの翅形成で重要な役割を果たしている遺伝子のネットワークに注目し，女王，オス，ワーカーの発生過程でそれらの遺伝子の発現がどのように調節され

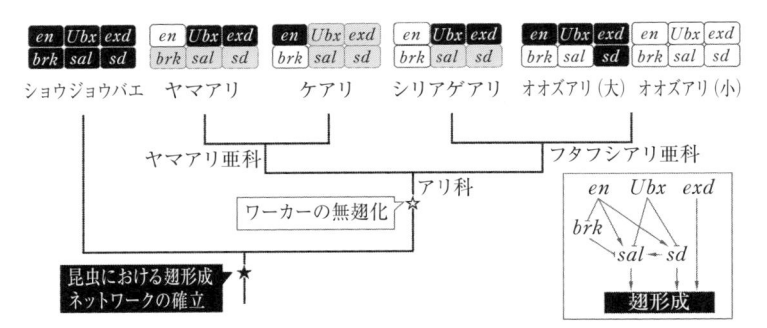

図 10-8 アリの無翅化に伴う翅形成ネットワークの発現様式の変化．翅形成ネットワークは昆虫の間で高度に保存されており，有翅の女王アリやオスアリについても同様に発現している．しかしながら，ワーカーでは一部の遺伝子が発現しないため翅形成が起こらない．ネットワークがどこで中断されるかは種間で異なるが，brk のように，どの種のワーカーでも発現していない遺伝子もある．発現した遺伝子を黒，発現していない遺伝子を白，検証されていない遺伝子をグレーで示した．挿入図は簡略化した翅形成遺伝子ネットワークを表す．

ているのかを複数種のアリで調べ，ワーカーの無翅化がどのように獲得され，維持されてきたのかを考察した（図10-8）．これまでに，*engraild*（*en*），*Ultrabithorax*（*Ubx*），*extradenticle*（*exd*），*brinker*（*brk*），*spalt*（*sal*），*scalloped*（*sd*）という代表的な翅形成遺伝子のうち，ヤマアリでは3遺伝子，ケアリでは2遺伝子，シリアゲアリでは4遺伝子，オオズアリでは6遺伝子すべての相同遺伝子について発現パターンが調べられた．女王やオスアリの発生過程では，ショウジョウバエと同様にそれらの相同遺伝子すべてが発現したのに対して，ワーカーの発生過程ではいくつかの遺伝子が発現しておらず，翅形成ネットワークが中断していた（Abouheif and Wray, 2002；Bowsher et al., 2007）．ワーカーにおける発現パターンは遺伝子と種によって異なり，たとえば *brinker* はすべての種で抑制されるのに対して，*Ubx* と *exd* はオオズアリの小型ワーカー以外で発現し，その他の遺伝子は種間で異なる発現パターンを示した（Abouheif and Wray, 2002；Shbailat and Abouheif, 2013）．ワーカーの無翅化が一度しか起こっていないことを考えると，*brinker* のようにアリの系統をとおして抑制が維持された遺伝子は，発現の抑制が無翅化に決定的な役割を果たしており，発現パターンの変化が不利に働くような安定化選択が働いてきたと考えられる（Shbailat and Abouheif, 2013）．また，その他の遺伝子には，発現の抑制が無翅化に対して補助的な役割を果たすものと，無翅化に寄与しないものがあるだろう．前者

の場合，それぞれの種が異なる方向性選択を受けたために異なる遺伝子で発現抑制が生じたと考えられ，後者の場合は中立な遺伝的浮動を通した偶然的な変化により，各系統に特有のパターンが進化してきたと考えられる（Abouheif and Wray, 2002）．

無翅化が達成されるためには，翅形成が中断されるだけでなく，中途半端に形成された翅組織を退縮させる必要がある．このように形態形成の過程で必ず起こる組織退縮には，ある発生段階で特定の細胞を死滅させるアポトーシスという機構が関与する．これまで，比較的祖先的なハリアリ亜科に属するトゲオオハリアリ *Diacamma* sp.や派生的なフタフシアリ亜科に属するツヤオオズアリ *Pheidole megacephala* のワーカーを対象に検証がなされ，いずれの種でも幼虫から蛹への変態時に翅芽細胞でのアポトーシスが確認された（Gotoh et al., 2005；Sameshima et al., 2004）．キイロショウジョウバエでは，翅形成遺伝子のうち *spalt* や *brinker* がアポトーシス誘導に関わっていることから，ワーカーではそのような遺伝子の発現が変化することで，アポトーシスを誘導する可能性が提案されている（Shbailat et al., 2010）．

カースト間に卵巣発達の違いをもたらす機構

個体間に繁殖分業がみられる社会を「真社会」といい，アリは基本的にすべての種が真社会性である．繁殖は女王が担い，ワーカーはおもに育児や採餌をおこなう．しかし，多くの種でワーカーも機能的な卵巣をもち，女王よりは劣るものの繁殖する潜在能力を維持している（Hölldobler and Wilson, 1990）．もし，ワーカーが利己的に繁殖を開始するとコロニー内に繁殖を巡る対立が生じるため，ワーカーの繁殖をいかにして抑制するかは社会を維持するうえで重要な課題である．Khila and Abouheif（2010）はこれまでの研究成果をまとめ，ワーカーの繁殖抑制（Reproductive Constraint：RC）を次の五つのタイプに大別した．

RC1：卵形成の過程における卵母細胞の極性異常

昆虫では，母体の卵巣中で卵母細胞の極性が決定され[7]その後の胚発生が正常に進む．その引き金を引くのは母の卵巣で子（卵母細胞）に供給される母性効果因子である．女王の卵巣では，栄養細胞で合成される *nanos* mRNA や Vasa タンパク質がすぐそばの卵母細胞に送り込まれて

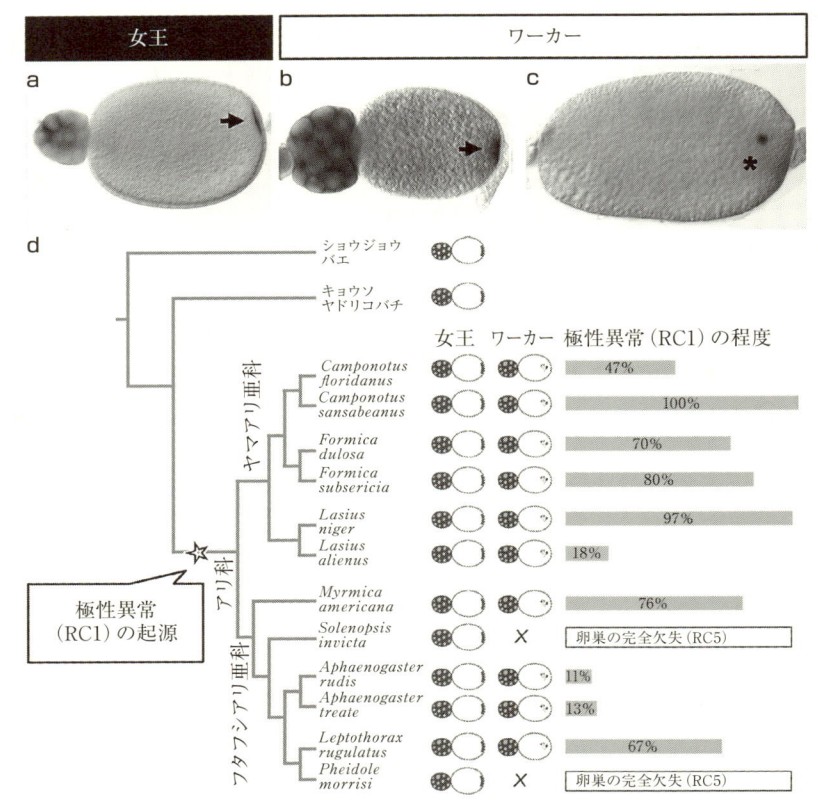

図 10-9 ワーカーの繁殖抑制機構（卵母細胞の極性異常；RC1）とその進化学的動態．女王の卵巣内の卵母細胞では，その後極に nanos mRNA が局在し（矢印），極性が正常に決定される（a）．ワーカーは状況依存的に卵巣を発達させ，その中の卵母細胞の一部では正常な極性決定が進行するが（b），残りの胚では nanos mRNA の局在が異常（*）となるため発生が進行しない（c）．極性異常が起こる割合は種間で異なる（d）（Khila and Abouheif, 2008 を改変 Copyright (2008) National Academy of Sciences, U. S. A.）．

後極に局在し，極性が決まる．しかし，ワーカーの卵巣内にある卵母細胞ではそれらの母性効果因子の局在が起こらないこともあり，極性が決まらず，正常に発生できない胚が種特異的な割合でみられる（Khila and Abouheif, 2008, 図 10-9）．

RC2：状況依存的な卵巣の不活性化

昆虫の卵巣発達はホルモンや栄養状態の影響を受けやすく，さらにアリやハチのワーカーでは，置かれた社会状況や個体間相互作用にも左右

される.たとえば,女王がいないコロニーではワーカーの卵巣が発達しやすく,順位制がみられる系統では順位の低い個体の卵巣発達が抑制される(Heinze et al., 1994;Hölldobler and Wilson, 2008).このような卵巣発達の制御にインスリン・シグナル経路が関わっていることが複数のアリで報告されており(Khila and Abouheif, 2010;Okada et al., 2010),アリに共通の機構である可能性が高い.

RC3:受精嚢の発達抑制と欠失

単数体である未受精卵がオスに,二倍体である受精卵がメスに発生する単数倍数性(haplodiploidy)の性決定様式をとるアリにとって,受精嚢はきわめて重要な役割を果たす.アリの女王は交尾してから数年,種によっては数十年にわたり精子を貯蔵する必要があるため,近縁なカリバチ類と比べても著しく発達した受精嚢をもつ(Gotoh et al., 2009).一方でほとんどの種のワーカーは受精嚢をもたないか,未熟な受精嚢しかもたないため,メスを産む潜在能力が制限されている(Gobin et al., 2008;Hölldobler and Wilson, 1990).昆虫の受精嚢は,幼虫から蛹までの後胚発生において,外部生殖器になる成虫原基から分化する.アリではワーカーの発生過程においてもその成虫原基が正常に発達するので,受精嚢の発達抑制や退縮は成虫原基から分化したあとに起こっていると考えられるが,まだ検証されていない.

RC4:卵巣小管数の減少

社会性を示すハチ目の多くにおいて,ワーカーの卵巣小管数は女王よりも少ない.卵巣は繁殖以外にも,行動生理を抑制する内分泌活性,栄養卵の産出というような代替的機能も担っている.たとえば,ミツバチでは,卵巣活性が齢差分業や採餌効率に寄与しており,活性の高いワーカーはより若齢のうちに内役から外役へと移行し,多くの花粉を採集することができる(Amdam et al., 2006).したがって,多くの場合,ワーカーでは卵巣小管数が減少しているものの,卵巣じたいは保持されているのだと考えられる.

昆虫の卵巣は,初期胚の後部腹側に配置される生殖細胞の分裂によってできる始原生殖腺に由来し,後胚発生において発達・分化する.アリのワーカーでは胚発生の期間に生殖細胞が退縮する場合(Khila and

Abouheif, 2010) や蛹になって卵巣小管数が減少する場合 (Miyazaki et al., 2010) が報告されており，退縮の時期は種間で異なると思われる (Khila and Abouheif, 2010).

RC5：繁殖器官の完全欠失

現存のアリ 283 属のうち 9 属のワーカーでは，卵巣じたいが完全に欠失している．卵巣を失ったワーカーは繁殖の機会を失うだけでなく，その代替的な機能も失ってしまう．いくつかの種では胚発生後期にすでに生殖細胞が消失していることが確認されているが，その至近機構はほとんどわかっていない (Khila and Abouheif, 2010).

社会性昆虫のコロニーは血縁者からなる「超個体」ではあるが，ただ一個の受精卵に由来する遺伝的にまったく同じ細胞からなる「個体」と異なり，内部にさまざまな対立を抱え込んでいる．たとえば，ワーカーの交尾は女王にとって大きな脅威であり，コロニーの崩壊さえ引き起こしてしまうだろう．RC3 と RC5 はこの脅威を取り除くうえで有効な方法である．たとえ交尾ができなくても，機能する卵巣をもつワーカーはオスを産める．これは，ワーカーと女王の対立だけでなく，ワーカーどうしの対立も生んでしまう．各ワーカーからみると，他のワーカーの子孫（オス）は自分の子孫（オス）よりも血縁度が低いためである．RCl～RC5 はこれらの対立を回避するのにいずれも貢献するが，とくに RC5 は有効だと思われる．しかし，すでに述べたように，卵巣には繁殖以外に，内分泌制御や栄養卵生産の機能もある．卵巣の委縮や不活性化を伴う方法はこれらの代替的機能を縮小させるだろうし，とくに RC5 はその完全な放棄を意味する．それぞれのアリ種が RCl から RC5 のどれを採用するかは，内部対立の解消という利益と代替的機能の縮小というコストの狭間で，自然選択によって決まってきたのだろう．

カースト進化にともなう発生様式の変化

アリでは，女王とワーカー以外の新奇カーストが複数の種でみられ，社会構造を複雑化させている．たとえば，オオズアリでは大型ワーカー（図 10-1d）が巣の防衛や種子の粉砕などに特殊化することで分業の細分化を可能にし，ハリアリやフタフシアリのなかまでよくみられる無翅

女王（図10-1e）は飛行ではなく分巣によって新しいコロニーをつくるという繁殖戦略を採用し新たなニッチへの進出に成功してきたと思われる．このような大型ワーカーや無翅女王は，さまざまな系統で独立に進化した（Molet et al., 2012）．これらの新奇カーストは女王とワーカーの中間的な形態を示し，どちらかのカーストの発生過程を改変して二次的に現れたと考えられてきた（Peeters, 1991）．このような発生改変のしくみを明らかにすることで，新奇カーストが辿ってきた進化過程を理解できるはずである．

　カドフシアリ Myrmecina nipponica は日本全国に分布し，ほとんどの地域で脱翅痕をもつふつうの女王（有翅女王）とワーカーからなるコロニーをつくる．しかしながら，高山域や北海道などの寒冷地域では最初から翅をもたずに羽化してくる無翅女王がみられ，有翅女王に代わって繁殖を担う．無翅女王は胸部構造がワーカーに似るが，複眼や生殖腺は有翅女王と同程度に発達している（図10-10a, b, c, d）．このような形態学的特徴は交尾した新女王アリが母巣内のワーカーの一部を引き連れて歩いて分散する分巣という繁殖戦略への適応だと考えられた．おそらく寒冷地では，飛翔で分散し，女王アリだけで巣づくりをするリスクがかなり高いのだろう．翅，複眼，生殖腺の発達する過程を幼虫から蛹まで観察し，有翅女王，ワーカー，無翅女王で比較したところ，無翅女王は器官ごとに異なる発生様式を示すことが明らかになった（Miyazaki et al., 2010）．複眼は有翅女王に，翅はワーカーに似た発生様式をとる一方で，生殖腺はワーカーに似た発生様式から有翅女王に似た発生様式へと変化した（図10-10e）．この観察から，有翅女王かワーカーの発生様式のどちらかを改変して新奇カーストが進化するという従来の仮説とは異なり，両方の発生様式を器官や組織ごとにモザイク状に組み合わせることで新奇カーストが進化するという新たな仮説が提唱された．この仮説は系統学的に遠縁なヘラアゴハリアリ属の一種 Mystrium rogeri の無翅女王でも支持されており，さまざまな系統でみられる新奇カーストについて適用できそうである（Molet et al., 2012）．一般に，脊椎動物の発生は内分泌や神経系などによって統制された中央集権型であるのに対して，昆虫の発生は器官や組織の独立性が強い地方分権型といわれているが，無翅女王の発生様式にその一端をみることができた．

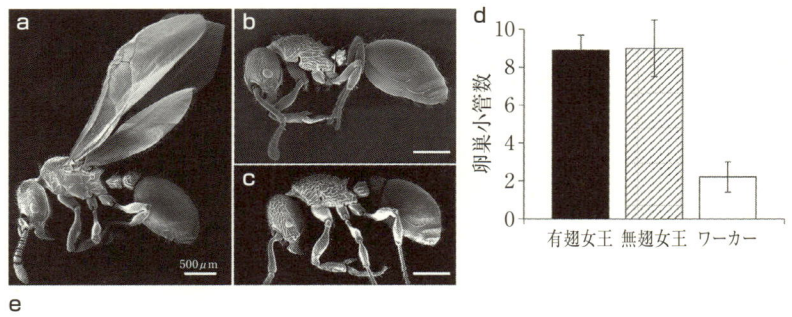

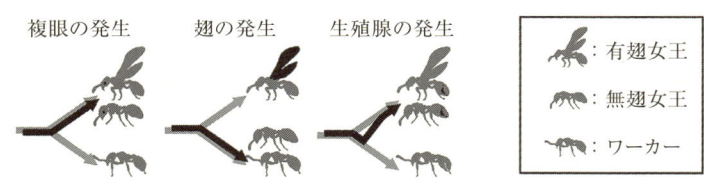

図 10-10 カドフシアリの女王多型とそのカースト分化の過程．カドフシアリの有翅女王（a），無翅女王（b），ワーカー（c）．複眼は有翅女王と無翅女王で大きく発達する．(d) 無翅女王の卵巣は有翅女王と同程度に発達する．(e) 無翅女王は器官ごとに異なる発生制御を受け，女王とワーカーのモザイク表現型を発現する．これは，無翅女王進化の過程で各器官の発生プログラムが異なる選択を受け，それぞれ独立に時間的な変化が生じた結果と解釈できる（Miyazaki et al., 2010 を改変）．

分業システムの複雑化にともなう分子基盤の変化

　先に述べたように，ミツバチの齢差分業は foraging の相同遺伝子 Amfor によって制御され，齢とともに脳内での発現量が上昇し，育児などの内役から採餌などの外役へと労働内容が移行する．内役から外役への移行は，アリでも Higashi（1974）が初めて報告していらい多くの種でも確認され，シュウカクアリの一種 Pogonomyrmex occidentalis では，やはり foraging の相同遺伝子 Pofor の発現と齢差分業との関係が確かめられた．ただしミツバチとは反対に，育児ワーカーよりも採餌ワーカーの方が，Pofor の発現量が低い（Ingram et al., 2005）．このような逆転の関係はカリバチの一種でも確かめられており（Tobback et al., 2008），アリやカリバチの系統で共通の傾向かもしれない．

　ワーカー間に多型がある場合はどうだろうか．Lucas and Sokolowski（2009）はワーカーにサブカースト（大型ワーカーと小型ワーカー）がみられるオオズアリの一種 Pheidole pallidula の foraging 相同遺伝子 PpFor について，PpFor の局在やキナーゼ活性とサブカーストとの関係を調べた．まず，防衛に特化した大型ワーカーと採餌に従事する小型

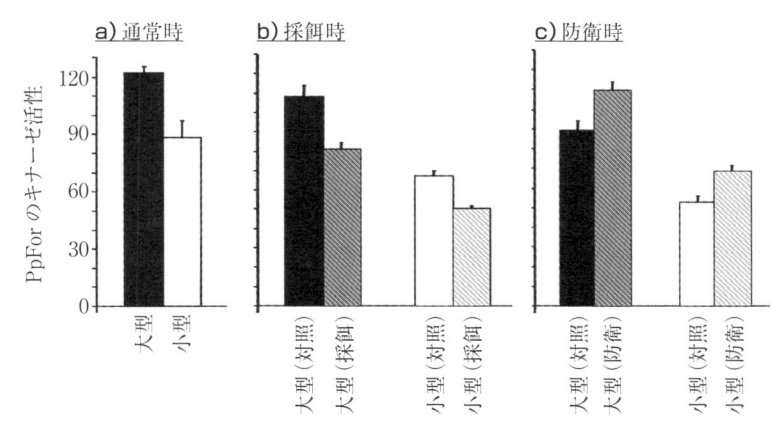

図10-11 オオズアリの多型ワーカーにみられるタスクとPpForのキナーゼ活性との関係. a) PpForのキナーゼ活性は大型ワーカーの方が高かった. b) 餌としてミールワームを与えたときのキナーゼ活性の変化. どちらのカーストにおいても活性は低下した. c) 外敵として同種の他巣個体を与えたときのキナーゼ活性. どちらのカーストにおいても活性は上昇した（Lucas and Sokolowski, 2009を改変）.

ワーカーを比較したところ，前者の方でキナーゼ活性が高く（図10-11a），脳でのPpFor局在がみられた．また，大型ワーカーは状況に応じて防衛だけでなく採餌もおこなうが，キナーゼ活性は防衛が必要な状況で上昇し，採餌が必要な状況では低下した（図10-11b, c）．つまり，PpForの発現パターンは，発生におけるサブカースト分化で大まかに決まるとともに，同じサブカーストでも状況に応じても迅速に変化し，コロニーのニーズに柔軟に反応している（Lucas and Sokolowski, 2009）．

*foraging*は真核生物の間で高度に保存されている遺伝子で，いずれの種においても摂食行動と密接な関係にありそうだ（Fitzpatrick and Sokolowski, 2004）．社会性昆虫における新たな行動パターンの多くは，新しい遺伝子によってではなく，*foraging*のような昆虫に普遍的な遺伝子の発現パターンが変化することによって達成されているのではないだろうか（Robinson et al., 2005）．

JHを介して起こるカーストの反復進化

オオズアリ属のワーカーに多型があることはすでに述べたが，いくつかの種ではさらに大きな超大型ワーカーがいる（図10-12a）．超大型ワ

a) カースト分化経路

女王　　超大型ワーカー　　大型ワーカー　　小型ワーカー

b) 超大型ワーカーの進化史

　　　　　　　　　　　　　　　　　　　　　大型　超大型

★ P. rhea
P. megacephala
P. spadonia　■誘導可▶
P. pilifera
P. tysoni
× P. moerens
☆ P. obtusospinosa
P. morrisi　■誘導可▶
P. hyatti　■誘導可▶
P. vallicola
P. dentata

★：超大型ワーカーの起源
×：超大型ワーカーの喪失と分化機構の潜在化
☆：超大型ワーカーの反復進化

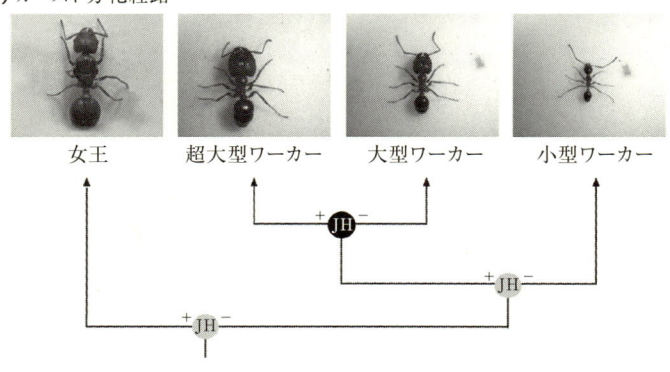

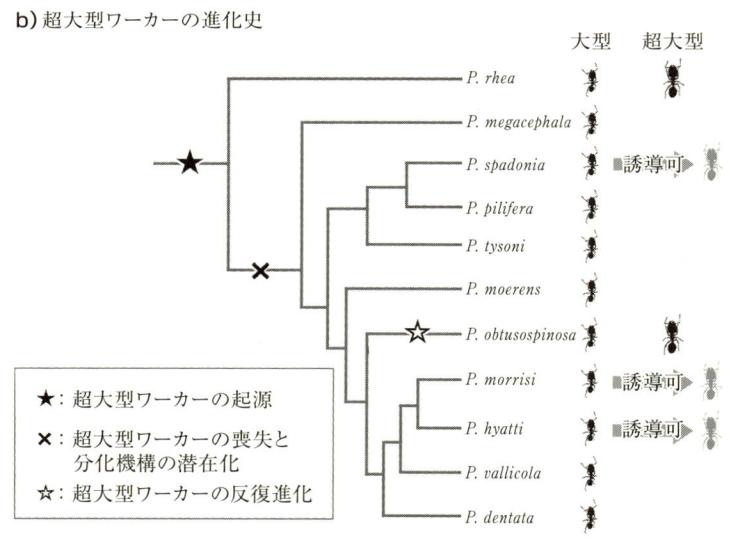

図10-12　オオズアリ属の超大型ワーカーの分化経路とその進化史．a) *P. obtusospinosa* では発生過程のJH濃度に応答して超大型ワーカーが分化する．b) 超大型ワーカーはオオズアリ属の共通祖先で獲得されたと考えられる（★）．その後，超大型ワーカーは多くの種で失われたが，その分化機構は失われることなく潜在化した（×）．いくつかの系統では潜在化した分化機構が再び活性化し，超大型ワーカーの反復進化が起こった（☆）（Rajakumar et al., 2012 を改変）．

ーカーはオオズアリ属の特定の系統に偏在するのではなく，異なる系統で独立に獲得されたようにみえる（図10-12b）．Rajakumar et al. (2012) はこの新奇カーストの反復進化をもたらした機構を探るため，

超大型ワーカーの発生過程を調べた．

　オオズアリでは，卵の時期に JH 濃度の高い個体が女王への分化を開始し，その他の個体の中から幼虫後期に JH 濃度が上昇する個体が大型ワーカーに分化する（Wheeler and Nijhout, 1981）．Rajakumar et al.（2012）は，大型ワーカーになる幼虫よりもさらに高い JH 濃度の幼虫から超大型ワーカーが分化することを明らかにした（図 10-12a）．さらに，自然状態では超大型ワーカーを出さない種でも，大型ワーカーになる予定の幼虫に人為的に JH 類似体を塗布すると，超大型ワーカーが誘導されることを示した．この結果は，それらの種でも超大型ワーカーを分化させる機構は静止状態にあるだけで，強制的に始動させることも可能であることを示唆している．おそらく，超大型ワーカーの分化機構はオオズアリ属の共通祖先で獲得され，*P. rhea* のような祖先型種ではその機構が活性状態のまま維持されている．そして，他の多くの種では一度静止状態となって潜在化したが，*P. obtusospinosa* のような派生種でふたたび活性化されたのだろう（図 10-12b）．*P. obtusospinosa* は北中米に分布し，超大型ワーカーはその巨大な頭部を使って獰猛なグンタイアリから巣を防衛する（Huang, 2010）．おそらく，環境条件に応答して奇形的に生じた超大型ワーカー様の個体が，グンタイアリによる強力な選択圧のもとで安定化され，潜在化していた機構がふたたび活性化されたのだろう．カースト分化機構の潜在化や再活性化は JH への応答性（閾値）に関わるシグナル伝達系の一部が変更されるだけで起こりうるのかもしれない（Rajakumar et al., 2012）．

ゲノム情報から読み解くアリの社会

　2010 年にスキバハリアリ *Harpegnathos saltator* とフロリダオオアリ *Camponotus floridanus* のゲノムが解読されたのを皮切りに，2011 年にはオオズハキリアリ *Atta cephalotes* とトゲトガリハキリアリ *Acromyrmex echinatior*，シュウカクアリ *P. barbatus*，ヒアリ *Solenopsis invicta*，そしてアルゼンチンアリ *Linepithema humile* のゲノムが解読された．これら 7 種のゲノム情報を，アリとは独立に社会性を獲得したミツバチや，系統学的に遠縁で寄生性のキョウソヤドリコバチ *Nasonia vitripennis* と比較することで，社会性の獲得や社会構造の多様化を可能に

した分子基盤，いわゆる「ソシオゲノム[8)]」を読み解くことができる．

アリの社会の進化や多様化を可能にしたソシオゲノム

　アリの社会にとって化学物質を介した情報伝達はひじょうに重要であり，そうした化学コミュニケーションに関与する遺伝子の数が単独性の昆虫よりも多いという報告がある．たとえば体表を覆うワックスの主成分である体表炭化水素の合成に関わる *desaturase* や，匂い物質の受容に関わる *odorant receptor*，味覚物質の受容に関わる *gastatory receptor* などで多重化がみられる（Smith et al., 2011a；2011b）．一方，自然免疫に関わる遺伝子が顕著に少なく，これは他個体の体表をなめるグルーミングなどの協同行動による「社会免疫システム」が発達したためだと考えられている（Gadau et al., 2012）．化学コミュニケーションに関わる遺伝子が多く，自然免疫にかかわる遺伝子が少ないという傾向はミツバチでも認められるので，社会性の獲得と関連があるのだろう．

　また，アリの食性とゲノム進化の関係も明らかになってきた．たとえば，さまざまな化学物質の生合成，代謝，解毒に関わるシトクロムP450酸化酵素はオオアリとシュウカクアリ，そしてアルゼンチンアリという異なる系統のアリで独立に多重化しており，それらの種の食性の広さと関連しているようだ（Bonasio et al., 2010；Smith et al., 2011a；2011b）．対照的にオオズハキリアリとトゲトガリハキリアリではシトクロムP450酸化酵素の遺伝子数が少なく，菌食への特殊化と関連しているのだろう．また，これらの2種はアルギニンの生合成遺伝子を失っており，おそらくこのアミノ酸を菌から摂取していると考えられている（Nygaard et al., 2011；Suen et al., 2011）．

　さらに，社会構造の多様化をもたらすソシオゲノムの進化も明らかになっている．たとえばヒアリでは，女王数を決定する「社会染色体」が発見された（Wang et al., 2013）．ヒアリは16対の染色体をもつと予想されているが，そのうち1対はSB染色体とSb染色体という2種類の相同染色体からなり，その組合せが女王数と対応している．すなわち，単女王性の集団ではSB/SBのホモ型であるのに対して，多女王性の集団ではSB/Sbのヘテロ型だった．SB染色体とSb染色体は，その一部で逆位が生じたために組換えが起こらなくなっており，まるで哺乳類の性を決定するX染色体とY染色体のような関係になっている．

ゲノム解読によってわかってきたアリのカースト分化機構

アリ7種のゲノム情報が解読される以前，ミツバチのカースト分化において中心的な役割を果たす因子のうち，JHがアリのカースト分化においても重要なはたらきを示すことがわかってきていたが，他の因子についてはほとんど検証が進んでいなかった．しかし，ゲノム解読によって得られた情報を活用し，個別の解析をおこなうことで，そのいくつかが検証されはじめた．

ミツバチのカースト分化を制御するDNAメチル基転移酵素は，アリ7種のすべてで確認された．スキバハリアリとオオアリでは，カーストによってDNAメチル化のパターンが異なり，ミツバチと同様にカースト特異的なスプライシング制御があることが示された（Bonasio et al., 2012）．また，遺伝子によっては，片方の対立遺伝子だけがDNAメチル化を受け（allele-specific DNA methylation: ASM），対立遺伝子の発現量に差が生じること，ASMのパターンがカースト間で異なること，などが示された（Bonasio et al., 2012）．さらにオオアリでは，ヒストンへの化学的な修飾がカースト間で異なり，少なくともそのいくつかはカースト特異的な遺伝子発現に寄与していることも示された（Simola et al., 2013）．カースト分化において，これらのエピジェネティック制御がどのように起こるのかが今後詳細に解析されるだろう．

ミツバチの社会で多様な機能を発揮する*Vg*遺伝子は，ヒアリでは四つに多重化しており，そのうち二つが女王に，残りの二つがワーカーで特異的に発現している（Wurm et al., 2011）．ミツバチでは一つの*Vg*が複数の機能を担っているが，ヒアリでは各遺伝子コピーがカースト特異的機能を発揮している可能性がある（Gadau et al., 2012）．

おわりに

ハチ目では，アリ，ハナバチ，カリバチなど複数のグループが社会性を示し，それらの社会性は異なる起源で進化してきたと考えられている．ハチ目以外に目を向けると，シロアリやアブラムシ，アザミウマといったグループの昆虫，さらには十脚目のテッポウエビ，哺乳類のハダカデバネズミといった昆虫以外のグループでも高度な社会が進化している．このように社会進化が広範な分類群で複数回起こっていることを考

えると,高度な社会性を発達させることがどれだけ適応的なのかを理解できるだろう.アリやハチはその中でもとくに繁栄しているグループで,キーストーン種として生態系の中の重要な位置を占めることも少なくない.そして,農業の手助けをするミツバチのように有用昆虫として重宝されるものもいれば,ヒアリやアルゼンチンアリのように侵略的外来種・家屋害虫として問題になるものもいるなど,人間の暮らしにも大きな影響を与えうる.したがって,それらの社会性がいかにして獲得され,維持されているかを知ることは,高度な社会性の進化を可能にした分子基盤を理解するという学術的な意義にくわえ,私たち人間と彼らとのつき合い方を考えるうえでも重要となるだろう.

この章では,アリとミツバチに注目し,社会性の基盤となるカースト分化機構を対比することで,アリの社会性の進化について考えてきた.これまでの研究から,アリ類においてもミツバチと共通の機構が利用されていること,そしてしばしばその使い方が変化することで社会構造が多様化することがわかってきた.しかしながら,ミツバチにはない社会的特徴(無翅化,新奇カーストの進化,多女王性など)に注目したいくつかの研究により,アリの各系統で新たに獲得された機構が見出されてきている.これらの発見は,ミツバチとは異なる,アリ特有の機構が実際には数多く存在する可能性を示している.そして,アリゲノムの解読はそのような機構の解明をめざす研究にとって追い風となるだろう.現在までに解読が完了しているのは7種だが,2011年に開催された社会性昆虫のゲノム科学研究に関する国際会議(2011 International Social Insect Genomics Research Conference)では他53種でのゲノミクス研究が提案され,そのうち多数のプロジェクトが進行していると聞いた.アリの社会構造の多様化をもたらした機構についての興味深い発見は,今後益々増えていくと期待される.

注

1) 形態の異なるカーストを「形態カースト」と呼び,それに対して,形態が同じであるにもかかわらず行動(仕事)が異なる場合を「行動カースト」と呼ぶ.たとえば,アリの女王カーストとワーカーカーストは形態ではっきりと区別できるため前者に,ミツバチのワーカーにおける世話役(ナース)と採餌役(フォレイジャー)は形態では区別できないが行動が明確に異なるため後者に分類される.
2) この突然変異系統では,塩基配列の置換に伴って,遺伝子産物であるEGFRタンパク質のアミノ酸配列にも変化が生じ(非同義置換),遺伝子機能が低下している.

3) 遺伝子の機能を解析する手法の一つ．二本鎖の RNA を細胞内に取り込ませることで遺伝子の機能を低下させることができる簡便な手法．この手法は，二本鎖の RNA が細胞内に存在する場合，その二本鎖の RNA を分解し，さらには本来発現している一本鎖の RNA（mRNA）も分解するという，生体に元々備わったシステムを利用している．
4) 二つの遺伝子が起源を同じくする場合，それらは相同であると定義される．たとえば，ショウジョウバエとミツバチの共通祖先の昆虫種がもっていたある遺伝子が，進化の過程でショウジョウバエの *foraging* とミツバチの *Amfor* に派生したと考えられる場合，それらは相同な遺伝子となる．多くの場合，相同な遺伝子どうしは塩基配列及びアミノ酸配列がよく似ており，共通の機能を果たすと予想される．
5) JH に構造が類似した化学物質で，JH と類似した生理活性を示すもの．
6) 飛翔するためには各パーツのサイズのバランスがとれている必要がある．その制約から逸脱した場合には飛翔能力が低下してしまい，補食されやすくなるといった生存上の不利益が生じるため，その個体は淘汰されやすくなる．
7) 卵細胞の前側と後側の向きが決定すること．
8) 「ソシオ（socio-）」は「社会性の」の意味．社会性昆虫のゲノムには社会行動を規定する遺伝子なども含まれていると考えられる．
9) 減数分裂の際に対合する染色体．通常，相同染色体どうしでは同じ遺伝子が同じ順番で配列されているが，性染色体のように異なる遺伝子が配列されている場合もある．

参考文献

Abouheif, E. and G. A. Wray (2002) Evolution of the gene network underlying wing polyphenism in ants. *Science* 297：249-252.

Amdam, G. V., A. Csondes, M. K. Fondrk and R. E. Page, Jr. (2006) Complex social behaviour derived from maternal reproductive traits. *Nature* 439：76-78.

Amdam, G. V., K. Norberg, A. Hagen and S. W. Omholt (2003) Social exploitation of vitellogenin. *Proceedings of the National Academy of Sciences* 100：1799-1802.

Barchuk, A. R., A. S. Cristino, R. Kucharski, L. F. Costa, Z. L. Simoes and R. Maleszka (2007) Molecular determinants of caste differentiation in the highly eusocial honeybee *Apis mellifera*. *BMC Developmental Biology* 7：70.

Ben-Shahar, Y., A. Robichon, M. B. Sokolowski and G. E. Robinson (2002) Influence of gene action across different time scales on behavior. *Science* 296：741-744.

Bonasio, R., Q. Li, J. Lian, N. S. Mutti, L. Jin, H. Zhao, P. Zhang, P. Wen, H. Xiang, Y. Ding, Z. Jin, S. S. Shen, Z. Wang, W. Wang, J. Wang, S. L. Berger, J. Liebig, G. Zhang and D. Reinberg, (2012) Genome-wide and caste-specific DNA methylomes of the ants *Camponotus floridanus* and *Harpegnathos saltator*. *Current Biology* 22：1755-1764.

Bonasio, R., G. Zhang, C. Ye, N. S. Mutti, X. Fang, N. Qin, G. Donahue, P. Yang, Q. Li, C. Li, P. Zhang, Z. Huang, S. L. Berger, D. Reinberg, J. Wang and J. Liebig (2010) Genomic comparison of the ants *Camponotus floridanus* and *Harpegnathos saltator*. *Science* 329：1068-1071.

Bowsher, J. H., G. A. Wray and E. Abouheif (2007) Growth and patterning are evolutionarily dissociated in the vestigial wing discs of workers of the red imported fire ant, *Solenopsis invicta*. *Journal of Experimental Zoology* Part B : Molecular and Developmental Evolution 308 : 769-776.

Brian, M. V. (1956) Studies of caste differentiation in *Myrmica rubra* L. 4. Controlled larval nutrition. *Insectes Sociaux* 3 : 369-394.

Brian, M. V. (1974) Caste differentiation in *Myrmica rubra* : The rôle of hormones. *Journal of Insect Physiology* 20 : 1351-1365.

Carroll, S. B., J. K. Grenier and S. D. Weatherbee (2005) *From DNA to diversity* : molecular genetics and the evolution of animal design. Malden, MA : Wiley-Blackwell.

Creemers, B., J. Billen and B. Gobin (2003) Larval begging behaviour in the ant *Myrmica rubra*. *Ethology Ecology and Evolution* 15 : 261-272.

Dobata, S., T. Sasaki, H. Mori, E. Hasegawa, M. Shimada and K. Tsuji (2009) Cheater genotypes in the parthenogenetic ant *Pristomyrmex punctatus*. *Proceedings of the Royal Society* B : Biological Sciences 276 : 567-574.

Drapeau, M. D., S. Albert, R. Kucharski, C. Prusko and R. Maleszka (2006) Evolution of the Yellow/Major Royal Jelly Protein family and the emergence of social behavior in honey bees. *Genome Research* 16 : 1385-1394.

Engels, W. and H. Fahrenhorst (1974) Alters- und kastenspezifische veränderungen der haemolymph-protein-spektren bei *Apis mellifica*. *Whilhelm Roux Archiv f. Entwicklungsmechanik* 174 : 285-296.

Ferguson, L. C., J. Green, A. Surridge and C. D. Jiggins (2011) Evolution of the insect *yellow* gene family. *Moleculer Biology and Evolution* 28 : 257-272.

Fitzpatrick, M. J. and M. B. Sokolowski (2004) In search of food : Exploring the evolutionary link between cGMP-dependent protein kinase (PKG) and behaviour. *Integrative and Comparative Biology* 44 : 28-36.

Gadau, J, M. Helmkampf, S. Nygaard, J. Roux, D. F. Simola, C. R. Smith, G. Suen, Y. Wurm and C. D. Smith (2012) The genomic impact of 100 million years of social evolution in seven ant species. *Trends in Genetics* 28 : 14-21.

Glastad, K. M., B. G. Hunt, S. V. Yi and M. A. D. Goodisman (2011) DNA methylation in insects : on the brink of the epigenomic era. *Insect Molecular Biology* 20 : 553-565.

Gobin, B., F. Ito, J. Billen and C. Peeters (2008) Degeneration of sperm reservoir and the loss of mating ability in worker ants. *Naturwissenschaften* 95 : 1041-1048.

Gotoh, A., J. Billen, R. Hashim and F. Ito (2009) Evolution of specialized spermatheca morphology in ant queens : insight from comparative developmental biology between ants and polistine wasps. *Arthropod Structure and Development* 38 : 521-525.

Gotoh, A., S. Sameshima, K. Tsuji, T. Matsumoto and T. Miura (2005) Apoptotic wing degeneration and formation of an altruism-regulating glandular appendage (gemma) in the ponerine ant *Diacamma* sp. from Japan (Hymenoptera, Formicidae, Ponerinae). *Development Genes and Evolution* 215：69-77.

Guidugli, K. R., A. M. Nascimento, G. V. Amdam, A. R. Barchuk, S. Omholt, Z. L. Simoes and K. Hartfelder (2005a) Vitellogenin regulates hormonal dynamics in the worker caste of a eusocial insect. *FEBS Letters* 579：4961-4965.

Guidugli, K. R., M. D. Piulachs, X. Belles, A. P. Lourenco and Z. L. Simoes (2005b) Vitellogenin expression in queen ovaries and in larvae of both sexes of *Apis mellifera*. *Archives of Insect Biochemistry and Physiology* 59：211-218.

Heinze, J. (2008) The demise of the standard ant (Hymenoptera：Formicidae). *Myrmecological News* 11：9-20.

Heinze, J., B. Hölldobler and C. Peeters (1994) Conflict and cooperation in ant societies. *Naturwissenschaften* 81：489-497.

Herb, B. R., F. Wolschin, K. D. Hansen, M. J. Aryee, B. Langmead, R. Irizarry, G. V. Amdam and A. P. Feinberg (2012) Reversible switching between epigenetic states in honeybee behavioral subcastes. *Nature Neuroscience* 15：1371-1373.

Higashi, S. (1974) Worker polyethism related with body size in a polydomous red wood ant, *Formica (Formica) yessensis* Forel. *Journal of the Faculty of Science, Hokkaido University Seriesb, VI Zoology* 19：695-705.

Hölldobler, B. and E. O. Wilson (1990) *The Ants*. Cambridge, Mass.：Belknap Press of Harvard University Press, 732pp.

Hölldobler, B. and E. O. Wilson (2008) *The Superorganism : the beauty, elegance, and strangeness of insect societies*. New York：W. W. Norton.

Huang, M. H. (2010) Multi-phase defense by the big-headed ant, *Pheidole obtusospinosa*, against raiding army ants. *Journal of Insect Science* 10：1-10.

Hughes, W. O. and J. J. Boomsma, (2008) Genetic royal cheats in leaf-cutting ant societies. *Proceedings of the National Academy of Sciences* (*PNAS*) 105：5150-5153.

Hughes, W. O., S. Sumner, S. Van Borm and J. J. Boomsma (2003) Worker caste polymorphism has a genetic basis in *Acromyrmex* leaf-cutting ants. *Proceedings of the National Academy of Sciences* (*PNAS*) 100：9394-9397.

Ingram, K. K., P. Oefner and D. M. Gordon (2005) Task-specific expression of the *foraging* gene in harvester ants. *Molecular Ecology* 14：813-818.

Kamakura, M. (2011) Royalactin induces queen differentiation in honeybees. *Nature* 473：478-483.

Khila, A. and E. Abouheif (2008) Reproductive constraint is a developmental mechanism that maintains social harmony in advanced ant societies. *Pro-*

ceedings of the National Academy of Sciences (*PNAS*) 105:17884-17889.

Khila, A. and E. Abouheif (2010) Evaluating the role of reproductive constraints in ant social evolution. *Philosophical transactions of the Royal Society of London. Series B, Biological sciences* 365:617-630.

Kucharski, R., J. Maleszka, S. Foret and R. Maleszka (2008) Nutritional control of reproductive status in honeybees via DNA methylation. *Science* 319:1827-1830.

Kucharski, R., R. Maleszka, D. C. Hayward and E. E. Ball (1998) A royal jelly protein is expressed in a subset of kenyon cells in the mushroom bodies of the honey bee brain. *Naturwissenschaften* 85:343-346.

Lucas, C. and M. B. Sokolowski (2009) Molecular basis for changes in behavioral state in ant social behaviors. *Proceedings of the National Academy of Sciences* (*PNAS*) 106:6351-6356.

Lyko, F., S. Foret, R. Kucharski, S. Wolf, C. Falckenhayn and R. Maleszka (2010) The honey bee epigenomes: differential methylation of brain DNA in queens and workers. *PLoS Biology* 8:e1000506.

Miyazaki, S., T. Murakami, T. Kubo, N. Azuma, S. Higashi and T. Miura (2010) Ergatoid queen development in the ant *Myrmecina nipponica*: modular and heterochronic regulation of caste differentiation. *Proceeding of the Royal Society of London Series B, Biological Sciences* 277:1953-1961.

Molet, M., D. E. Wheeler and C. Peeters (2012) Evolution of novel mosaic castes in ants: modularity, phenotypic plasticity, and colonial buffering. *American Naturalist* 180:328-341.

Mutti, N. S., A. G. Dolezal, F. Wolschin, J. S. Mutti, K. S. Gill and G. V. Amdam (2011) IRS and TOR nutrient-signaling pathways act via juvenile hormone to influence honey bee caste fate. *Journal of Experimental Biology* 214:3977-3984.

Nelson, C. M., K. E. Ihle, M. K. Fondrk, R. E. Page, Jr. and G. V. Amdam (2007) The gene *vitellogenin* has multiple coordinating effects on social organization. *PLoS Biology* 5:e62.

Nijhout, H. F. (1994) *Insect Hormones*. Princeton, USA: Princeton University Press.

Nilsen, K. A., K. E. Ihle, K. Frederick, M. K. Fondrk, B. Smedal, K. Hartfelder and G. V. Amdam (2011) Insulin-like peptide genes in honey bee fat body respond differently to manipulation of social behavioral physiology. *The Journal of Experimental Biology* 214:1488-1497.

Nygaard, S., G. Zhang, M. Schiott, C. Li, Y. Wurm, H. Hu, J. Zhou, L. Ji, F. Qiu, M. Rasmussen, H. Pan, F. Hauser, A. Krogh, C. J. Grimmelikhuijzen, J. Wang and J. J. Boomsma (2011) The genome of the leaf-cutting ant *Acromyrmex echinatior* suggests key adaptations to advanced social life and fungus farming. *Genome Research* 21 : 1339-1348.

Okada, Y., S. Miyazaki, H. Miyakawa, A. Ishikawa, K. Tsuji and T. Miura (2010) Ovarian development and insulin-signaling pathways during reproductive differentiation in the queenless ponerine ant *Diacamma* sp. *Journal of Insect Physiology* 56 : 288-295.

Patel, A., M. K. Fondrk, O. Kaftanoglu, C. Emore, G. Hunt, K. Frederick and G. V. Amdam (2007) The making of a queen : TOR pathway is a key player in diphenic caste development. *PLoS ONE* 2 : e509.

Pearcy, M., S. Aron, C. Doums and L. Keller (2004) Conditional use of sex and parthenogenesis for worker and queen production in ants. *Science* 306 : 1780-1783.

Peeters, C. (1991) The occurrence of sexual reproduction among ant workers. *Biological Journal of the Linnean Society* 44 : 141-152.

Peiren, N., F. Vanrobaeys, D. C. de Graaf, B. Devreese, J. Van Beeumen and F. J. Jacobs (2005) The protein composition of honeybee venom reconsidered by a proteomic approach. *Biochimica et Biophysica Acta* 1752 : 1-5.

Penick, C. A., S. S. Prager and J. Liebig (2012) Juvenile hormone induces queen development in late-stage larvae of the ant *Harpegnathos saltator*. *Journal of Insect Physiology* 58 : 1643-1649.

Rajakumar, R., D. San Mauro, M. B. Dijkstra, M. H. Huang, D. E. Wheeler, F. Hiou-Tim, A. Khila, M. Cournoyea and E. Abouheif (2012) Ancestral developmental potential facilitates parallel evolution in ants. *Science* 335 : 79-82.

Rembold, H. (1987) Caste specific modulation of juvenile hormone titers in *Apis mellifera*. *Insect Biochemistry* 17 : 1003-1006.

Robinson, G., C. Grozinger and C. Whitfield (2005) Sociogenomics : social life in molecular terms. *Nature Reviews of Genetics* 6 : 257-271.

Robinson, G. E. (2002) Sociogenomics takes flight. *Science* 297 : 204-205.

Robinson, G. E. (2011) Royal aspirations. *Nature* 473 : 454-455.

Rüppell, O. and J. Heinze (1999) Alternative reproductive tactics in females : the case of size polymorphism in winged ant queens. *Insectes Sociaux* 46 : 6-17.

Sameshima, S. Y., T. Miura and T. Matsumoto (2004) Wing disc development during caste differentiation in the ant *Pheidole megacephala* (Hymenoptera : Formicidae). *Evolution and Development* 6 : 336-341.

Schmitzová, J., J. Klaudiny, S. Albert, W. Schröder, W. Schreckengost, J. Hanes, J. Júdová and J. Šimúth (1998) A family of major royal jelly proteins of the honeybee *Apis mellifera* L. *Cellular and Molecular Life Sciences* 54 : 1020-1030.

Schwander, T., N. Lo, M. Beekman, B. P. Oldroyd and L. Keller (2010) Nature versus nurture in social insect caste differentiation. *Trends in Ecology and Evolution* 25 : 275-282.

Shbailat, S. J. and E. Abouheif (2013) The wing-patterning network in the wingless castes of Myrmicine and Formicine ant species is a mix of evolutionarily labile and non-labile genes. *Journal of Experimental Zoology Part B* : Molecular and Developmental Evolution 320 : 74-83.

Shbailat, S. J., A. Khila and E. Abouheif (2010) Correlations between spatiotemporal changes in gene expression and apoptosis underlie wing polyphenism in the ant *Pheidole morrisi*. *Evolution and Development* 12 : 580-591.

Simola, D. F., C. Ye, N. S. Mutti, K. Dolezal, R. Bonasio, J. Liebig, D. Reinberg and S. L. Berger (2013) A chromatin link to caste identity in the carpenter ant *Camponotus floridanus*. *Genome Research* 23 : 486-496.

Simpson, S. J., G. A. Sword and N. Lo (2011) Polyphenism in insects. *Current Biology* 21 : R738-R749.

Smith, C. D., A. Zimin, C. Holt, E. Abouheif, R. Benton, E. Cash, V. Croset, C. R. Currie, E. Elhaik, C. G. Elsik, M. J. Fave, V. Fernandes, J. Gadau, J. D. Gibson, D. Graur, K. J. Grubbs, D. E. Hagen, M. Helmkampf, J. A. Holley, H. Hu, A. S. I. Viniegra, B. R. Johnson, R. M. Johnson, A. Khila, J. W. Kim, J. Laird, K. A. Mathis, J. A. Moeller, M. C. Muñoz-Torres, M. C. Murphy, R. Nakamura, S. Nigam, R. P. Overson, J. E. Placek, R. Rajakumar, J. T. Reese, H. M. Robertson, C. R. Smith, A. V. Suarez, G. Suen, E. L. Suhr, S. Tao, C. W. Torres, E. van Wilgenburg, L. Viljakainen, K. K. O. Walden, A. L. Wild, M. Yandell, J. A. Yorke and N. D. Tsutsui (2011a) Draft genome of the globally widespread and invasive argentine ant (*Linepithema humile*). *Proceedings of the National Academy of Sciences* (*PNAS*) 108 : 5673-5678.

Smith, C. R., C. D. Smith, H. M. Robertson, M. Helmkampf, A. Zimin, M. Yandell, C. Holt, H. Hu, E. Abouheif, R. Benton, E. Cash, V. Croset, C. R. Currie, E. Elhaik, C. G. Elsik, M. J. Favé, V. Fernandes, J. D. Gibson, D. Graur, W. Gronenberg, K. J. Grubbs, D. E. Hagen, A. S. I. Viniegra, B. R. Johnson, R. M. Johnson, A. Khila, J. W. Kim, K. A. Mathis, M. C. Munoz-Torres, M. C. Murphy, J. A. Mustard, R. Nakamura, O. Niehuis, S. Nigam, R. P. Overson, J. E. Placek, R. Rajakumar, J. T. Reese, G. Suen, S. Tao, C. W. Torres, N. D. Tsutsui, L. Viljakainen, F. Wolschin and J. Gadau (2011b) Draft genome of the red harvester ant *Pogonomyrmex barbatus*. *Proceedings of the National Academy of Sciences* (*PNAS*) 108 : 5667-5672.

Smith, C. R., A. L. Toth, A. V. Suarez and G. E. Robinson (2008) Genetic and genomic analyses of the division of labour in insect societies. *Nature Reviews Genetics*

9：735-748.
Spannhoff, A., Y. K. Kim, N. J. Raynal, V. Gharibyan, M. B. Su, Y. Y. Zhou, J. Li, S. Castellano, G. Sbardella, J. P. Issa and M. T. Bedford (2011) Histone deacetylase inhibitor activity in royal jelly might facilitate caste switching in bees. *EMBO Reports* 12：238-243.
Suen, G., C. Teiling, L. Li, C. Holt, E. Abouheif, E. Bornberg-Bauer, P. Bouffard, E. J. Caldera, E. Cash, A. Cavanaugh, O. Denas, E. Elhaik, M. J. Favé, J. Gadau, J. D. Gibson, D. Graur, K. J. Grubbs, D. E. Hagen, T. T. Harkins, M. Helmkampf, H. Hu, B. R. Johnson, J. Kim, S. E. Marsh, J. A. Moeller, M. C. Munoz-Torres, M. C. Murphy, M. C. Naughton, S. Nigam, R. Overson, R. Rajakumar, J. T. Reese, J. J. Scott, C. R. Smith, S. Tao, N. D. Tsutsui, L. Viljakainen, L. Wissler, M. D. Yandell, F. Zimmer, J. Taylor, S. C. Slater, S. W. Clifton, W. C. Warren, C. G. Elsik, C. D. Smith, G. M. Weinstock, N. M. Gerardo and C. R. Currie (2011) The genome sequence of the leaf-cutter ant *Atta cephalotes* reveals insights into its obligate symbiotic lifestyle. *PLoS Genetics* 7：e1002007.
Tobback, J., K. Heylen, B. Gobin, T. Wenseleers, J. Billen, L. Arckens and R. Huybrechts (2008) Cloning and expression of PKG, a candidate foraging regulating gene in *Vespula vulgaris*. *Animal Biology* 58：341-351.
Vinson, S. B. and R. Robeau (1974) Insect growth regulator effects on colonies of the imported fire ant. *Journal of Economic Entomology* 67：584-587.
Wang, J., Y. Wurm, M. Nipitwattanaphon, O. Riba-Grognuz, Y. C. Huang, D. Shoemaker and L. Keller (2013) A Y-like social chromosome causes alternative colony organization in fire ants. *Nature* 493：664-668.
Wang, Y., C. S. Brent, E. Fennern and G. V. Amdam (2012) Gustatory perception and fat body energy metabolism are jointly affected by Vitellogenin and juvenile hormone in honey bees. *PLoS Genetics* 8：e1002779.
Wang, Y., M. Jorda, P. Jones, R. Maleszka, H. Robertson, C. Mizzen, M. Peinado and G. Robinson (2006) Functional CpG methylation system in a social insect. *Science* 314：645-647.
Wheeler, D. E. (1986) Developmental and physiological determinants of caste in social Hymenoptera-evolutionary implications. *American Naturalist* 128：13-34.
Wheeler, D. E., N. Buck and J. D. Evans (2006) Expression of insulin pathway genes during the period of caste determination in the honey bee. *Apis mellifera*. *Insect Molecular Biology* 15：597-602.
Wheeler, D. E. and H. F. Nijhout (1981) Soldier determination in ants：new role for juvenile hormone. *Science* 213：361-363.
Wilson, E. O. (1980) Caste and division of labor in leaf-cutter ants (Hymenoptera, Formicidae, *Atta*).1. The overall pattern in *Atta sexdens*. *Behavioral Ecology*

and Sociobiology 7：143-156.
Wintston, M. L.(1987) *The biology of the honey bee.* Cambridge MA：Harvard University Press.
Wirtz, P. and J. Beetsma (1972) Induction of caste differentiation in the honeybee (*Apis mellifera*) by juvenile hormone. *Entomologia Experimentalis et Applicata* 15：517-520.
Wolschin, F., N. S. Mutti and G. V. Amdam (2011) Insulin receptor substrate influences female caste development in honeybees. *Biology Letters* 7：112-115.
Wurm, Y., J. Wang, O. Riba-Grognuz, M. Corona, S. Nygaard, B. G. Hunt, K. K. Ingram, L. Falquet, M. Nipitwattanaphon, D. Gotzek, M. B. Dijkstra, J. Oettler, F. Comtesse, C. J. Shih, W. J. Wu, C. C. Yang, J. Thomas, E. Beaudoing, S. Pradervand, V. Flegel, E. D. Cook, R. Fabbretti, H. Stockinger, L. Long, W. G. Farmerie, J. Oakey, J. J. Boomsma, P. Pamilo, S. V. Yi, J. Heinze, M. A. D. Goodisman, L. Farinelli, K. Harshman, N. Hulo, L. Cerutti, I. Xenarios, D. Shoemaker and L. Keller (2011) The genome of the fire ant *Solenopsis invicta*. *Proceedings of the National Academy of Sciences* (*PNAS*) 108：5679-5684.
土畑重人(2009)アリの社会構造に関する最近の知見：遺伝的カースト決定と特異な遺伝構造. *昆虫と自然* 44, 24-29.
東 正剛(1995)血縁者の共生が社会進化のはじまり. *地球はアリの惑星*. 平凡社, 東京.

● コラム 5 ●

アリの世界を創る

島田 拓

アリ飼育の魅力

　私たちの身近なところで暮らすアリ．

　幼い頃に，空き瓶などに土を入れてアリの飼育をしたことのある方も多いのではないでしょうか？

　たしかに，アリが地中に迷路のような通路を掘るのは観察していておもしろい行動ですが，じつはアリを飼育していてもっとも興味深いのは巣作りではなく，暮らしにあるのです．

　アリは昆虫のなかでは珍しく，血がつながった家族で協力して暮らす社会性昆虫のなかまです．

　仲間で協力することで，他の，単独生活をする，昆虫では見られない行動がたくさんあり，それこそがアリの一番の魅力だと思っています．

　公園などに行けば多くのアリが出歩いているのですが，地面を歩くアリを集めてきても，アリ飼育の本当の楽しみは味わうことができません．なぜなら，ふだん地上を歩いているアリは働きアリだからです．働きアリは，巣作り，子育て，餌集めなどをおこなうアリで（図1），通常は産卵をしないため飼育をしても数が増えることはありません．土や砂を入れた容器で，巣作りを短期間観察する場合は働きアリだけでも良いのですが，仲間で協力しておこなう，産卵や子育てなどの社会生活な

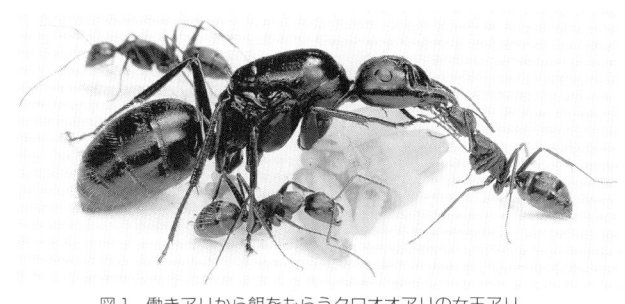

図1　働きアリから餌をもらうクロオオアリの女王アリ．

どの行動を観察するのに欠かせないのが母親である女王アリなのです。女王アリは寿命が10～20年ととても長いので、女王アリがいることで長く飼育を楽しむことができます。

女王アリの見つけ方

先程、地面を歩いているアリは働きアリと書きましたが、じつは女王アリも一生に一度だけ地上を歩く時期があります。

それは繁殖行動である結婚飛行の時期です。結婚飛行は、翅の生えた新しい巣の女王アリとなる新生女王アリと、この女王アリと交尾をする翅の生えたオスアリたちによっておこなわれます。羽アリと呼ばれているのは、じつは女王アリとオスアリなのです（図2）。

女王アリは一生でこの日にしか交尾をしません（図3）。

この日にオスから受け取った精子を、体内に貯蔵することで寿命が尽きるまで受精卵を産むことができるのです。飛び立つ時期は、クロナガアリが4月、クロオオアリが5月、クロヤマアリが6月、トビイロケアリが7月、トゲアリは9～10月など、アリの種類によって異なります。

結婚飛行の時期は種類によって異なりますが、飛び立つ条件はほぼ同じです。もっとも重要になるのは、気温、湿度、風速で、気温が高くて、湿度が高くて、風の弱い日に飛び立つのです。晴天で、前日に雨が降って地面が濡れている日が最適で、このような日に、交尾を終えて地面を歩く女王アリを探すのです。トビイロケアリやシリアゲアリの仲間などは光に集まる習性があるので、夜間にコンビニや街灯を探すと見つけやすいです。この時に注意することは、翅の付いた女王アリではなく、翅の抜けた女王アリを採集することです。女王アリはオスと交尾を

図2 a) 結婚飛行で飛びたつクロオオアリの女王アリと、b) クロナガアリの女王アリ．

図3　交尾をするキイロシリアゲアリの女王アリ（左）とオスアリ（右）．

図4　結婚飛行後に翅を抜くクロヤマアリの女王アリ．

終えると，地面に降りて翅を切り取るのですが（図4），翅が付いた女王アリは交尾をしていない可能性が高いので，持ち帰ってもずっと産卵しないことが多いのです．

女王アリの飼育方法

　交尾を終えた翅の抜けた女王アリを見つけたら，空気穴をあけた小さなタッパーやプリンカップなどに入れて持ち帰りますが，アリは乾燥に弱いので少し湿らせたティッシュペーパーなどを入れておきます．そし

図5 プリンカップを使った飼育ケース．左が餌場．

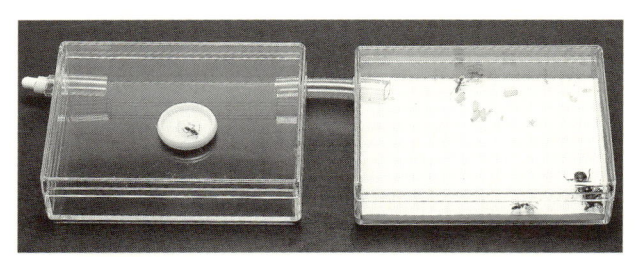

図6 石膏を敷いたプラスチックケース飼育ケース．左が餌場．

て，多くのアリはたとえ同種であっても，異なる家族では喧嘩をする習性があり，女王アリどうしも争いますので，必ず個別に分けて持ち帰ります．持ち帰った女王アリは，小さなプリンカップやタッパーなど適当な容器に，床に湿らせたキッチンペーパーなどを敷いて飼育をします（図5）．ペーパーはアリが齧ってボロボロになってしまうことがあるので，石膏を敷くのもオススメです．観察がしやすいように，透明な容器を使い，この容器には穴をあけてチューブが刺せるようにしておくと，働きアリが生まれてから餌場を連結することができます（図6）．アリは湿度さえあれば土や砂を入れる必要はなく，逆に土や砂を入れない方が産卵や子育てなどの社会生活が観察しやすくなります．

後は何もしなくても数日以内に産卵を開始して，約1.5ヶ月後には働きアリが羽化します．野外でも結婚飛行を終えた女王アリは何も食べずに，体内の栄養を口移しで幼虫に与えて子育てをすることができるので餌は与える必要はないのです．

女王アリは産卵した卵を，毎日カビなどの雑菌から守るために舐めて

図7 卵の世話をするムネアカオオアリの女王アリ.

図8 産まれた卵を口で受けとるムネアカオオアリの働きアリ.

世話をします（図7）．そして新たに育った働きアリが，女王アリが産んだ卵を口で受けとるようすは（図8）観察していて，とても感動的です．アリの子育てを観察していると，私たち哺乳類や鳥類などと同じように，子に対する強い愛情を感じられます．

　女王アリを採集するのが難しい場合は，アリ専門店 AntRoom（www.antroom.jp）でさまざまな種類のアリを販売しています．

アリの世界を創る　　263

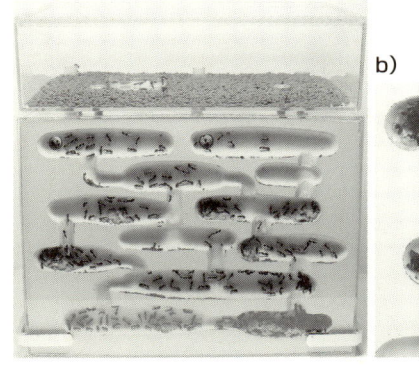

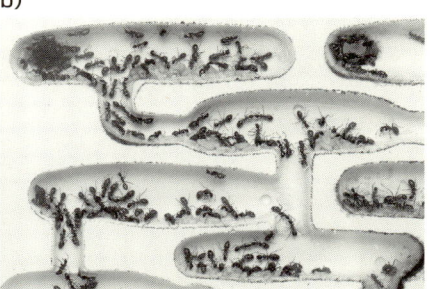

図9 石膏で作った人工巣. a) 上のケースが餌場. b) この巣の住人はムネアカオオアリ.

働きアリが羽化してからの飼育方法

　初めての働きアリが羽化したら，巣となるケースから，チューブを使って別の容器を連結して餌場とします．この容器には何も敷く必要はありません．ここに餌を入れると，巣からチューブを通って働きアリが餌を集めに来るのです．

　部屋の使い分けなど，野外に近い状態で観察するには，石膏で作った人工巣で飼育をするのがオススメです．アリ専門店 AntRoom で製作販売している，蟻マシーンなどの商品もあります（図9）.

　働きアリが羽化してからは週に2～3回ほど，バナナ，リンゴ，イチゴ，モモなどの甘い果実の他に，動物性蛋白質としてコオロギ，バッタ，レッドローチ，乾燥赤虫などを与えます．野外では死んでしまったり，弱った虫を食べていることが多く，狩りはあまり得意ではないので，生きた虫を与える場合は，ピンセットなどでつぶして弱らせてから与えるようにします．

　働きアリの増える数は，与えた餌の質が良いほど早くなります．状態良く飼育をすると，クロオオアリの場合，結婚飛行を終えた1年目は，働きアリが10～30匹ほどになり，翌2年目には50～100匹ほどの家族に増えます．働きアリの数が50～100匹ほどに増えてくると，頭や体が大きな兵隊アリというカーストの働きアリが現れ，おもに大きな餌の解体などの力仕事をおこないます．

じつは働きアリも産卵できる!?

　産卵するのは女王アリだけだと思われていますが，じつは働きアリもメスなので，卵巣をもっていて産卵をすることが可能です．しかし，通常女王アリがいるときは産卵をしなかったり，産卵しても他の働きアリに食べられてしまい育てられないことが多いようです．

　働きアリはどんな状況のときに産卵をするのかというと，万が一，巣の中で女王アリが死んでしまった場合，働きアリが増えることはできなくなるので，いずれ巣はなくなってしまいます．そんなときに，最後の手段として働きアリが産卵をします．

　アリとハチの場合，受精卵がメス，未受精卵がオスとなります．働きアリはオスと交尾をしていないため，卵はすべて未受精卵なので，羽化するのはすべてオスアリになります．オスには翅があり，結婚飛行で巣から飛び立ってしまいますが，このオスが上手く別の巣の女王と交尾をすることに成功すれば，巣の遺伝子を残すことができるのです．

　野外では地中でおこなわれていて見ることのできないアリの暮らしが，自宅の机の人工巣では，ゆっくり座りながら観察できます．何時間観察していても飽きることはありません．女王アリを発見したら，ぜひ持ち帰ってアリの世界を観察してみてください．きっと数々の発見や感動があるはずです！

おわりに

　2015年，猛暑日の連続記録が連日更新される8月の東京において，編者三人が集まっての本書の最終校正をついに終えることができた．振り返ってみれば本書の話が最初にもち上がってから2年近くもの時間を経てしまったが，こうして皆様の手元に本書を届けることができて，本当に嬉しく思っている．

　本書は，アリと，アリと共に暮らす生物（好蟻性生物）が構築している，人間社会と異なったもう一つの社会の話だ．それは私たちが暮らしている社会と比べても，想像以上に合理的かつ緻密にできていて，地球すべてに広がっている．そんなアリの社会に惹きつけられた「アリ好き」は，昔は一部の研究者のみに限定されていたが，とくに国内において近年ではその数を一気に増やしていると感じる．そのきっかけとなったのが，アリの世界の魅力と，アリを育てる方法を美しい写真によってアリ好きたちが発信を始めたことだろう．そう，じっくりと観察すればアリの社会ほど興味深く，いろいろなことを学べる対象は他にない．本書では，第一線のアリ研究者，そしてこうしたアリ好きたちが各々の視点からアリの社会を紐解いていく．アリに興味を抱いた一般人から，専門的に勉強を始めた大学院生まで幅広い読者を対象としているが，本の構成上，はじめて手にとったときにどの章の内容がもっともおもしろかったというのは読者によってさまざまだろう．そしてそれは，何度もこの本に目を通すたびに変わるのに違いない．最終的に，内容はどれもおもしろいことは，編者として自信をもって言うことができる．

　学生の時，バート ヘルドブラーとエドワード O. ウィルソンによる『蟻の自然誌』（辻 和希・松本忠夫 訳／朝日新聞社）を手にとった．原題が「Journey to the Ants」であるとおり，アリの世界への読書への旅に向かうと，熱中の世界から中々帰ることができなかったものだ．この本を著した海外の研究者のみでなく，国内におけるアリ研究者たちの活躍を知り，その奮闘ぶりに興奮させられたのが，続けて読んだ『地球は

アリの惑星』（東 正剛 編／平凡社）である．いずれの本も，ただの啓蒙書に留まらずアリの魅力を語り尽くし，自分でもアリの社会を見てみようよと語りかけてくれた．そして何回も読み返すたびに，新たなおもしろみを発見できる名著であった．本書が，これらの本の系譜を継ぐ一冊になればこんな嬉しいことはない．なお，本書では『地球はアリの惑星』の著者の多くがその後の研究を著してくれている．分不相応にも筆頭編者を務めさせていただいた私にとって，たいへん光栄であると共に，とても不思議な気持ちにさせられるものであった．

さて，私にとって，こうした本の編集は生まれてはじめての経験であった．他の編者のご尽力もあり，すばらしい執筆陣を揃えることこそできたもの，執筆者および編集者にさまざまな無理難題を投げかけてしまったことに心からお詫びしたい．そして，こんな若輩の編者に貴重な原稿とすばらしい写真を預けてくれた著者諸氏には感謝の言葉しかない．また，本書の出版にあたっては，多くの方々に有形無形のアドバイスを受け，励ましを頂いた．原稿のなかに，それらすべての方々の思いが篭っていることを感じている．心より御礼申し上げる．

最後に，本書出版の機会を与えていただき，また約2年間の長きにわたり幾多の遅れや無理難題にもめげず，原稿の校正・推敲を出版まで粘り強く繰り返していただいた東海大学出版部の田志口克己氏，そして何より，本書を手にしていただいた読者諸賢に心より感謝する．

2015年8月
坂本洋典

生物名索引

[ア]

アカカミアリ *Solenopsis geminata* 31, 32, 152, 197
アカツキアリ *Nothomyrmecia macrops* **199-204**
アギトアリ属 *Odontomachus* 47
アシナガキアリ *Anoplolepis gracilipes* 111-118, 123, 124, 208, 218
アフリカミツバチ *Apis mellifera scutellata* 211
アミメアリ *Pristomyrmex punctatus* 208-210, 212
アリオンゴマシジミ *Phengaris arion* 187
アリヅカコオロギ *Myrmecophilus sapporensis* 101, 109
アリヅカコオロギ属 *Myrmecophilus* **100-124**, 152
アリヅカムシの一属 *Articerodes* 102
アルコンゴマシジミ *Phengaris alcon* 181-183, 192, 193
アルゼンチンアリ *Linepithema humile* 45-48, **49-69**, 90, 134, 247
アルゼンチンアリの一種 *Linepithema micans* 46
アレチクシケアリ 190, 192
イバラキノコアリ *Mycocepurus smithii* 208, **211**, 212
ウスイロアリヅカコオロギ *Myrmecophilus ishikawai* 108
ウマアリ属 *Cataglyphis* **213-218**, **221**, **222**
ウメマツアリ *Vollenhovia emeryi* 217, 218, 220
エゾアカヤマアリ *Formica yessensis* 20, 34, 51, 65, **134-151**
エントツハリアリ *Pachycondyla sublaevis* 18
オオアリヅカコオロギ *Myrmecophilus gigas* 109, 110
オオズアリ *Pheidole noda* 29, 39, 114
オオズアリ属 *Pheidole* 29, 47, 238, 239, **242-247**
オオスズメバチ *Vespa mandarinia* 16, 17
オオズハキリアリ *Atta cephalotes* 247, 248
オオバギ属 *Macaranga* **159-168**

[カ]

カドフシアリ *Myrmecina nipponica* 74, **92-95**, 212, 227, **243**, **244**
キイロクシケアリ *Myrmica rubra* 183, 192, 193, 236
キイロショウジョウバエ *Drosophila melanogaster* 230-232, 237-239
キバハリアリ属 *Myrmecia* 13, 199, 202
キュウシュウクシケアリ 192
キョウソヤドリコバチ *Nasonia vitripennis* 247
クサアリヅカコオロギ *Myrmecophilus kinomurai* **108-110**
クシケアリ属 *Myrmica* 82, **181-196**
クビレハリアリ *Cerapachys biroi* 210
クボタアリヅカコオロギ *Myrmecophilus kubotai* **108-110**, **118-120**, **121**, **122**
クマアリヅカコオロギ *Myrmecophilus horii* 108
クロオオアリ *Camponotus japonicus* 136-139, 141-145, 183, 185, **259-264**
クロヒアリ *Solenopsis richteri* 31, 32, 38
クロヤマアリ *Formica japonica* 56, 106, 147, 148, 194, 260, 261
グンタイアリ属 *Eciton* 19, 33, 247
ケープミツバチ *Apis mellifera capensis* 208, **210-211**
コカミアリ *Wasmannia auropunctata* 197, **217-221**
ゴマシジミ *Phengaris teleius* 178, **187-197**
ゴマシジミ属 *Phengaris*（旧名 *Maculinea*） 124, 154, 155, **178-197**

[サ]

サシハリアリ属 *Paraponera* 13, 14, 30, 45-48
サスライアリ属 *Dorylus* 19
サトアリヅカコオロギ *Myrmecophilus tetramorii* 109, **121**, **122**
シオカワコハナバチ *Lasioglossum baleicum*

15
シワクシケアリ *Myrmica kotokui* **76-83**,
178, **188-192**
シュウカクアリ属 *Pogonomyrmex* 74, 76,
215, 244, 247, 248
シリアゲアリ属 *Crematogaster* 160-162,
166, 238, 260
シロオビアリヅカコオロギ *Myrmecophilous albicinctus* 108, **111-124**
スキバハリアリ *Harpegnathos saltator* 247-249
セイヨウミツバチ *Apis mellifera* **15-17**,
210, **227-235**

[タ]

ツムギアリ属 *Oecophylla* 19, 21, 168
ツヤオオズアリ *Pheidole megacephala* 114, 115, 239
トガリハキリアリ属 *Acromyrmex* 46, 47, 92, 247
トゲオオハリアリ *Diacamma sp.* 13, 14, **84-90**, **114**, **115**, 239
トゲトガリハキリアリ *Acromyrmex echinatior* 92, 247
トビイロシワアリ *Tetramorium tsushimae* 55, 56, 104, 109, 118-122
トフシアリ *Solenopsis japonica* 29
トフシシリアゲアリ属 *Decacrema* 160, 161

[ハ]

ハキリアリ属 *Atta* 19, 20, 33, 73, 226, 227
ハラクシケアリ *Myrmica ruginodis* 190-194

ハラクシケアリ隠蔽種群 190-194
ヒアリ *Solenopsis invicta* **26-43**, 45-48,
122, 123, 142, 143, **247-250**
ヒアリの一種 *Solenopsis saevissima richteri* 38
ヒラクチクシケアリ 190, 192
ヒラタカタカイガラムシ属 *Coccus* 160-162, 165, 166
ヒラバナハリアリ *Platythyrea punctata* 208, 210, 222
フトハリアリ属 *Pachycondyla* 79
フロリダオオアリ *Camponotus floridanus* 79, 247, 248
ヘラアゴハリアリ属の一種 *Mystrium rogeri* 243
ホクベイヒアリ *Solenopsis xyloni* 31

[マ]

ミナミアリヅカコオロギ *Myrmecophilous formosanus* 102, 109, **111-116**, 117-120, 122
ムネアカオオアリ *Camponotus obscuripes* 263-264
ムラサキシジミ属 *Arhopala* 163, 167, 168
モリクシケアリ 190-192

[ヤ]

ヤマトシロアリ *Reticulitermes speratus* 10, 11, 216

[ラ]

レベリゴマシジミ *Phengaris rebeli* **182-187**

生物名索引 269

事項索引

2-メチル-6-アルキルピペリディン 30
4分の3仮説 **6-10**
8の字ダンス **16**
アケボノアリ 199
アリ植物 133, **159-169**
アレロケミカル 133
一時的社会寄生 147, 177
遺伝子 *Amfor* 233, 234, 244, 251
遺伝子 *COI* 39, 164, 166, 167, **170**
遺伝子 *foraging* 233, 244, 245, 251
遺伝子 *GP-9* **37**, **38**
遺伝子 *Pofor* 244
遺伝的対称性 **10**
遺伝的多様性 10, 41, 42, 206, 207, 212-222
遺伝的浮動 10, 239
遺伝的粘度 genetic viscosity **150**
隠蔽種 190-194
ウィリアム D. ハミルトン 8, 11, 37, 206
エドワード O. ウィルソン 20, 38, 72, 206
エピジェネティック制御 **234**, **235**, 249
円舞 16
王台 15, 16, 228
オスバチ drone 16
カースト分化 11, 205, **226-250**
カール・フォン・フリッシュ 16, 20
カイガラムシ 159-163, 165-167, 170
化学擬態 104, 105, 185
鍵穴器官 mussel organ 211
ガスクロマトグラフィー **129-131**, 139
ガスクロマトグラフ質量分析計 58, 183
ガスクロマトグラフ質量分析法 131
ガスクロマトグラム **130-132**, 140, 184
カッコウ種 124, **181**, **182**, 186
活動電位（インパルス） 142-145
カリバチ wasp 15-17, 20, 21, 244, 249
感覚神経細胞 136, 143, 145
完全変態 6, 22, 175, 226
蟻客 176
起源年代 159, 164, 166, 168
擬死 18, 203
寄生蜂 13, 14, 209
共進化 158, 159, **169**, 181, 192

共生微生物 6
クローン 11, 14, 41, 210-212, 216-219
形態差分業 19, 20
警報フェロモン 21, **128-129**
血縁選択 12, 37, 72, **90-92**, 205
血縁度 relatedness **8-14**, 41, 90-92, 145-151, 212-222
血縁度非対称性 91
結婚飛行 6-8, 33-35, 67-69, 147, 260, 261
ゲノム除去仮説 **219**, **220**
好蟻性 **100-125**, **152-155**, **176-197**
好蟻性器官 178
後胸側板腺 7, 21
広腰亜目 13
互恵的利他行動 4, 5, 12
コツチバチ 13
最適性比 12, 92
細腰亜目 13, 17
サブカースト 226, 236, 244, 245
ジェネラリスト **111-122**, 166, 170
資源配分 **91**, **92**
シジミチョウ 163-168, 177-182
質量分析 131, 139
社会性動物 3, 205
囚人のジレンマ 4, 5
受精嚢 3, 7, 54, 210, 211, 241
順位行動 84, 86-89
情報伝達 16, 37, **83-90**, 105, 186, 248
女王物質 84-86
女王補充 82, 83
触角柄節 7, 21
シロアリ termite 6, 10-12, 20, 207, 213-217
真社会性 **3-6**, **12-18**, **20-22**, 41, 239
新女王 6-8, 54, **67-69**, 211-220, 235-237
新生女王 8, 16, 17, 147, 148, 260
振動 102, 151, 186
侵略的外来種 49, 122, 123, 250
スーパーコロニー 34-38, **51-69**, 134-151
スーパーコロニー化 35
巣仲間識別 78-80, **135**, 141, 149
スペシャリスト **111-122**, 170
生理寿命 18

270

絶対共生　163, 166, **170**
前伸腹節　7, 13
セントラルフュージョン central fusion　**207-209**
ソシオゲノム　**248**, 251
素嚢　7
ソルジャー　10, 11, 14
ソレノプシン　**30-32**
ダーウィンのパラドックス　6, 8
ターミナルフュージョン terminal fusion　**207-209**
体表炭化水素　52, 53, **58-69**, **78-85**, **136-150**, 183, 184
多回交尾　22, 147, 151
多核細胞　14
多女王性　22, **33-37**, 54, **76-78**, 248
多巣性　4, 50, 54, 106, 137
脱翅　7, 8, 10, 11, 17, 90, 147
多胚発生　14
ダブルクローニング double cloning　**217-221**
単為生殖　**10-11**, 207, 236
単女王性　**33-37**, **76-78**, 137, 213, 248
単数倍数性　**7-11**, 41, 91, 205, 206, 241
単巣性　4, 50
単独性動物　3, 72
チーター cheater　210
チップレコーディング法 Tip-recording method　**143-145**
チャールズ R. ダーウィン　2, 5
超個体　226, 242
敵対性試験　57, 64, 68, **78**, 79, 94
電気生理　143
電子顕微鏡　142
動員フェロモン　21
トビコバチ　14
任意共生　163, 170
ハチのアリ化　20, 21
ハチ目　6, 13, 14, **205-209**, **226-250**
パトロール行動　**84-90**
ハナバチ bee　15, 20, 237, 249
ハニカム構造 honeycomb　16, 17
ハミルトン則　**10-12**, 14

繁殖カースト　5, 75, 176, 235
繁殖分業　5, 239
判別分析　139, 140
飛翔筋　7, 15, 19, 75
ビテロジェニン vitellogenin (Vg)　**232-234**
表現型多型　**226**, **227**, 231
不完全変態　6, 10
腹柄節　7, 21, **185**, **186**, 199
不妊カースト　5, 8, 12, 14
ブルード　15, 210
分岐年代　159, 167, 169
分子系統解析　108, **109**, 118, 119, 164, 169, 191
分子時計　159, 164, 166, 167, 169
分巣　33, 35, 54, 55, 67, **73-75**, 82
放浪種　116
放浪女王　**76-83**
補充生殖虫　10, 11, 216
ポリシング　88, 89, 222
マイクロサテライト　42, **60**, 65, 66, 146
膜翅目　13
ミトコンドリア DNA　39, 42, **60**, 108, 109, 167, 170
無核卵仮説　**219**, 220
無翅化　**237-239**, 250
無翅バチ　13
無性生殖　**206-222**
無融合分裂 アポミクシス　207, 211
メガコロニー　**62-66**, 69
有剣類　14, 18
融合コロニー　22, 35
融合分裂 オートミクシス　207
有性生殖　**206-220**, 236
幼若ホルモン juvenile hormone (JH)　**230-236**, **245-247**, 249
幼虫食い種　124, 181, 182, 186
利己的　2, 236, 239
利他的　3, 38, 86
鱗片　**107-109**
齢差分業　15, 20, 228, **232-234**, **241-245**
ロイヤラクチン　16, **228-231**
ロイヤルゼリー　15, **228-231**, 234, 236
労働カースト　5, 13

事項索引　271

著者紹介 （掲載順）

東　正剛
（別掲）

村上貴弘
（別掲）

佐藤一樹（さとう　かずき）
1989 年生まれ
北海道教育大学大学院教育学研究科修士課程修了
現在，千葉県立生浜高等学校　教諭
研究テーマ：外来アリ，アルゼンチンアリの行動生態と遺伝子の関係

砂村栄力（すなむら　えいりき）
1982 年生まれ
東京大学大学院農学生命科学研究科博士課程修了　博士（農学）
著書：『ポプラディア情報館　昆虫のふしぎ』（ポプラ社），『アルゼンチンアリ』（分担執筆　東京大学出版会），『プチペディア－にほんの昆虫』（アマナイメージズ），他
研究テーマ：アリ類の生態・防除

菊地友則（きくち　とものり）
1973 年生まれ
北海道大学大学院地球環境科学研究科博士課程修了　博士（地球環境科学）
現在，千葉大学海洋バイオシステム研究センター　准教授
著書：『Genes, Behavior and Evolution in Social insects』（編著 Hokkaido University Press）
研究テーマ：動物集団を規定する個体間相互作用の解明

小松　貴（こまつ　たかし）
1982 年生まれ
信州大学大学院総合工学系研究科博士課程修了　博士（理学）
現在，九州大学熱帯農学研究センター　日本学術振興会特別研究員 PD
著書：『アリの巣の生きもの図鑑』（共著），『裏山の奇人』（以上 東海大学出版会）
研究テーマ：好蟻性昆虫の行動生態，分類，系統

秋野順治（あきの　としはる）
1968 年生まれ
京都工芸繊維大学大学院工芸科学研究科博士課程修了
博士（学術）
現在，京都工芸繊維大学　教授
著書：『アリたちとの大冒険 愛しのスーパーアリを追い求めて』（東京化学同人）
研究テーマ：アリ・シロアリの化学生態学，ポリネーションの化学生態学，昆虫の配偶・育児行動の化学生態学

小林（城所）碧（こばやし［きどころ］　みどり）
1975 年生まれ
北海道大学大学院地球環境科学研究科博士課程修了　博士（地球環境科学）
現在，理化学研究所
著書：『昆虫とクモの仲間』（分担執筆　共立出版），『NTS 昆虫ミメティクス　昆虫の設計に学ぶ』（分担執筆　双文社）
研究テーマ：ハチ，アリ類の生態学，神経行動学

上田昇平（うえだ　しょうへい）
1978 年生まれ
信州大学大学院総合工学系研究科博士課程修了　博士（理学）
現在，信州大学理学部研究員　非常勤講師
著書：『共進化の生態学』（分担執筆　文一総合出版）
研究テーマ：種間関係の分子生態学

坂本洋典
　（別掲）

大河原恭祐（おおかわら　きょうすけ）
1967 年生まれ
北海道大学大学院地球環境科学研究科博士課程修了　博士（地球環境科学）
現在，金沢大学自然システム学類生物学コース　准教授
著書：『いつか僕もアリの巣に』（ポプラ社）
研究テーマ：アリ類や鳥類を対象とした行動生態学，群集生態学

宮崎智史（みやざき　さとし）
1982 年生まれ
北海道大学大学院環境科学院博士課程修了　博士（環境科学）
現在，玉川大学農学部生物資源学科　助教
著書：『社会性昆虫の進化生物学』（分担執筆　海游社）
研究テーマ：アリ類における性分化とカースト分化の至近機構

島田 拓（しまだ　たく）
1981 年生まれ
現在，アリ専門店 AntRoom 店長
著書：『アリの巣の生きもの図鑑』（共著　東海大学出版会），『アリとくらすむし』（ポプラ社）

編著者紹介

坂本洋典（さかもと　ひろのり）
1979 年生まれ
東京大学大学院農学生命科学研究科博士課程修了　博士（農学）
現在，玉川大学脳科学研究所　特別研究員
著書：『昆虫の発音によるコミュニケーション』（分担執筆　北隆館），『アルゼンチンアリ』（分担執筆　東京大学出版会）
研究テーマ：昆虫百般および微生物との共生関係

村上貴弘（むらかみ　たかひろ）
1971 年生まれ
北海道大学大学院地球環境科学研究科博士課程修了
博士（地球環境科学）
現在，九州大学決断科学センター　准教授
著書：『地球はアリの惑星』（分担執筆　平凡社），『パワー・エコロジー』（分担執筆　海游舎）
研究テーマ：菌食アリの行動生態，社会性生物の社会進化など

東　正剛（ひがし　せいごう）
1949 年生まれ
北海道大学大学院理学研究科博士課程修了　理学博士
北海道大学名誉教授
著書：『社会性昆虫の進化生物学』，『社会性昆虫の進化生態学』，『パワー・エコロジー』（海游社），『地球はアリの惑星』（平凡社），他
研究テーマ：社会性昆虫をはじめ，微生物から大型哺乳類まで多種多様な生物の生態学

装丁　中野達彦
カバーイラスト　北村公司

アリの社会——小さな虫の大きな知恵

2015 年 9 月 20 日　第 1 版第 1 刷発行

編著者　坂本洋典・村上貴弘・東 正剛
発行者　橋本敏明
発行所　東海大学出版部
　　　　〒257-0003　神奈川県秦野市南矢名 3-10-35
　　　　TEL 0463-79-3921　FAX 0463-69-5087
　　　　URL http://www.press.tokai.ac.jp/
　　　　振替　00100-5-46614
印刷所　株式会社 真興社
製本所　株式会社 積信堂

©Hironori SAKAMOTO, Takahiro MURAKAMI and Seigo HIGASHI, 2015
ISBN 978-4-486-01989-3

Ⓡ〈日本複製権センター委託出版物〉
本書の全部または一部を無断で複写複製（コピー）することは，著作権法上の例外を除き，禁じられています．本書から複写複製する場合は日本複製権センターへご連絡の上，許諾を得てください．日本複製権センター（電話 03-3401-2382）

丸山宗利 著	フィールドの生物学⑧ アリの巣をめぐる冒険 ―未踏の調査地は足下に	B6版	二三六頁	二〇〇〇円
小松貴 著	フィールドの生物学⑭ 裏山の奇人 ―野にたゆたう博物学	B6版	二八八頁	二〇〇〇円
前野・ウルド・浩太郎 著	フィールドの生物学⑨ 孤独なバッタが群れるとき ―サバクトビバッタの相変異と大発生	B6版	二八八頁	二〇〇〇円
成田聡子 著	フィールドの生物学⑤ 共生細菌の世界 ―したたかで巧みな宿主操作	B6版	一五六頁	二〇〇〇円
丸山宗利他著	アリの巣の生きもの図鑑	B5版	三三二頁	四五〇〇円
日本昆虫科学連合 編	昆虫科学読本 ―虫の目で見た驚きの世界	A5変	二九六頁	二九〇〇円
菅原道夫 著	比較ミツバチ学 ―ニホンミツバチとセイヨウミツバチ	A5変	一六六頁	三三〇〇円